高等学校教材

胶接原理及应用

主　编　陈正年
副主编　张声春　寇　波

中国教育出版传媒集团
高等教育出版社·北京

内容提要

本书共6章，分别为绪论，黏接理论基础，黏接技术，常见的胶黏剂，胶黏剂性能及测试，胶黏剂鉴别、脱胶及无胶黏接。

本书可作为高等院校高分子材料相关专业本科生的教材，也可作为从事胶黏剂研究、开发与生产和应用的教师、研究生及科技人员的参考书。

图书在版编目(CIP)数据

胶接原理及应用/陈正年主编.--北京:高等教育出版社,2023.7

ISBN 978-7-04-060290-6

Ⅰ.①胶… Ⅱ.①陈… Ⅲ.①胶粘剂-研究 Ⅳ.①TQ430.7

中国国家版本馆CIP数据核字(2023)第056971号

Jiaojie Yuanli ji Yingyong

策划编辑 刘 佳　责任编辑 刘 佳　封面设计 王 琰　版式设计 杨 树
责任绘图 邓 超　责任校对 窦丽娜　责任印制 高 峰

出版发行 高等教育出版社
社　　址 北京市西城区德外大街4号
邮政编码 100120
印　　刷 固安县铭成印刷有限公司
开　　本 787mm×1092mm 1/16
印　　张 12.25
字　　数 300千字
购书热线 010-58581118
咨询电话 400-810-0598
网　　址 http://www.hep.edu.cn
　　　　 http://www.hep.com.cn
网上订购 http://www.hepmall.com.cn
　　　　 http://www.hepmall.com
　　　　 http://www.hepmall.cn
版　　次 2023年7月第1版
印　　次 2023年7月第1次印刷
定　　价 25.10元

物 料 号 60290-00

前　言

近年来,我国胶黏剂行业发展快速,自动化的生产要求、产品的更新换代、生产效率的提高、行业环保政策及标准的出台与执行都有利于推动胶黏剂行业的健康可持续发展。目前我国胶黏剂市场呈现以下特点:国内产品技术水平和质量明显提升,逐步进军中高端产品市场,替代进口产品;5G通信、新能源汽车、复合材料、智能终端设备等新兴市场对胶黏剂产品的需求强劲增长,促进企业进行科技创新及产品结构优化升级;随着我国民众环保意识的日益提高及环保法规的日趋完善,水基型、热熔型、无溶剂型、紫外光固化型、高固含量型及生物降解型等环境友好型胶黏剂产品受到市场的青睐,是胶黏剂行业技术更迭的主要方向;高污染、高能耗的落后生产企业相继被淘汰,龙头企业竞争力持续提升,行业整体呈现规模化、集约化发展趋势,行业集中度和技术水平不断提高。

本书介绍了黏接理论基础和黏接技术,以及胶黏剂的主要种类及应用、胶黏剂性能测试等。本书可作为高等院校高分子材料相关专业本科生的教材,也可作为从事胶黏剂研究、开发与生产和应用的教师、研究生及科技人员的参考书。

编　者

2022年12月

目　录

第一章　绪　　论

能将两种或两种以上同质或异质材料连接在一起，硬化后具有足够强度的有机或无机、天然或合成的一类物质，统称为胶黏剂或黏接剂、黏合剂，在化工行业中往往简称胶(adhesive)。胶黏剂将应力传递到被粘物的现象叫做黏接(adhesion)。通过胶黏剂将同质或异质材料连接在一起的技术叫做胶接技术。

1.1　胶黏剂的发展史

考古发现，早在6 000年前，人类已经用水和黏土调和作为胶黏剂制陶和制砖。4 000年前，我国已经利用生漆作胶黏剂制作器具。在周朝时期，已使用动物胶作木船的嵌缝密封胶。秦朝时将糯米浆与石灰制成的灰浆用作长城的基石胶黏剂。出土的秦陵彩绘铜车马在其制造过程中使用了磷酸盐无机胶黏剂，成分与现代磷酸盐胶黏剂基本相同。2 000多年前，马王堆汉墓用糯米配以防腐剂用于棺椁密封。古埃及人用阿拉伯树脂、蛋清、动物胶、松香和半液体状香脂等与白垩、颜料混合装饰木质棺木，用沥青和松香黏接和密封船只。古罗马人用由鱼、奶酪、鹿角制成的动物胶黏接木制品。印第安人用动物血和泥混合，建成了独具特色的建筑。

早期的胶黏剂主要以天然产物为黏料，如淀粉、纤维素、单宁、阿拉伯树胶及海藻酸钠等植物类胶黏剂，以及骨胶、鱼胶、血蛋白胶、酪蛋白和紫胶等动物类胶黏剂。北魏贾思勰所著《齐民要术》中，介绍了制墨工艺中用到的动物类胶黏剂，明代宋应星所著《天工开物》中也记载了胶黏剂的制法与使用方法。

随着社会经济的发展，胶黏剂的需求量逐渐增加，胶黏剂的生产由分散的手工作坊向工业化发展。17世纪90年代，荷兰建立了天然高分子胶黏剂生产工厂；18世纪初，英国建成了生产骨胶的胶黏剂工厂；1808年，美国建成了其第一家胶黏剂工厂。第一次世界大战中，瑞士和德国分别从牛乳中提炼出酪蛋白，再将之与石灰生成盐，制成固态胶黏剂，用于制造小型飞机。除酪蛋白外，美国还用淀粉胶生产胶合板。

最早使用的合成胶黏剂是酚醛树脂胶黏剂。1909年，美国科学家Backeland经过大量的研究，使酚醛树脂实现了工业化生产。此后德国、英国、法国和日本等国家也相继开始生产酚醛树脂胶，主要用于胶合板生产。1924年，英国氰氨公司研制成功脲醛树脂胶黏剂，1928年开始工业化生产，主要用于胶合板等木材加工。1929年，德国H. Plauson采用乳液聚合法制得聚醋酸乙烯酯乳胶，1937年实现了工业化生产，主要用于木制品和纸制品的加工。1937年，德国成功试制出三苯基甲烷-4,4′,4″-三异氰酸酯的单组分聚氨酯胶，用于坦克履带上金属与橡胶的黏接。第二次世界大战期间，英国Aero公司对酚醛树脂胶黏剂进行改性，开发出了酚醛-丁腈橡胶胶黏剂，在20世纪50年代后用于B-58轰炸机的大面积黏接。1946年，瑞士Ciba公司推出了双酚A型环氧树脂胶黏剂，1950年将其正式用作黏接金属的结构胶。20世纪50年代，Bayer公司开发出双组分聚氨酯胶黏剂，用于轮胎、潜艇和其他器械的黏接，之后又研制出了水溶性聚酯胶黏剂和反应型热熔胶等。

1958 年,酚醛改性环氧树脂胶黏剂在美国研制成功,环氧-丁腈、环氧-尼龙、环氧-聚硫橡胶等胶黏剂开发成功,并应用于航空航天、建筑、电子电气等工业。

1959 年,美国开发了 α-氰基丙烯酸酯胶黏剂,代号“Eastman 910”的“瞬干胶”(或“快干胶”),这种胶黏剂为单组分,固化速度快,室温下几秒钟就能固化。1960 年后,美国的 Loctite 公司生产出丙烯酸酯厌氧胶,其主要成分为甲基丙烯酸双酯或丙烯酸双酯,在隔绝空气后,能够快速固化达到锁固密封作用,广泛用于机械和电子工业。随着宇航技术的发展,耐高温的杂环聚合物胶黏剂逐渐开发出来。1966 年,美国将芳杂结构引入高聚物,合成出聚苯硫醚,增加了分子链刚性,提高了高聚物的玻璃化温度,因此,聚苯硫醚胶黏剂具有优良的耐氧化和耐高温性能。1970 年后,美国 DuPont 公司成功开发了双组分反应型丙烯酸酯胶黏剂,可室温固化,固化速度可调,且适于油面粘贴,应用面广,发展迅速。

1980 年后,随着合成材料的迅速发展,胶黏剂的新品种越来越多,如 Rohm Haas 公司开发的第二代热熔压敏胶,美国 Loctite 公司开发的第三代改性丙烯酸酯的厌氧结构胶黏剂,以及含溴、磷等元素的阻燃性胶黏剂。

1.2 黏接技术发展现状及趋势

近年来,国内外黏接技术的开发主要是从胶黏剂的原材料、品种、质量、性能和黏接工艺、设备等方面进行的。

(1) 由溶剂型胶黏剂向水剂型或无溶剂型胶黏剂发展。溶剂型胶黏剂中含有溶剂,其成本要比水剂型或无溶剂型的同类胶黏剂高,而且溶剂挥发后会污染大气环境,残余在胶黏剂中的溶剂分子,则会降低黏接性能。因此,在确保黏接质量的前提下,开发水剂型或无溶剂型胶黏剂已成为胶黏剂发展的方向。

(2) 由有毒型胶黏剂向低毒或无毒型胶黏剂发展。随着社会的发展,对工作环境和环境保护提出了新的要求。在胶黏剂原料合成、配制及黏接实施中,如果胶黏剂毒性大或在黏接中产生有毒、有害物质或易燃、易爆等气体,那么即使胶黏剂的性能及黏接质量很好,也是无法接受的。

(3) 由多组分或双组分胶黏剂向单组分胶黏剂发展。现有的单组分胶黏剂大多只能用作非结构胶黏剂,而使用方便、性能优异的结构胶黏剂品种相对较少,有待发展。

(4) 由液态胶黏剂向固态胶黏剂(胶棒、胶膜、胶粉)发展。黏接中胶黏剂必须充分浸润被粘物,在保证浸润的前提下,为了简化黏接工艺,减少毒性,降低污染,便于胶黏剂贮存或携带,胶黏剂固体化发展是一大趋势。

(5) 由慢固化胶黏剂向快固化胶黏剂发展。胶黏剂固化时间缩短,则生产周期缩短,黏接工效提高。另外,对于堵漏等特殊黏接,则要求几分钟甚至几秒钟内凝胶或固化,目前适用的胶黏剂很少,特别是用于渗漏、泄漏的管道、容器的堵漏、抢修的胶黏剂更是缺少。

(6) 由加温固化型胶黏剂向常温固化型胶黏剂发展,由单纯电加热固化向辐射、紫外线、电子束、超声波、高频振荡、微波等加热固化发展。常温固化型胶黏剂可以节约能源,减少黏接成本,但存在固化时间长、工效低等问题。

(7) 黏接工艺由复杂向简单化发展。如黏接表面一般需要清洁处理,现发展出能在油、水、脏污的表面进行直接黏接的第三代丙烯酸酯胶黏剂。

(8) 研究和开发适用于各方面、各种材料特殊黏接的胶黏剂。如研究和开发导电聚合物,开发非添加导电粉体型的导电型胶黏剂。

(9) 研究和开发可靠性高、实用性强的黏接无损检测方法和设备。

上述胶黏剂和黏接技术的发展方向或趋势,只能是在一定范围内对一些品种进行改进。而对每一种胶黏剂、每一种黏接工艺不可能同时达到这些目的和满足这些要求。因此,对某一种胶黏剂改进时,可从上述各个方面进行考虑,设法尽量满足或接近要求。另外,迄今为止,黏接理论很多,一种黏接理论只能分析、解释一部分的黏接现象,黏接理论还有待进一步完善。

1.3 我国胶黏剂行业发展现状

胶黏剂的优势在于可以实现同种或异种材料的连接,接头部位无应力集中,黏接强度高,易于实现自动化操作,而且还可以黏接一些其他连接方式无法连接的材料或结构,如实现金属与非金属的黏接,克服铸铁、铝焊接时易裂,以及铝与铸铁间不能焊接等问题,并能在有些场合代替焊接、铆接、螺纹连接和其他机械连接。因此,胶黏剂的应用渗入国民经济各个部门,成为工业生产中不可缺少的技术,在高技术领域中的应用也十分广泛。国民经济的高速发展为胶黏剂行业的发展提供了广阔的空间,我国现已成为胶黏剂和胶黏带的生产大国和消费大国。

我国在 1958 年才真正开始规模化生产胶黏剂。80 年代后,胶黏剂的发展出现了高潮,胶黏剂用量年平均增长率为 19.5%,胶黏剂行业销售收入和利润总额的增长率分别达到 24.5% 和 38.5%,已成为我国化工领域中发展较快的重点行业之一。

近年来,我国胶黏剂行业持续快速发展,胶黏剂和胶黏带产量已具有较大规模。2020 年,我国胶黏剂的产量达 500 万吨以上,销售额突破 1 000 亿元。除了产销规模持续快速增长外,胶黏剂的技术开发水平也不断提高,开发出了大量具有国内外先进水平的产品,并呈现出生产领域向改性型、反应型、多功能型、纳米型等方向发展,应用领域向着新能源、节能环保等新兴产业聚集的领域发展的趋势。

尽管我国胶黏剂产业市场潜力巨大,但行业集中度较低,全行业企业数约 3 000 家,而年收入超过 1 亿元、技术水平高的企业不足 150 家,与国外相比,规模和产品质量差距明显。一些国外大公司凭借某产品质量、客户服务方面的先发优势,纷纷来华投资建厂,以高档、优质的产品占据我国胶黏剂市场的半壁江山。

当前,国内胶黏剂市场呈现外资企业与本土企业并存的局面,国产胶黏剂具备一定的价格优势。本土企业已经在某些细分领域具备和跨国公司竞争的实力。在汽车用胶领域,国内龙头企业也可以和外资企业竞争;在一些新兴领域,如微电子胶、触摸显示屏用胶等,国内企业也不甘落后,相继推出自己的新产品。

1.4 胶黏剂行业应用现状

1.4.1 轻工行业中的应用

轻工行业常应用胶黏剂制造新产品、提高产品质量和生产效率。如木材工业的胶合板、刨花板、中密度纤维板、层压制品、装饰面板及细木工板等的生产,都需要不同性能的胶黏剂。使用胶黏剂不仅对节约木材、简化生产工艺具有重要作用,还可将金属或塑料等不同性能的材料与木质材料黏接,制成各种性能的复合材料。在各种人造板的加工中,胶黏剂的用量一般为木材质量的10%~30%,木材工业中胶黏剂的消耗量很高,约占胶黏剂产量的60%。

在家具行业中,胶黏剂主要用于拼板、榫接、复合、贴面、封边、腻平等,以制造钢木家具、音箱、橱柜、复合门、沙发等。

制鞋行业已用胶黏剂黏接代替缝合、模压生产高档皮鞋、旅游鞋、雪地鞋、凉鞋、拖鞋、保健鞋等,产品款式新颖、样式美观、牢固耐久。

胶黏剂在纺织工业中用于制造无纺布、植绒、织物整理、印染、地毯背衬、服装图案转移等。如尼龙和聚酯热熔胶粉制得热熔衬布可代替传统的麻衬布,热熨即可黏合,使用方便,平整不变形;三聚氰胺树脂水性胶黏剂生产的服装衬布,具有挺括耐洗的特点。

包装工业是胶黏剂用量较大的行业之一,用于制造各种箱、桶、罐、盒、袋、杯、管等,尤其是铝箔-塑膜食品包装袋、牛皮纸-塑编布包装袋、纸-塑膜复合包装袋、纸-铝箔-塑膜复合包装罐等,这类产品都具有很好的密封、保味、防潮、不渗、防腐等优良性能。此外,用胶黏剂还可生产可降解餐具盒,用压敏胶可制造封箱胶带等。

印刷工业可用胶黏剂进行书籍、期刊、记事本等的无线装订。书刊封面、挂历挂图、商品广告可用覆膜胶黏剂,覆膜美观、防污耐久。用压敏胶黏剂制造不干标签,粘贴方便。此外,工艺美术、儿童玩具、体育用品、卫生器具、卫生用品、文教用品、渔具等的生产,都要用到胶黏剂和黏接技术。

1.4.2 汽车工业中的应用

现代汽车工业的技术进步要求结构材料轻量化、驾驶安全化、节能环保化、美观舒适化等,因此一定要采用铝合金、玻璃钢、蜂窝夹层结构复合材料、塑料、橡胶等新型材料,这些材料必然要大量以黏接代替焊接,胶黏剂用量明显增加。

胶黏剂在汽车工业上的结构应用很多,如车体和车顶加固板、双层壳体顶板、车盖内外板、离合器和传动带、车窗密封、塑料挡板、盘式制动器摩擦片等,以及运动汽车和卡车的FRP车身壁板、散热器水箱、车篷边缘突起等。日本每辆汽车用胶量约40 kg,胶黏剂的品种有60余种,黏接和密封部位超过40处,如代替铆钉连接的黏接刹车片牢固耐久,安全可靠,使用寿命可提高3倍以上。黏接件的剪切强度高达48~70 MPa,而铆接件的剪切强度只有10 MPa,因此,美国克莱斯勒汽车公司1949—1975年黏接的2.5亿个刹车闸片无一失效。随着汽车高档化和产量增大,胶黏剂和黏接的应用将会更广泛、更普遍。

随着环保型汽车的发展,电池、太阳能电池、天然气燃料等的采用,必将带动很多功能性胶黏剂和密封剂的运用。

1.4.3 航空航天工业中的应用

航空工业用胶黏剂和密封剂的数量并不大,但对其性能要求很苛刻,要求耐低温-50~-30 ℃,耐热130~200 ℃,能适应于湿热、海洋盐雾、风雨、雪雹、紫外辐射、臭氧、热氧老化等环境。

飞机制造是结构胶黏剂的主要应用场合,主要用于金属构件、金属与塑料、金属与橡胶、蜂窝夹层结构复合材料与壁板等的黏接。胶接技术代替部分铆接、螺接、焊接，具有结构质量轻、表面光滑、应力集中小、密封性好等优点，非常适合于飞机不断减轻自身质量和提高航速发展的需要。目前世界各国采用黏接结构的飞机已达 100 多种，而且黏接已成为飞机设计的基础，如已退役的"三叉戟"飞机的黏接面积占总连接面积的 67%，波音-747 飞机的黏接面积高达 3 000 m^2，已退役的 B-58 超高速轰炸机用 400 kg 胶黏剂代替了 15 万只铆钉。密封剂在飞机制造中是不可缺少的，平均每架大型客机的密封剂用量超过 450 kg，用于密封油箱、座舱、机窗等。

航天工业和空间技术迅速发展，宇宙飞船、航天飞机、运载火箭、人造卫星、卫星整流罩、中继站等大量采用蜂窝结构，需要高强度高模量复合材料，这些材料的制造和连接都离不开胶黏剂和密封剂。由于航天技术的要求非常苛刻，耐高、低温交变，因而必须使用聚酰亚胺、聚苯并咪唑、聚氨酯或无机高分子胶黏剂。对航天器中座舱和仪器舱的密封，除了要求耐高低温外，还要求在超真空下不挥发及耐强离子辐射，常采用有机硅密封剂。

1.4.4　电子电气工业中的应用

胶黏剂和密封剂是微电子技术的基础，胶黏剂在电子化学品中占有重要地位，广泛用于多种工艺。在集成电路分立器件、光电子器件、液晶显示器件、微波元件、磁性元件、柔性印制线路板、磁记录介质等电子元器件、零部件和整机生产与组装中，都要使用胶黏剂和密封剂，如光刻胶、贴片胶、导电胶、导磁胶、聚氨酯胶、聚硅氧烷密封剂等。

各种家用电器设备，如空调机、冰箱、冰柜、洗衣机、烘干机、微波炉、电饭煲、洗碗机、吸尘器、甩干机等也都大量使用胶黏剂和密封剂。

1.4.5　机械工业中的应用

黏接技术在机械工业中用途更广，从产品制造到设备维修皆可采用。胶接代替焊接、铆接、螺栓连接、键接等，既可减轻质量，减小应力集中，使外观平整光滑，亦可以提质增效，缩短工期、简化工艺、降低成本。胶接替代铆钉、铜焊，可以节约原材料；铸件砂眼、零件缺陷通过黏接技术修复后再用，可以减少废品；胶接治理三漏（水、油、气），可满足特殊要求。

1.4.6　建筑工业中的应用

建筑装修需大量的胶黏剂和密封剂，旧建筑的维修要使用结构胶黏剂。各种装修材料的粘贴与固定都要用大量的胶黏剂，室内设施的防水、保暖、密封、防漏等必须使用密封剂。随着建筑工业的技术进步，装配式建筑结构的预制化、高层化和大型框架挂板的应用，宾馆、办公楼、商厦、高档公寓、候机厅、候车室、体育场馆等现代建筑的快速建设，工业轻钢结构和板式结构等应用，都需要大量使用胶黏剂和密封剂。如用弹性密封胶黏剂制造的中空玻璃代替普通窗玻璃，节能保暖，隔音降噪。彩钢瓦用作屋面和外墙已逐年增多，接缝的防水、防腐、密封都需用密封剂。建筑外墙的接缝、伸缩缝、变形缝等，需要使用密封剂来防水、防渗、防漏。幕墙工程中外挂墙板的激光玻璃或中空玻璃、金属板、石板、复合板等与金属框架的连接，需要用结构密封剂进行黏接密封。

混凝土预制构件可用胶黏剂装配成一个整体，英国、法国等从 1963 年开始用此方法修筑桥梁，使用效果很好。胶黏剂用于修补混凝土结构件缺陷、裂纹，操作简便，不仅能保证使用性能，而且外观平整。

1.4.7 黏接磨料模具

在黏合磨料产品时主要采用结构胶黏剂，将磨料颗粒按所要求的某种空间关系相互黏接在一起，以保持机械强度和复合材料的整体性，例如用胶黏剂将磨料细粒黏接在柔软或坚硬的背材上制成砂纸。砂轮常用酚醛胶黏剂黏接而成，或用以二氰二胺为固化剂的环氧胶将粉末或颗粒状的磨料黏接于实心或空心的金属轴上。

1.4.8 造船工业中的应用

胶黏剂作为一种不可缺少的重要材料，广泛用于造船工业。使用胶黏剂可简化生产工艺、缩短造船周期、提高可靠性和安全性、减轻劳动强度。船舶装配玻璃钢、木材或金属结构等构件都要用到结构胶等胶黏剂。由于船舶处在江、河、湖、海等特殊环境下，除了用常规胶黏剂进行零件结构的黏接之外，还必须使用密封剂进行密封。密封剂大量用于甲板缝、舱孔、舷窗及各种油、水管路和电缆贯通件的密封，如液体聚硫橡胶密封剂填充连接缝，解决了接头密封的问题，又可防止木材泡胀。

1.4.9 医疗领域中的应用

在医疗领域胶黏剂应用十分广泛，如医疗器械和人体组织等的黏接。应用于人体组织的黏接时，对胶黏剂的安全性要求非常严格。医用胶黏剂广泛用于接骨植皮、修补脏器、代替缝合、有效止血、黏接血管、治疗糜烂、修复鼓膜等方面，以及牙齿的黏接、镶嵌、封闭、填充、防龋、美饰等。

1.4.10 日用生活方面的应用

胶黏剂和黏接技术为生活带来极大方便。日用家电的塑料部件如有损坏，可方便地用胶黏剂修复。日用塑料和橡胶制品如塑料桶、儿童玩具、梳子、台灯、插座、旅游鞋、雨靴、热水袋、自行车内外胎等都能用胶黏剂修补。常用的陶瓷、玻璃、搪瓷、金属等器具的破损或渗漏都可用胶黏剂修复。此外，还可用压敏胶代替图钉固定，用压敏胶带代替绳索捆扎，用透明压敏胶带消字改稿。

思考题

1. 简要介绍黏接技术发展的趋势。
2. 简要介绍胶黏剂在各行业中的应用现状。

第二章　黏接理论基础

如前所述,胶黏剂将应力传递到被粘物的现象称为黏接,它是由引力产生的物理现象,这种引力与原子结合成分子、分子聚集成液体或固体的引力类似。为了更好地理解黏接现象,了解原子及分子间作用力十分必要。下面将讨论原子和分子间作用力及相关的表面化学现象。

2.1　基本作用力

原子及分子间作用力是影响黏接强度的重要因素。描述原子及分子间相互作用可用势能函数进行讨论。势能是指做功的能力,如一块在崖边的岩石具有位势能,往下落则做功。功是作用力和作用距离的乘积,即

$$W=Fd \tag{2.1}$$

式中,W 为功,F 为作用力,d 为作用距离。

体系所做的功为起始与终止状态之间的势能差,设 Φ_1为起始状态的势能,Φ_2为终止状态的势能,则所做的功 W 为

$$W=\Phi_1-\Phi_2 \tag{2.2}$$

由式(2.1)和式(2.2)得

$$\delta\Phi=-\delta W=-F\delta d \tag{2.3}$$

变换可得

$$-\frac{\delta\Phi}{\delta d}=F \tag{2.4}$$

式(2.4)表明,体系的作用力可通过势能函数对作用距离微分得到,势能函数也可由作用力与其作用距离的积分来确定。

根据热力学第一定律,体系热力学能的变化来自外界传递给体系的热量和体系对外所做的功,即

$$\delta U=Q-W \tag{2.5}$$

式中,U 为体系的热力学能,Q 为自外界传递给体系的热量,W 为体系对外所做的功。

根据热力学第二定律,对于可逆过程,体系的熵不变;对于不可逆过程,体系的熵增加。结合热力学能 U 和熵 S,可以得到体系的自由能,根据自由能的变化可以判断该过程能否自发进行。所有体系都倾向于势能最低、熵最大的稳定状态。如果体系自由能的变化为负,则体系正在进行的过程就是自发的。根据热力学第三定律,在绝对零度时,任何纯物质或理想晶体的熵均为零,为实际体系提供参考状态。

原子及分子间相互作用可分为静电作用力、范德瓦尔斯作用力、电子对共享作用(共价键)、表面作用力与表面能及内聚功和黏附功。

2.1.1 静电作用力

带电荷原子或分子间产生的力叫做静电作用力，也称为库仑力。带同号电荷的粒子相互排斥，带异号电荷的粒子相互吸引。带电原子或分子间的作用势能为

$$\Phi^{el}=\frac{q_1q_2}{4\pi\varepsilon r^2} \tag{2.6}$$

式中，q 为原子或分子所带电荷，ε 为介质的介电常数，r 为分子或原子间距离。

将作用势能对距离求导，可计算出相互作用力，即

$$F=-\frac{\mathrm{d}\Phi^{el}}{\mathrm{d}r}=-\frac{q_1q_2}{4\pi\varepsilon r^2} \tag{2.7}$$

库仑作用力与距离的平方成反比，属于长程作用力。

静电作用力是分子或原子间的离子键和离子晶体的重要作用力。如 NaCl 离子晶体中，钠的电子转移给氯，产生离子间的相互吸引力符合库仑定律，可用库仑定律计算离子晶体的晶格能。离子键键能非常大，NaCl 键能约为 418 kJ/mol，比分子间引力大很多。

2.1.2 范德瓦尔斯作用力

通常，把实际气体偏离理想气体定律的作用力统称为范德瓦尔斯作用力，包括偶极-偶极相互作用、偶极-诱导偶极相互作用、瞬时偶极间及与诱导偶极间产生的色散力三种。

根据理想气体定律，可得理想气体状态方程为

$$pV=nRT \tag{2.8}$$

式中，p 为气体压力，V 为气体体积，n 为气体的物质的量，R 为摩尔气体常数，T 为热力学温度。

实际上，绝大多数气体并不会完全服从理想气体定律。荷兰物理学家 J. D. 范德瓦尔斯提出了实际气体方程，即

$$\left(p+\frac{an^2}{V^2}\right)(V-bn)=nRT \tag{2.9}$$

其中，a，b 为常数，与气体原子或分子间的吸引和排斥作用力有关。

1. 偶极-偶极相互作用

当原子构成分子时，电子偏向具有较大电负性的原子。如 CF_3CH_3 分子，电负性大的氟原子一侧的 C 原子电子密度就比另一侧大，使得 CF_3CH_3 分子两侧都带有部分电荷，—CF_3 带部分负电荷，—CH_3 带部分正电荷。根据量子力学的观点，氟原子附近的电子出现的概率比氢原子的大，这种带有局部电荷分离的分子的电荷中心就称为偶极。

偶极可用分子两侧的有效电荷大小及电荷间距离表示，通常用哑铃形表示。电荷分布在哑铃形的"球体"上，哑铃形"手柄"长度为分离电荷的长度。根据库仑定律，带同种电荷的偶极间会相互排斥，带异种电荷的偶极间会相互吸引，因此偶极在空间的相对排列方向会发生改变（图 2.1）。将这种库仑作用力施

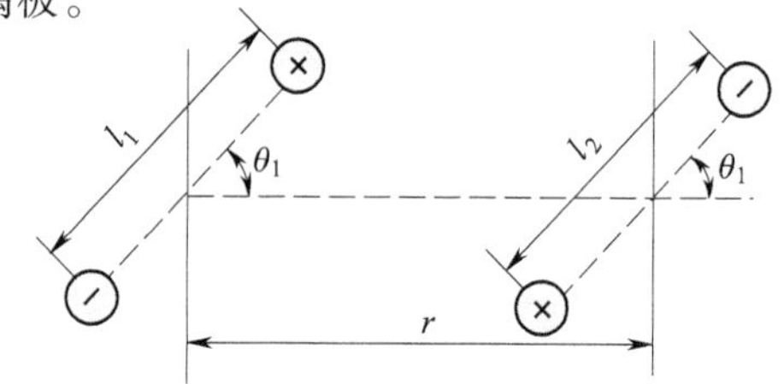

图 2.1 偶极间相互作用示意图

于"哑铃杆"上的力矩定义为偶极矩 μ,则

$$\mu = ql \tag{2.10}$$

式中,q 为有效电荷的大小,l 为电荷分离的分子长度。

两个偶极间相互作用的势能实质上是偶极相互作用的力矩问题,偶极-偶极相互作用的势能为

$$\Phi^{\mathrm{P}} = \frac{\mu_1\mu_2}{r^2}[2\cos\theta_1\cos\theta_2 - \sin\theta_1\sin\theta_2\cos(\varphi_1-\varphi_2)] \tag{2.11}$$

式中,μ_1,μ_2为偶极矩,r 为两个偶极矩中心间的距离,θ 为角度(图 2.1),φ 为旋转取向角。

当分子的运动动能大于其偶极的旋转能时,偶极可以自由旋转,此时偶极相互作用势能随 θ 和 φ 值不同而不同,从而偶极相互作用为热均相互作用。液体胶黏剂平均热能为 kT 时,转动偶极相互作用势能为

$$\Phi^{\mathrm{P,K}} = -\frac{2\mu_1^2\mu_2^2}{3kTr^6} \tag{2.12}$$

式中,k 为玻尔兹曼常数,T 为热力学温度。

2. 偶极-诱导偶极相互作用

当一个球形、电荷对称分布的分子接近一个偶极分子时,两个分子间会存在一种相互作用,称为偶极-诱导偶极相互作用。根据原子理论,电子在分子轨道上运动,可能会与其他电荷相互作用,从而改变电子在轨道上的概率分布。球形对称分子上的电子受偶极正电荷吸引,并与偶极负电荷排斥,产生偶极矩。偶极-诱导偶极相互作用势能为

$$\Phi^{\mathrm{I}} = -\frac{\mu_1^2\alpha_2 + \mu_2^2\alpha_1}{r^6} \tag{2.13}$$

式中,μ_i为偶极矩,α_i为分子极化率,其大小表示电子被分子或原子束缚的程度,与分子或原子的体积成正比。相互作用的每一个分子都会有一个偶极矩,这些偶极矩相互作用,进一步增强其他分子的偶极强度。如果其中一个分子没有永久偶极矩,则表达式为

$$\Phi^{\mathrm{I}} = -\frac{\mu_1^2\alpha_2}{r^6} \tag{2.14}$$

3. 色散力

色散力源于瞬时偶极间及与诱导偶极间的作用力。理论上,当两个带有球形电荷分布的非极性原子或分子(如甲烷等)相互靠近时没有相互作用,但实际上都会存在一种可以测定的相互作用,这种相互作用源于瞬时偶极相互作用。

对于球形对称电荷分布的分子或原子,总会存在电子偏离原子核,出现正负电荷离域。在这种情况下,原子或分子的一侧出现没有被遮蔽的原子核,而另一侧电子过量,从而产生瞬时偶极。瞬时偶极再诱导其他电荷球形对称分布的分子产生瞬时偶极,致使原子或分子间产生相互吸引的作用势能。由于这种作用是由球形对称电荷分布的原子或分子的电子发生离域时引起的,具有瞬时性,因此,其作用势能小。两个同种原子或分子间瞬时偶极的相互作用势能为

$$\Phi^{\mathrm{D}} = -\frac{3}{4}\left(\frac{\alpha_1^2 C_1}{r^6}\right) \approx -\frac{3}{4}\left(\frac{\alpha_1^2 I_1}{r^6}\right) \tag{2.15}$$

不同种原子或分子间的相互作用势能为

$$\Phi_{12}^{\mathrm{D}}=-\frac{3}{4}\frac{\alpha_1\alpha_2}{r_{12}^6}\left(\frac{2C_1C_2}{C_1+C_2}\right)\approx-\frac{3}{4}\frac{\alpha_1\alpha_2}{r_{12}^6}\left(\frac{2I_1I_2}{I_1+I_2}\right) \tag{2.16}$$

式中,α_i为分子极化率,C_i为分子常数,近似等于分子或原子 i 的第一电离势 I_i,D 为色散力。

根据以上势能方程可得,色散作用与作用单元的极化率有关,与作用单元的第一电离势有关,与相互作用距离的 6 次方成反比。因此,束缚电子能力弱的原子或分子间的色散力大,而束缚电子能力强的原子或分子间的色散力小,只有两个分子间距离很小时才明显,属于短程作用力。

2.1.3 共用电子对作用

两个原子或分子间通过共享电子对形成化学键,分为共价键和配位键。原来处于原子外围或分子某一部分的电子被共享形成共价键。配位键是共价键的一种特殊形式,金属离子作为受体接收来自配体的电子,配体是供电子分子,受体-供体相互作用成键,电子对在原子间或原子与分子间部分共享。

酸碱相互作用是配位键的另一类重要形式,如 Lewis 酸碱反应。Lewis 酸缺电子,而 Lewis 碱含有未成键电子对,如五氟化锑(Lewis 酸)和氨(Lewis 碱)的反应等。

2.1.4 排斥作用力

当原子或分子间相互非常接近时,就产生电子云的排斥,导致原子或分子间的排斥作用。原子或分子间排斥作用力势能为

$$\Phi^{\mathrm{L-J}}=-\frac{A}{r^6}+\frac{B}{r^{12}} \tag{2.17}$$

式中,A 为引力作用常数,B 为斥力作用常数。

排斥作用力与距离的 12 次方成反比,为短程作用力。式(2.17)势能函数对距离求导,排斥作用力 $F^{\mathrm{L-J}}$为

$$F^{\mathrm{L-J}}=-\frac{\mathrm{d}\Phi^{\mathrm{L-J}}}{\mathrm{d}r}=-\frac{6A}{r^7}+\frac{12B}{r^{13}} \tag{2.18}$$

2.2 表面作用力与表面能

表面和界面是不同状态物质、不同种类物质之间的分界。液体是相互作用分子的集合体,其内部分子与周围分子间的作用均衡,但处于表面的分子仅受到表面下部和侧面分子的作用,分子并未平衡,为抵消这种不平衡性,分子倾向于相互分离,从而产生表面作用力。事实上,处于固、气、液三相交界区域处的液体密度最低,说明液体表面分子有相互分离倾向。因此,表面作用力来自相界面的分子间作用力的不平衡性。

液体具有的与表面有关的额外能量称为表面能。所有物体都倾向于能量最小的状态,而球体的表面积在体积相同的所有三维物体中最小,因此,液滴通常在无重力干扰下呈现表面最小的球形。

表面作用力和表面能影响黏接界面作用,黏接件的界面区域在胶接形成后传递应力,因此,表面作用力和表面能的研究很重要。

利用简单晶格模型可估算出原子或分子间无方向性相互作用的液体表面能。假定两个分子 A 的相互作用能为χ_{AA},分子在基体内形成的相互作用的配位数为 z_b,b 代表基体,相邻分子间相互作用能为

$$\chi_{A,b}=z_b\chi_{AA}$$

表面上原子或分子间的配位数小于 z_b,设为 z_s,对应的相互作用能为

$$\chi_{A,s}=z_s\chi_{AA}$$

表面上的分子能量与内部分子的能量差为

$$\frac{1}{a}(\chi_{A,s}-\chi_{A,b})=\chi_{AA}\frac{z_s-z_b}{a}=\gamma \tag{2.19}$$

式中,a 为分子 A 的表面积,γ 为表面能。

假定两个表面(图 2.2)的分子密度都是常数,则可计算出表面分子间相互作用。对于距离为 r、变化角度为 dθ 的环状区域,则表面左边分子对右边某一点的作用力 F^{L-J}为

$$F^{L-J}=2\pi n^2\int_{j=a}^{j=\infty}\mathrm{d}j\int_{f=j}^{f=\infty}f\mathrm{d}f\int_{r=f}^{r=\infty}\left(-\frac{6A}{r^7}+\frac{12B}{r^{13}}\right)\mathrm{d}r=\frac{2\pi n^2}{a^3}\left(\frac{A}{12}-\frac{B}{90a^6}\right) \tag{2.20}$$

式中,n 为表面分子密度,a 为两表面间的距离,A 和 B 分别为引力作用常数和斥力作用常数。

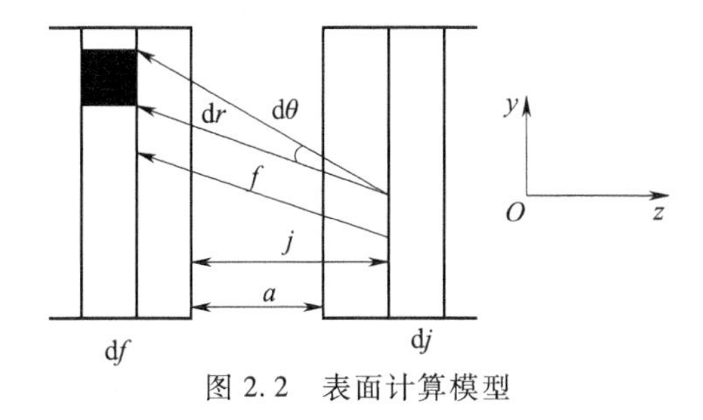

图 2.2 表面计算模型

作用力与距离乘积为作用能,把两个表面分开到无穷远即把总作用力从平衡距离 r_0到无穷远进行积分,得到所需要总能量 ζ_T为

$$\zeta_T=\int_{a=r_0}^{a=\infty}F_T^{L-J}\mathrm{d}a \tag{2.21}$$

将式(2.20)代入式(2.21),得到两个表面相互作用的总能量 ζ_T为

$$\zeta_T=\frac{\pi n^2}{12r_0}\left(A-\frac{B}{30r_0^6}\right) \tag{2.22}$$

在平衡距离 r_0处,总的作用力为 0,由式(2.20)得

$$\frac{A}{12}=\frac{B}{90a^6} \tag{2.23}$$

将式(2.23)代入式(2.22),得

$$\zeta_T=\frac{\pi n^2A}{16r_0^2}=2\gamma \tag{2.24}$$

$$\gamma=\frac{\pi n^2 A}{32r_0^2} \tag{2.25}$$

两表面间总的相互作用能 γ 取决于表面的分子密度、引力作用常数 A 和两个表面间的距离。材料表面能 γ 等于总的作用能的一半，其大小与常数 A 有关，即取决于分子间作用力的大小，与通过配位数推导得到的结果类似。

2.3 内聚功和黏附功

假定材料为理想弹性材料，其内聚功大小等于材料受到拉伸作用后，断裂成相同组成的两新界面的表面能之和(图 2.3)，即外力对材料所做的应变功全部转化为产生新表面所需要的表面能，则

$$W_{coh}=2\gamma \tag{2.26}$$

式中，W_{coh}为材料的内聚功。

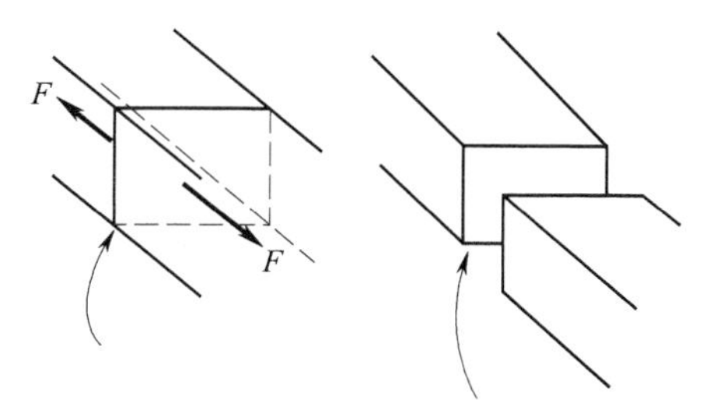

图 2.3 材料破坏产生新表面和界面过程

弹性材料在断裂过程中既不吸收能量，也无能量耗散，材料内部形成裂纹并扩展后产生两个新表面，则

$$W_{coh}=\frac{F_c^2\delta J}{2\pi\delta a}=2\gamma \tag{2.27}$$

式中，J 为材料柔量，F_c为裂纹扩展的临界作用力，a 为试样宽度。式(2.27)表明，当应变能超过形成材料新表面所需要的表面能时，材料裂纹开始生长，这就是 Griffith 关于材料破坏的临界条件。事实上，只有刚而脆的材料(如未上胶的玻璃纤维等)断裂时符合 Griffith 断裂判断标准。绝大多数材料的应变能，除了转化为形成材料新表面所需要的表面能外，还需要提供材料分子黏性流动所需的能量，因此并不满足 Griffith 断裂判断标准，需要对 Griffith 方程进行校正。

当把紧密接触的不同材料分开时，单位截面积的材料破坏所需的能量为两个表面的表面能之和，但由于相互接触的两种不同材料间存在分子间作用力，材料分开后该作用力消失，因此材料的黏附功(W_A)为

$$W_A=\gamma_1+\gamma_2-\gamma_{12} \tag{2.28}$$

式中，γ 为表面能，W_A为黏附功，γ_{12}为两种接触材料的界面能。W_A与施胶速率、胶层厚度等参数无关，静黏附功取决于温度和胶黏剂的化学组成。

界面能为产生单位面积的界面所需要的能量。根据晶格模型，假定材料 A 与材料 B 相互接触产生界面，处于界面的分子会相应地失去部分 A 与 A 或 B 与 B 间的相互作用能，而获得 A 与 B 的相互作用能。假定界面上有 N 个 A 和 B 分子，则

$$\frac{\chi_i}{S}=\frac{N(z_b-z_i)}{a}\left(\chi_{AB}-\frac{\chi_{AA}}{2}-\frac{\chi_{BB}}{2}\right)=\gamma_{AB} \tag{2.29}$$

式中，χ 为原子或分子间的相互作用能，χ_{AB}为界面处 A 与 B 间的相互作用能，z_b为 A 或 B 材料内部配位数，z_i为界面处的配位数，a 为界面处每一对分子对的平均截面积，S 为总的截面积，γ_{AB}为液体 A 和 B 间的界面能。比较表面能表达式可知，界面能比表面能小。

2.4 表面能及相关参数的测定方法

2.4.1 液体表面张力及测量

1. 液体表面张力

表面张力对于胶接是一个非常重要的参数,关系到胶黏剂对被胶接固体物质的润湿能力和被胶接固体物质能被液体胶黏剂润湿的程度等。

通常地,水滴在忽略重力作用下呈现圆球形(图2.4),由此推断液体表面张力可使其表面尽可能缩小。热力学上,表面张力(γ_L)的本质是在单位表面面积所存在的吉布斯自由能,即

$$\gamma_L = \frac{dG}{dA} \tag{2.30}$$

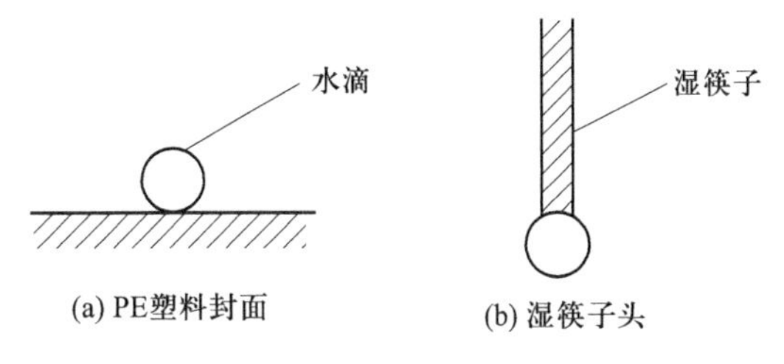

图2.4 水滴呈圆球形(忽略重力作用)

对于液体,表面张力和表面能在数值上相等,表面能的单位为 mJ/m^2,而表面张力的单位为 N/m,即单位长度上的作用力。

根据热力学第二定律,吉布斯自由能变化为负时,变化过程是自发进行的,且会使吉布斯自由能降低到最低。对于自发过程,吉布斯自由能变化 dG 为负值,γ_L为正值,因此,dA 也应小于零,即表面积减小。

2. 液体表面张力的测量

液体表面张力的测量方法有表面积增加法(质量/体积法)、毛细管测定法和 du Nuoy 圆环法。

(1) 表面积增加法

将微量注射器端部装上已知直径的高度抛光的针头,在注射器中装入待测液体,缓慢推动注射器,直至液滴从针头滴落。重复操作多次,并记录每次的液滴数目及总体积。利用液滴的平均体积,计算出液体的表面张力。计算时采用标准液体体系进行修正。

同样,将注射器的针头插入与待测液体不相溶的另一液体中,可测得液体界面张力,要求密度大的液体放入注射器中,并对浮力进行校正。

(2) 毛细管测定法

液体沿玻璃毛细管壁的内壁升高,玻璃管内壁被液体膜覆盖(图2.5)。设毛细管的半径为 r,液体的密度为 ρ,上升高度为 $l+dl$,则

$$dlm = \pi r^2 \cdot \rho dl \tag{2.31}$$

在高度为 l 处,质量 m 的重力势能为 mgl,最上端的质量单元的势能为

$$E_p = \pi r^2 \cdot \rho gldl \tag{2.32}$$

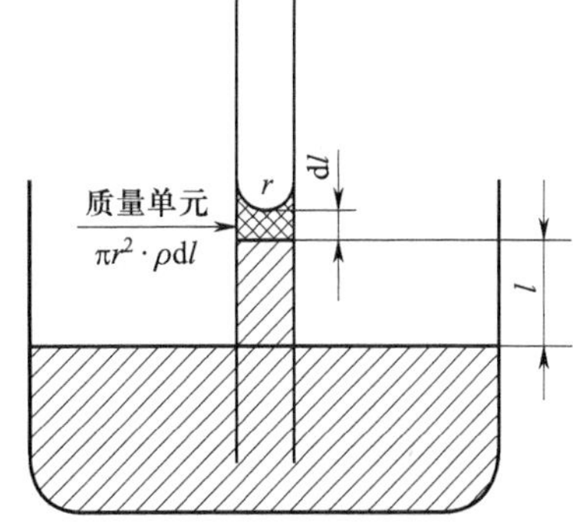

图2.5 毛细管表面张力现象图

质量单元的势能是由水浸润毛细管壁后出现的,面积 $2\pi r\times$

dl 的原吉布斯自由能 G 为

$$G=2\pi r\cdot\gamma_{\mathrm{L}}\mathrm{d}l \tag{2.33}$$

当液体上升充满了 dl 高度的管，吉布斯自由能转化成为势能，即

$$\pi r^{2}\cdot\rho gl\mathrm{d}l=2\pi r\cdot\gamma_{\mathrm{L}}\mathrm{d}l \tag{2.34}$$

化简得

$$\gamma_{\mathrm{L}}=\frac{r\rho gl}{2} \tag{2.35}$$

实际上，液体与管壁之间的接触角不是0°而是 θ，需要校正。

$$\gamma_{\mathrm{L}}=\frac{r\cos\theta\rho gl}{2} \tag{2.36}$$

（3）du Nuoy 圆环法

du Nuoy 圆环法是利用 du Nuoy 环张力仪测试的，属于拉开液膜法。仪器由扭力丝测力器、悬挂在扭力丝上的杠杆臂、杠杆臂上吊丝和悬挂在吊丝上的圆环组成。圆环为圆形，材质为金属铂，测试前需要充分清洗并用喷灯灼烧圆环。测试时，先将圆环浸入待测液体的液面下，然后缓慢地向下移动液面，直到圆环接近液体表面。通过扭力丝测力器记录环突破液面时的作用力大小，根据校正系数即可计算出液体的表面张力。

2.4.2　固体表面能

固体表面与液体表面一样，存在着大量未平衡的原子，因此，也具有表面能。固体表面分高能表面、低能表面。$\gamma_s\geqslant 100\ \mathrm{kJ/m^2}$ 为高能表面，如金属、金属氧化物、陶瓷等；$\gamma_s\leqslant 100\ \mathrm{kJ/m^2}$ 为低能表面，如聚乙烯、聚氯乙烯、聚氯丁二烯、聚四氟乙烯、聚醋酸乙烯酯、聚甲基丙烯酸甲酯、聚二甲基硅氧烷等。

固体表面能无法直接测定，只能间接估算其大小，常见方法是测定接触角，比较其大小来判断固体表面能的大小。因此，测定接触角是研究固体表面的重要手段，也是胶黏剂黏接技术的基础。

1. 接触角测定方法

接触角测定方法有直接测量法和间接测量法两种。直接测量法常用平衡静滴测量和平衡悬滴测量两种方法（图 2.6）。通过液滴的轮廓投影放大或照相放大后，过三相交点画切线来确定接触角，或通过带测角仪目镜直接测量。

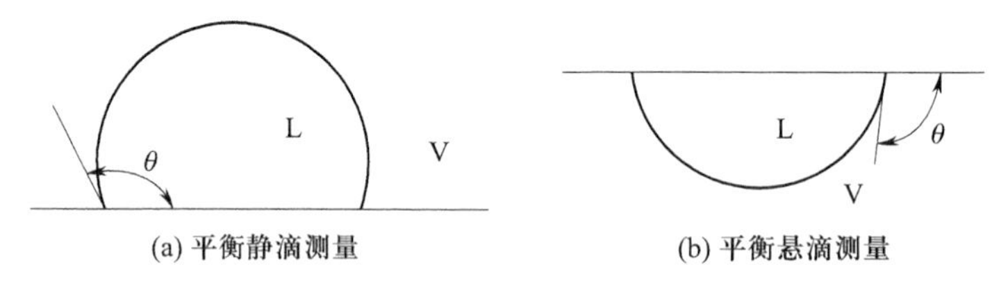

图 2.6　直接测量法

间接测量法有点光源反射法、液滴直径法和干涉显微镜法等。

点光源反射法通过测量点光源的光线从液-固接触点处的反射角来确定接触角，此法快

速，重现性好，但当 $\theta<90°$ 时则测量困难。

液滴直径法则通过测得的液滴高度和直径计算，但液滴必须足够小，否则会因重力作用使液滴发生变形而影响测试精度。

干涉显微镜法特别适合用于采用切线等方法很难测准的情况，如接触角小于 10°。

具体测量方法：选取一带有待测液滴的基底平面，应用可变波长的单色光源对待测液滴进行照射，在待测液滴表面产生干涉条纹；在可变波长的单色光源发出的单色光的波长从 λ 变化到 $\lambda+\Delta\lambda$ 的时间间隔内，对条纹的移动个数 k 进行计数；通过条纹的移动个数 k、待测液滴的折射率 n 和光源的波长 λ 得出待测液滴的高度 h；测得待测液滴在基底平面上的沿与基底平面垂直的方向上的投影区域的俯视直径 d；通过待测液滴的高度 h 与俯视直径 d 得出待测液滴的接触角 θ。该法在俯视观察的条件下简单、精确地测量出液滴的小接触角，能够弥补常见的通过侧面观察测量接触角的方法的不足之处。

测定接触角时应注意：

① 液体不溶胀固体表面，也不与固体表面反应，待液滴流动稳定后用显微镜中的测角仪进行观测，对于黏度大的液体，平衡时间需要足够长。

② 注射器针头紧贴固体表面，让几十微升小液滴轻轻地平放于固体表面，不能依靠重力滴下。

③ 测定接触角的中心时，确保测角仪的十字线处于液滴边缘，特别是接触角较大或较小时。

④ 选取不同区域表面进行多次测定，控制误差在±1°内。

接触角大小与测定方向有关（图 2.7）。当固体表面上的液滴沿表面向前移动时，测得接触角为前进接触角。如果液滴与表面平衡后，液滴回缩，测定的接触角为后退接触角。通常，前进接触角大于后退接触角，这种在前进和后退情况下具有不同接触角的现象叫做接触角滞后，产生的因素有表面化学性质不均匀性、表面粗糙、液体诱导下固体分子重排及固体诱导液体分子重排等。

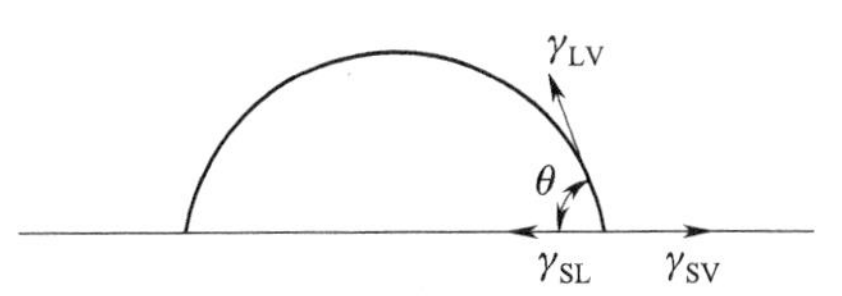

图 2.7　接触角测定示意图

不考虑液体表面张力和固体表面形变，界面张力与接触角关系可用 Young 方程描述：

$$\gamma_{LV}\cos\theta=\gamma_{SV}-\gamma_{SL} \tag{2.37}$$

式中，θ 为接触角，γ 为对应的固体（S）、液体（L）、气体（V）间的界面张力，γ_{SV} 为固-气界面张力，数值上等于界面能。表面自由能 γ_s 与 γ_{SV} 关系为

$$\gamma_{SV}=\gamma_s-\pi_e \tag{2.38}$$

式中，γ_s 为固体的表面自由能；π_e 为平衡扩张压力，表示吸附在固体表面的气体所释放的能量。

当固体的表面能较高、液体的表面能较低时，平衡扩张压力明显，如高能金属表面被碳氢化合物润湿时存在明显的平衡扩张压力。但当高能表面的液体润湿低能表面的固体时，平衡扩张压力较小，如水润湿聚乙烯。根据讨论，可得 Dupré 方程：

$$W_A=\gamma_{LV}+\gamma_{SV}-\gamma_{SL} \tag{2.39}$$

将式（2.39）代入，可得 Young-Dupré 方程，即

$$W_A=\gamma_{LV}(1+\cos\theta) \tag{2.40}$$

式（2.40）将一个热力学参数黏附功和容易测定的接触角、气-液界面张力联系起来，根据表面张力和接触角数据估算固体和液体间的黏附功。如表面张力约为 4.7×10^{-4} N/cm 的环氧树

脂完全润湿铝板表面，接触角为 0，其黏附功为 86 MJ/m²。虽然与一般胶接件破坏时所需的能量相比，黏附功太小，对实际黏接强度贡献不大，但从热力学角度分析，黏附功大小关系到胶黏剂的润湿效果，与实际黏接强度间关系密切。

2. 接触力学直接测定固体表面能

直接测定固体表面间黏附力的常用仪器是表面力仪（SFA）。SFA 测定原理是利用机械方式测定两表面间相互作用力及距离（图 2.8），计算出固体表面能。

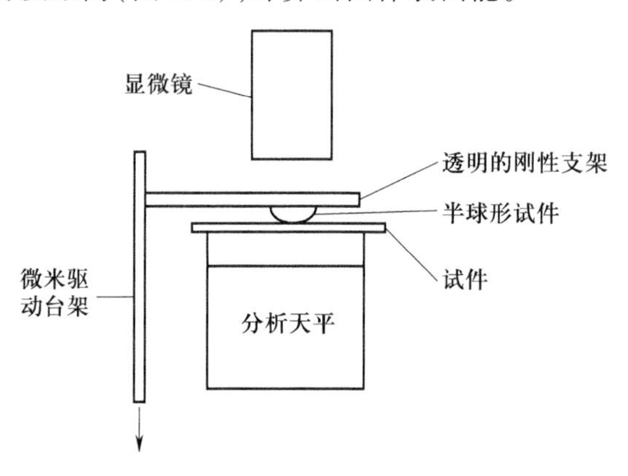

图 2.8　测定表面能的装置示意图

JKR 理论（K. L. Johnson，K. Kendall 和 A. D. Roberts 共同修正的接触理论）认为，物体表面存在黏附力。将两个接触的球体分开需要施加作用力才能实现（图 2.9）。设两球体在外力作用下，总能量 U_T 由机械势能 U_M、弹性能 U_E 和表面能 U_S（球体材料相同则 U_S 为材料球体内聚功，不同则 U_S 为球体间黏附功）三部分组成。

$$U_T = U_M + U_E + U_S \tag{2.41}$$

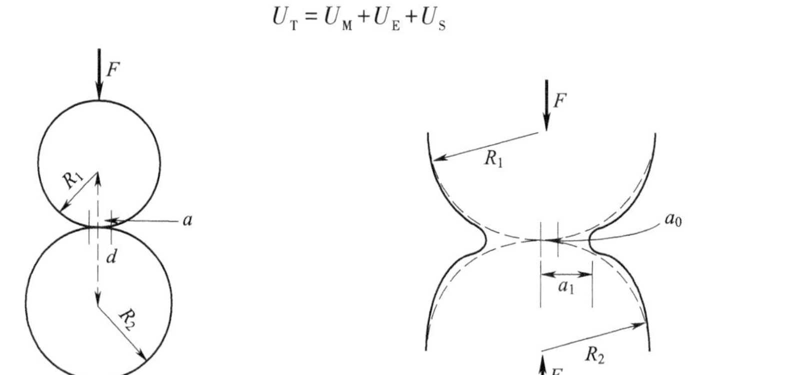

(a) 两个无黏附接触的弹性球　　(b) 虚线为弹性无黏附接触线，实线为黏附性接触

图 2.9　JKR 理论

对于平衡状态，有

$$\frac{dU_T}{dF_1} = 0$$

根据 JKR 理论计算得到

$$F_1 = F_a + 3W_A\pi R + \sqrt{6W_A\pi RF_0 + (3W_A\pi R)^2} \tag{2.42}$$

其中，$R=\dfrac{R_1R_2}{R_1+R_2}$，$R_i$为其曲率半径，$F_1$为施加到两种材料上的作用力，$F_a$为接触点处作用力。

式(2.42)表明，由于黏附功存在，表观作用力大于实际载荷。即使没有施加作用力，也会存在一定的接触半径 a。当拉伸力作用于两个球上，接触半径会逐渐减小，直至为 0，此时，拉伸力(F)为

$$F_{JKR} = -\frac{3}{2}W_A\pi R \tag{2.43}$$

如果相互接触的是同种材料，则 $W_A = W_c = 2\gamma_s$，可利用式(2.43)计算固体的表面能。

2.5　界面接触与浸润

胶黏剂与被粘物的连续接触过程叫润湿。为了获得较强黏接强度，胶黏剂与被粘物间必须达到分子间的紧密接触，即胶黏剂应通过浸润、扩展到固体的表面，浸入固体表面的凹陷与空隙，驱赶吸附的气体或杂质，胶黏剂分子与被黏物间距离小于范德瓦尔斯半径，实现良好黏接。

固体表面高低不平，即使抛光处理后，固体表面间接触面积也不到总面积的 1%，固-固表面接触实为点接触而非面接触。要使胶黏剂完全与固体表面紧密接触，则在胶接过程中必须使胶黏剂成为液体，其表面张力小于固体的临界表面张力。实际上，多数金属的表面张力都小于合成胶黏剂的表面张力，容易被胶黏剂润湿，这也是环氧树脂胶黏剂对金属黏接良好，而对表面张力小的聚合物材料如聚乙烯、聚丙烯及氟塑料很难黏接的原因之一。

如果胶黏剂的浸润性差，就会在被粘物表面的凹陷处被架空，实际接触面积减少，形成弱界面层。这导致应力集中，黏接强度大幅降低。要实现完全润湿，胶黏剂需具备如下条件：

① 在使用条件下为低黏度液体，黏度为几毫帕 · 秒；

② 与被粘物表面接触角为 0°或接近于 0°；

③ 表面张力尽可能小，便于驱除被粘物接头间气体和其他附着物。

同时，考虑胶黏剂与被粘物间浸润热力学平衡和浸润过程的动力学，在实际黏接操作时，可通过挤压加快润湿和改善浸润效果。

2.5.1　浸润热力学理论

完全浸润是获得高强度黏接的必要条件。如果浸润不完全，就会有许多气泡出现在界面中，在应力作用下气泡周围会发生应力集中，致使黏接强度大幅下降。液滴在固体表面浸润平衡如图 2.10 所示。

达到平衡时，表面张力满足 Young 方程，即

$$\gamma_{SV} = \gamma_{SL} + \gamma_{LV}\cos\theta \tag{2.44}$$

式中，γ_{LV}为液-气表面张力，γ_{SL}为固-液表面张力，γ_{SV}为固-气表面张力，θ为接触角。

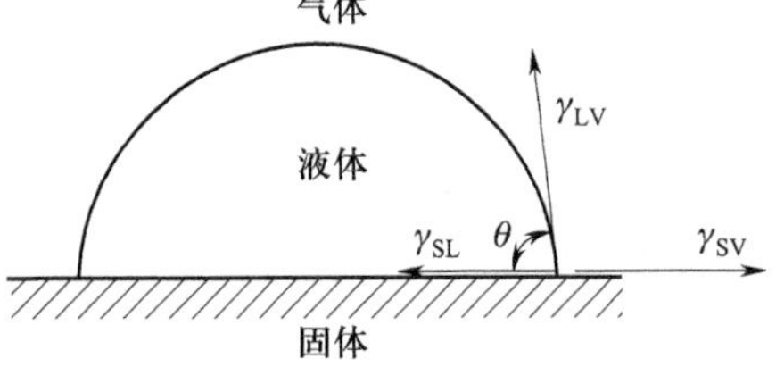

图 2.10　液体在固体表面的浸润平衡

$\theta=0°$时,液体自发扩展,浸润固体表面。$0°<\theta<90°$时,液体不能在固体表面自行扩展,可施加压力使液体在固体表面扩展。$\theta \geq 90°$时,液体则不能在固体表面扩展。液-固接触角受固体表面粗糙度影响,粗糙度变化则可改变表观接触角。粗糙度与接触角关系如下:

$$\cos\theta_f = r_f \cos\theta_s \tag{2.45}$$

式中,θ_s为平滑表面接触角,θ_f为粗糙表面接触角,r_f为粗糙度因子,即固体表面实际面积与投影面积的比值。表 2.1 为平滑玻璃板与不同方法处理后铝板的粗糙度因子。

表 2.1 平滑玻璃板与不同方法处理后铝板的粗糙度因子

固体表面	r_f
平滑玻璃板	1.0
阳极氧化铝板	1.47
密封后阳极氧化铝板	1.08
磷化处理的铝板	1.01

若平滑表面的接触角 $\theta<90°$,则随表面粗糙度的增加,接触角变小,表观自由能增大,有利于实现浸润;若平滑表面接触角 $\theta>90°$,则随表面粗糙度增加,接触角变大,不利于实现浸润。

2.5.2 浸润的动力学

胶黏剂的扩展速度与被粘物表面粗糙度、胶黏剂黏度(η)、表面张力梯度和温度有关。

如果胶黏剂和被粘物表面间接触角 $0°<\theta<90°$,则不能自发浸润表面。但由于被粘物表面粗糙,通过毛细作用,胶液会沿着小孔、刮痕或其他不均匀部位在被粘物表面扩展,其浸润时间 t 为

$$t = \frac{2K\eta}{\gamma_{LV}\cos\theta} \tag{2.46}$$

式中,K 为与表面结构有关的常数,γ_{LV}为液-气的表面张力,θ 为接触角。

由于有机胶液的表面张力 γ_{LV}相差不大,浸润所需时间主要取决于液体黏度和接触角大小。式(2.46)表明,液体黏度越低,浸润时间越短,便于充分浸润表面的缝隙;θ 越小,浸润速度越快。

温度升高有利于加快分子的运动速率,缩短浸润时间,即通过升高温度提高浸润速度和缩短达到浸润平衡的时间。在实际黏接操作时,也可通过加压加快浸润速度。

2.5.3 胶接表面化学的最佳条件

当胶黏剂对液体表面的黏附功较大或界面能较低时,可得到较好的胶接强度。当 $\theta=0°$时,$\cos\theta=1$,此为胶接表面化学的最佳条件。原子直径相当于 $R=300$ pm,则热力学黏附强度(p)为

$$p = \frac{W_A}{R} = \frac{2\gamma_{LV}}{R} \tag{2.47}$$

如石蜡液体 $\gamma_{LV}=2\times10^{-4}$ N/cm,则 $p=200$ MPa。

2.6 黏接机理

研究黏接机理的目标是从基本原理，通过黏接的理化性质变化，结合应变能在胶黏剂和被粘物间耗散的方式，预测出胶接件强度。但是，材料基本的物理化学性质与胶接件的物理强度间没有一个统一的理论解释，也没有一个理论能完全将黏接、胶黏剂和被粘物物理性能及胶接件的实际强度联系起来。目前主要有静电理论、扩散理论、机械互锁理论（抛锚理论）、吸附理论、化学键结合理论、弱边界层理论等来解释黏接力的产生机理，其中，有的理论只能预测胶接件强度、界面相互作用强度或解释某种特定黏接现象。

2.6.1 静电理论

静电理论认为，黏接强度来自两带电表面分开时需要克服的库仑力，即静电间的相互作用（图 2.11）。元素的电负性（electro- negativity）是原子和电子间吸引力强度的量度。元素周期表中电负性大的元素在右边，电正性大的元素在左边，如氟的电负性很大，而钠的电正性很大。元素电负性导致偶极分子的形成，如用毛皮摩擦一根琥珀棒，毛皮上很容易堆积可探测的表面电荷。因此，固体表面表现出电正性或电负性。

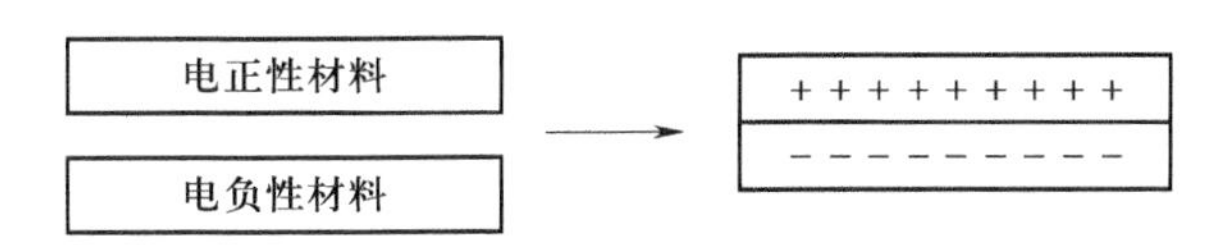

图 2.11 电荷从电正性材料转移到电负性材料形成胶接件示意图

当胶黏剂和被粘物体系是一种电子受体-供体的组合时，由于电负性不同，电子会从供体转移到受体，在界面区两侧形成双电层，从而产生静电引力，如金属-聚合物体系。在干燥环境中从金属表面快速剥离黏接胶层时，可用仪器或肉眼观察到放电的光、声现象，证实了静电作用的存在。

若黏附力主要来源于双电层的静电引力，可根据平行板电容器所储存的能量计算出黏附功（W_B）为

$$W_B = 2\pi\sigma_0^2 \cdot h_B \tag{2.48}$$

式中，W_B为破坏胶接件的功，σ_0为表面电荷密度，h_B为两种材料被分离时在电击穿处形成的空气缝隙间距。实验测得剥离时所消耗的能量与双电层模型计算出的黏附功相符合。

实际上，静电作用仅存在于能够形成双电层的黏接体系。只有当相互接触的材料间存在着巨大的电负性差异时，静电力才会在黏接的形成中发挥作用，决定胶接件的强度。因此，静电力虽然确实存在于某些特殊的黏接体系，但不是起主导作用的因素，也不能解释温度、湿度及其他因素对黏接强度的影响。

2.6.2 扩散理论

扩散理论认为，黏接是通过胶黏剂与被粘物界面上分子扩散产生的（图 2.12）。假如 A 和 B 两种材料互溶，在紧密接触后，由于分子布朗运动或高分子链段旋摆运动而产生相互渗透和扩

散缠结现象，扩散导致界面消失（图 2.13）和过渡层产生。过渡层形成包含材料 A 和材料 B 的界面层的中间相（图 2.12）。中间相的界面不会出现应力集中，从而形成良好的胶接。采用电子显微技术可以观察到热塑性塑料的溶剂黏接和热焊接是分子扩散的结果，如聚苯乙烯与双酚 A 型聚碳酸酯在二氯甲烷或 1，2-二氯乙烷等溶剂的黏接、聚酰胺-6 等热塑性塑料的振动摩擦焊接。

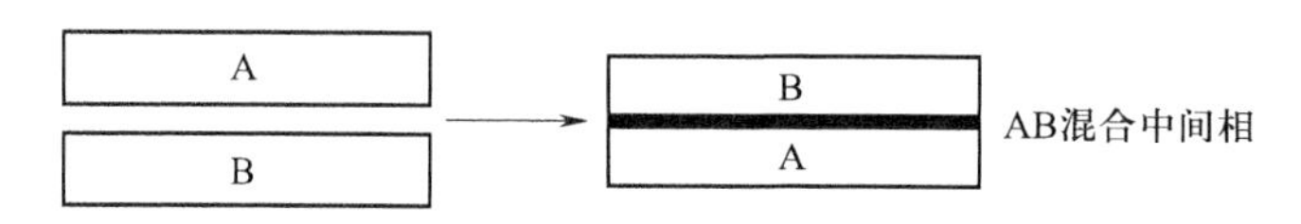

图 2.12 扩散黏接示意图

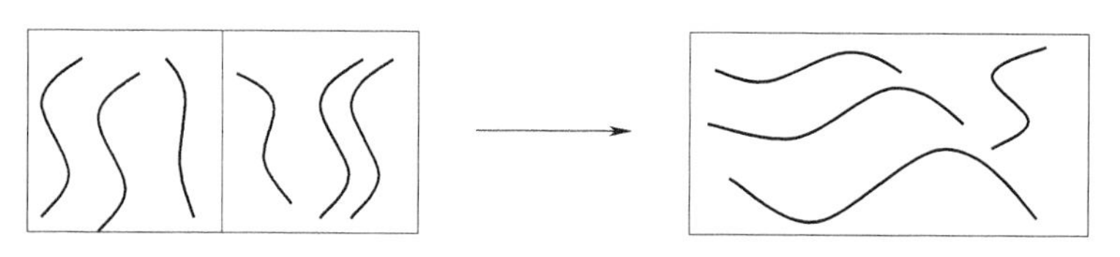

图 2.13 扩散过程中黏接界面消失图

能否形成互溶的中间相，可根据 Hildebrand 关于真溶液的理论判断。真溶液能否自发形成，取决于混合时 ΔG：

$$\Delta G=\Delta H-T\Delta S \tag{2.49}$$

式中，ΔH 为溶解焓，T 为热力学温度，ΔS 为熵变。溶解过程中，$\Delta G\leqslant 0$，则可自发进行；反之，则不可自发进行。溶解过程中，$\Delta S\geqslant 0$，ΔG 的符号取决于 ΔH 与 $|T\Delta S|$ 的大小。对于溶解放热过程，如甲基丙烯酸甲酯溶于聚偏 1，1-二氟乙烯、甲基丙烯酸酯溶于聚偏 1，1-二氟乙烯，$\Delta G<0$，混合过程自发进行。对于溶解吸热过程，ΔH 越小，越有利于溶解自发进行。

根据 Hildebrand 公式，当溶液中没有特定的化学作用时，溶液的焓变 ΔH 为

$$\Delta H=\varphi_1\varphi_2(\delta_1-\delta_2)^2 \tag{2.50}$$

式中，φ 为溶质或溶剂的体积分数，δ 为溶质或溶剂的溶解度参数。溶解度参数相近，ΔH 趋近于 0，溶解可自发进行。溶解度参数 δ 为内聚能密度的平方根，即

$$\delta=\sqrt{\mathrm{CED}} \tag{2.51}$$

式中，δ 为溶解度参数；CED（cohesive energy density）为内聚能密度。

内聚能 ΔE（cohesive energy）是指材料中 1 mol（$n=1$ mol）的原子或分子分开至无穷远距离时所需要的能量，即

$$\Delta E=\Delta H-nRT \tag{2.52}$$

式中，ΔH 为蒸发焓，R 为摩尔气体常数，T 为热力学温度。内聚能反映分子间作用力的大小，分子间作用力越大则内聚能越高。材料的内聚能密度（CED）为单位体积的内聚能，即

$$\mathrm{CED}=\frac{\Delta E}{V_\mathrm{m}} \tag{2.53}$$

式中，V_m 为摩尔体积。

扩散黏接是塑料黏接的重要方式,如许多塑料采用的溶剂焊接,实质是在两种被粘物间施加溶剂后,塑料界面发生分子链的相互扩散,溶剂蒸发后实现黏接。溶剂焊接塑料时,为避免溶剂诱导塑料基体产生裂纹,选择合适的溶剂十分重要。如乙烯基胶黏剂一般是由聚氯乙烯加增塑剂,溶解于四氢呋喃/甲苯的混合溶剂中而制得的溶液胶。由于四氢呋喃/甲苯的混合溶剂是乙烯基塑料的良溶剂,可溶胀乙烯基类材料的表面,溶胀后表面层间发生扩散而实现黏接。由于这种胶不溶于水,黏接可以在水下形成。

另外,可以利用嵌段共聚物黏接不同聚合物材料。嵌段共聚物是指带有两种或两种以上不同聚合物长链通过化学键而连接形成的材料,其嵌段可以分别溶于被黏接的两种互不相容的聚合物中。一般聚合物间不相容,如聚甲基丙烯酸甲酯(PMMA)熔接聚苯乙烯(PS),则胶接件强度很差。但是,在PS和PMMA之间加入PS-b-PMMA的嵌段共聚物,可显著改善黏接性能。也可通过加热如局部直接加热或高频震动摩擦、超声振动摩擦等方式加热熔融塑料。如振动焊接技术胶接塑料,在熔体状态下塑料高分子链互相扩散发生缠绕,冷却后形成一个整体将塑料焊接在一起。

扩散黏接属于自黏,即聚合物自身扩散形成缠结,实现黏接。但是,发生扩散过程的必要条件是被黏接界面上的分子运动程度高,具有足够的相容性。由于有这一严格限制条件,此理论应用得最好的是未交联的弹性体间自黏黏接。由于被粘物和胶黏剂间互容实现黏接的情形较少,而且此理论不能解释聚合物材料与金属、玻璃或其他硬体等黏接,因此黏接的扩散理论只能用于有限的情况。

2.6.3 机械互锁理论

机械互锁理论认为,在黏合多孔材料、纸张、织物等时,胶黏剂必须渗入被粘物表面的孔隙内,并排除其界面上吸附的空气,才能产生黏接作用。胶黏剂渗透到被粘物表面的缝隙或凹凸之处,硬化后在界面区产生了啮合力,类似钉子与木材的接合或树根植入泥土的作用,机械连接力的本质是摩擦力。黏接表面经打磨致密的材料强度要比表面光滑致密的材料强度好,这是由于打磨使表面变得粗糙、清洁,生成反应性表面及表面积增加并形成机械镶嵌,即表面层物理和化学性质发生了改变,从而提高黏接强度。

一般地,被粘物表面有一定粗糙度,胶黏剂扩散进入孔隙,被粘物间实现沿弯曲的路径作紧密接触(图2.14)。由于胶黏剂黏度较高,胶接时胶黏剂要将被粘物表面孔隙中的空气尽可能地排出,孔隙要尽量小。

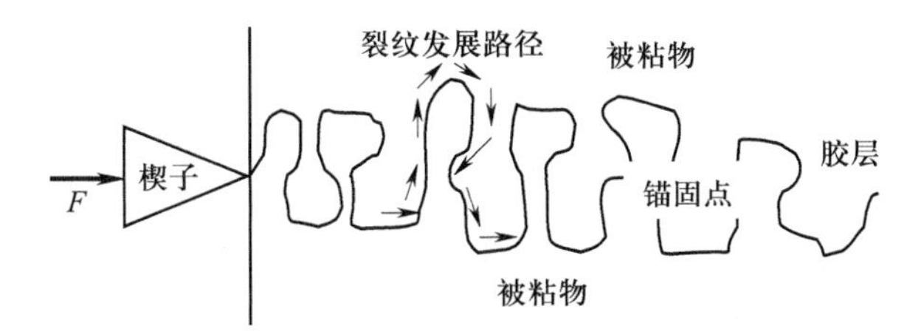

图2.14 黏接界面弯曲示意图

在剥离过程中,胶黏剂或被粘物发生塑性变形,消耗能量,从而胶接强度高。大多数情况下,胶黏剂比被粘物容易变形。但是,在胶黏剂完全充满表面孔隙条件下,孔隙中的胶黏剂不发生塑性变形时,脱出开胶时会受到被粘物的阻碍。类似把钥匙插入锁孔时,锁孔阻碍钥匙从锁中脱出,表现为锁-匙效应。

提供具有多孔的微观形貌物体表面,并采用低黏度能完全填充的胶黏剂,是机械互锁理论关于实现良好胶接的重要条件。但对某些坚实而光滑的表面,机械互锁作用并不显著,这是机械互锁理论的缺陷所在。

2.6.4　吸附理论

被粘物表面由原子和分子组成,分子、原子之间存在互相作用,低表面张力的胶黏剂充分润湿被粘物表面,当胶黏剂分子与被粘物分子间距小于 0.5 nm 时,实现紧密接触,产生价键力或次价键力(表 2.2)。

表 2.2　各种分子间相互作用的能量大小

类型	作用力种类	能量/($kJ \cdot mol^{-1}$)
价键力	离子键	585~1045
	共价键	63~711
	金属键	113~347
次价键力	氢键	<50
	静电力	13~21
	诱导力	6~13
	色散力	0.8~8

吸附理论认为,黏接是由两种材料表面的分子在界面发生紧密接触产生次价键力而实现的。黏接力主要来源于分子间作用力,包括氢键和范德瓦尔斯力。经计算,理想平面紧密接触相距 1 nm 时,范德瓦尔斯力产生的黏接强度可达 9~90 MPa;相距 0.3 nm 时可达 100 MPa,而这一强度已经超出了结构胶黏剂所能达到的强度,因此,“对于一个正常的黏接头,在机械力作用下黏附破坏是不可能的”。

而实际上,在两个固体表面,理想平面接触很难实现,即使经过精密的抛光,两平面之间的接触还不到总面积的 1%。但是,液体与固体表面则不难实现完全接触,只要液体能完全浸润固体表面即可。

胶黏剂通过润湿与被粘物紧密接触,主要靠分子间作用力产生黏接。但浸润能否产生良好的黏接?完全浸润是产生良好黏接的必要条件,但不是充分条件。如 Al 表面经过不同的方法进行表面处理后,选用能完全浸润的不同胶黏剂,其黏接强度相差很大。室温固化的硅橡胶胶黏剂表面张力小,能完全浸润多种金属材料,但黏接强度较低,采用偶联剂处理表面后,黏接强度大大提高了。这说明要想得到性能优良的黏接,仅仅依靠物理吸附作用是不够的。

当两种材料在一个平面进行接触时的接触面积最小(图 2.15),而粗糙面接触(图 2.14)时表面积会急剧增大,总的表面作用能也将按比例增大。根据吸附理论,粗糙表面增加了被粘物间的接触面积，界面发生分子接触而使得界面作用力大幅增加，导致粗糙面的黏接强度远大于平面接触的黏接强度，从而有效改善黏接强度。

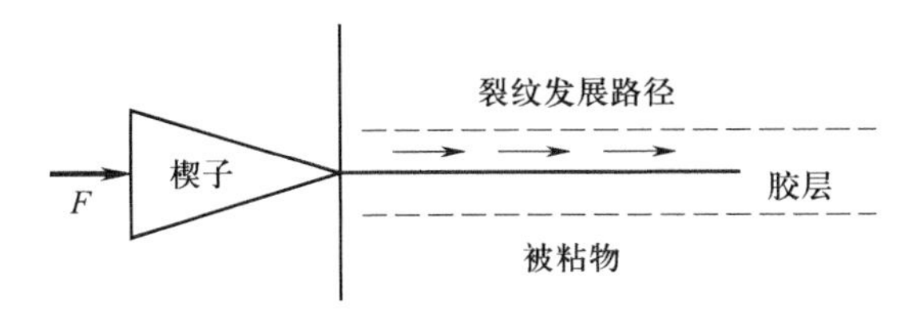

图 2.15 在被粘物界面端打入一个楔子

事实证明，分子间作用力是提供黏接力的因素之一，其他因素也起十分重要的作用。因此，吸附理论存在明显的缺陷，无法解释胶接理论强度与实际强度存在的巨大差距。

2.6.5 化学键结合理论

化学键结合理论认为胶黏剂与被粘物分子之间除次价键力外，还有化学键产生，如硫化橡胶与镀铜金属的胶接界面、偶联剂对胶接界面的作用、异氰酸酯对金属与橡胶的胶接界面作用等。化学键的强度比范德瓦尔斯力高得多，化学键的形成不仅可以提高黏附强度，还可以避免脱吸附破坏胶接。但是，界面的化学键不易形成，其单位面积黏接界面上化学键数要比次价键作用数少得多。

设两个不同材料间有一块 1 m^2的接触面积，横截面积由大量的碳-碳共价键所占据。设碳-碳键截面积为 0.05 nm^2，则该接触面积上的化学键数目就是 2×10^{19}个/m^2。根据碳-碳键能，可算出界面上的总能量约为 11.4 J/m^2。实际上，只考虑界面处色散力时，聚乙烯/钢铁的对接拉伸强度超过 1.08 GPa，这个值远高于实验测得的胶接件的强度。对比表明，虽然共价键在界面能有效提高强度，但要获得高强度胶接件不一定需要形成共价键。

材料的表面能 γ 为

$$\gamma=\gamma^{d}+\gamma^{p} \tag{2.54}$$

式中，γ 为材料的表面能，γ^{d}为色散力贡献，γ^{p}为极化贡献。

两种材料相互接触时，黏附功 W_A为

$$W_A=2\sqrt{\gamma_1^d\gamma_2^d}+2\sqrt{\gamma_1^p\gamma_2^p} \tag{2.55}$$

存在第三种材料时，黏附功 W_A^1 为

$$W_A^1=2\left(\gamma_1-\sqrt{\gamma_1^d\gamma_3^d}-\sqrt{\gamma_1^p\gamma_3^p}-\sqrt{\gamma_2^d\gamma_3^d}-\sqrt{\gamma_2^p\gamma_3^p}+\sqrt{\gamma_1^d\gamma_2^d}+\sqrt{\gamma_1^p\gamma_2^p}\right) \tag{2.56}$$

二氧化硅、环氧树脂、氧化铝材料表面或界面能及有水存在或无水时的黏附功值见表 2.3。环氧树脂/二氧化硅、环氧树脂/氧化铝的黏附功是正值，该界面稳定；当有水存在时，黏附功为负值，界面不稳定。

环氧树脂胶黏接时，无水条件很难实现。要获得良好黏接，可采用带有两个化学官能团的偶联剂处理胶接件界面，实现共价键结合。硅烷偶联剂在偶联剂中应用最广，硅烷偶联剂处理表面时，其反应机理示意图如图 2.16 所示。

表 2.3 表面或界面黏附功值

表面或界面	γ^d	γ^p	γ	W_A	W_A^1
环氧树脂	41.2	5.0	46.2		
二氧化硅	78.0	209.0	287.0		
氧化铝	100.0	538.0	638.0		
水	22.0	50.2	72.2		
环氧树脂/二氧化硅				178	
环氧树脂/氧化铝				232	
环氧树脂/水/二氧化硅					-56.2
环氧树脂/水/氧化铝					-137.0

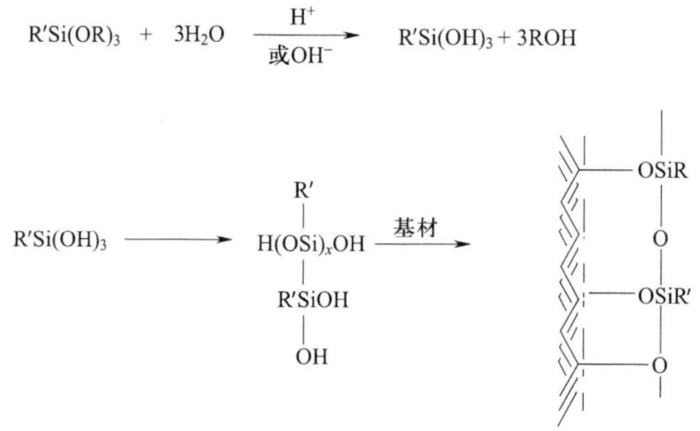

$$R'Si(OR)_3 + 3H_2O \xrightarrow[\text{或}OH^-]{H^+} R'Si(OH)_3 + 3ROH$$

$$R'Si(OH)_3 \longrightarrow H(OSi)_xOH \xrightarrow{\text{基材}}$$

R′ | H(OSi)ₓOH | R′SiOH | OH —— OSiR | O | OSiR′ | O

图 2.16 硅烷在无机物表面反应的示意图

有水时,硅烷会水解成硅烷醇,并聚合成硅烷醇低聚物,分子量小时能溶于水。如果遇到含羟基的表面,硅烷醇与羟基脱水,实现共价连接,达到表面疏水处理。硅烷偶联剂在表面上形成几十纳米的层,有利于亲油相在其中扩散、形成分散界面层。

玻璃钢是玻璃纤维增强聚苯乙烯/聚酯树脂而形成的材料,其硬度超过基体树脂。但是,经过较长时间暴露于潮气中,硬度显著下降。采用硅烷偶联剂对玻璃纤维进行处理,界面形成共价键,玻璃纤维表面形成几十纳米的有机相层面,制得的玻璃钢暴露于潮气时,基体树脂与纤维黏接良好,不易发生剥离,其模量的保持时间延长。

钛酸酯是常用的另一大类偶联剂,与硅烷偶联剂作用相似,通过与无机物表面羟基反应放出醇分子(图 2.17),改善无机物和有机物相容性,用于降低无机物在有机胶液中的黏度。

2.6.6 弱边界层理论

胶接破坏往往发生在被粘物、胶黏剂中内聚强度较差的一方。如果在界面处有内聚强度较低的物质存在,那么胶接件强度将比预期小很多。J. J. Bikerman 由此提出黏接弱边界层理论。胶接件一般都会在内聚强度较低的弱边界层(WBL)断裂。

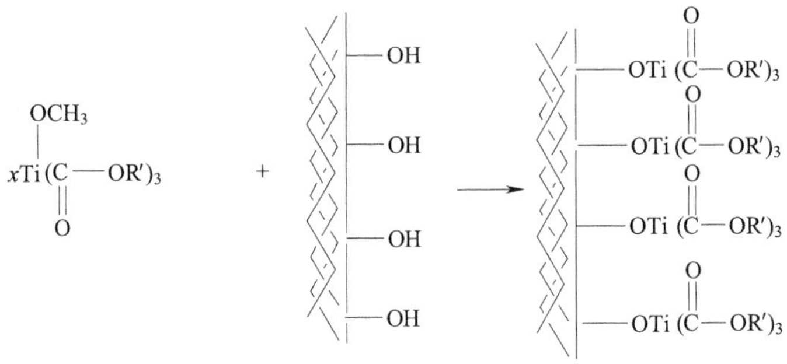

图 2.17　钛酸酯在无机物表面的反应

弱边界层理论认为，由于材料界面处存在较低的内聚强度，黏接破坏往往是内聚破坏或弱边界层破坏。弱边界层来自胶黏剂、被粘物、环境，如小分子或杂质，通过渗析、吸附、聚集，在黏接界面内产生小分子有机物富集区，形成胶接件的弱边界层。在外力的作用下，弱边界层发生破坏导致黏接强度下降。如果杂质集中在黏接界面附近，与被粘物结合不牢，在胶黏剂和被粘物内部也会出现弱边界层。这可以解释黏接未除去油脂的金属表面困难及黏接表面被水润湿的或表面腐蚀的钢铁非常困难等。形成弱边界层的原因如下：

① 不良浸润，气泡或灰尘、油等杂质残留形成弱区；

② 液态胶黏剂的不溶杂质，固化后分离成一相；

③ 内应力在被粘物与胶黏剂间产生弱界面层；

④ 胶黏剂中存有小分子有机物。

总之，每种理论都有大量的实验为依据，只是研究的角度、方法、条件不同，共同目标是追求形成黏接现象的本质，以便更好地应用。各黏接理论没有统一的定论，应在理解的基础上加以灵活运用，调动提高黏接强度的一切因素。

思考题

1. 什么是液体表面张力？液体表面张力测量方法有哪些？
2. 接触角常见测定方法有哪些？
3. 要实现完全润湿，胶黏剂需具备哪些条件？
4. 目前主要有哪些理论来解释黏接力产生的机理？各有何特点？

第三章　黏接技术

在黏接中,要获得良好的黏接效果,必须具备三个条件:设计合理的黏接接头、选用合适的胶黏剂与相应的黏接工艺。

3.1　黏接接头的设计

3.1.1　接头在实际应用中的受力分析

在实际工况下,黏接接头的受力情况很复杂,但可以归纳为四种基本类型:剪切作用、均匀扯离、不均匀扯离、剥离或撕离(图3.1)。

(1) 剪切作用

剪切作用指黏接面承受剪切力,为黏接接头比较理想的受力方式之一。当外力平行于黏接面时,胶层所受的力就是剪切力。这种受力形式的接头最常用,其黏接效果好且简单易行。

(2) 均匀扯离

均匀扯离有时也称为拉伸,作用力垂直作用于黏接平面,应力分配均匀,但这种受力情况在实际工况中很难出现。只要外力作用方向稍稍偏离,应力分布就会变为不均匀,甚至出现应力集中现象,接头容易破坏。

(3) 不均匀扯离

不均匀扯离指黏接接头经受扯力作用,应力配置在整个黏接面上,但应力在面上分配不均匀。在这种受力情况下,应力集中比较严重,主要集中在接头边缘的小区域内。因此,这种类型的接头承载能力较低,一般只有均匀扯离强度的十分之一左右。

(4) 剥离或撕离

黏接件受扯离作用时,应力不是分布在整个黏接面上,而是主要集中在胶缝边缘处,接头沿胶接线发生破坏,称为剥离或撕离。对于两种薄而软的材料受扯离作用时,称为撕离;而对于两种刚性不同的材料受扯离作用时,称为剥离。

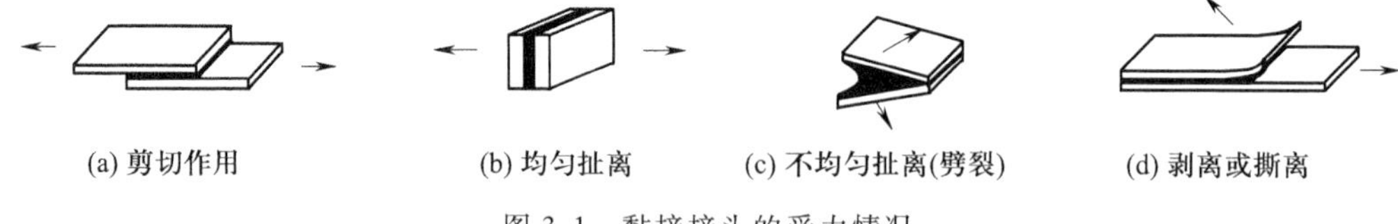

(a) 剪切作用　(b) 均匀扯离　(c) 不均匀扯离(劈裂)　(d) 剥离或撕离

图3.1　黏接接头的受力情况

不同类型的胶黏剂对不同形式的作用力承受能力不同。一般情况下,黏接接头承受剪切作用和均匀扯离的能力比不均匀扯离、剥离或撕离高很多。

3.1.2 接头设计的基本原则

设计黏接接头时,必须综合考虑各方面因素,如受力的性质及大小、加工性、经济性、质量控制、装配要求、维修需要、黏接工艺要求等。因此,了解清楚材料的化学、力学和物理学特性是黏接接头设计的准则和关键所在。一个合适的接头形式,一般应遵守以下几项原则。

1. 避免劈裂载荷设计

根据胶接件应力分析,搭接件端部作用力的传递往往会发生偏离,胶接边缘处于应力集中的剥离状态,造成胶接件的剥离和劈裂破坏(图 3.2)。

在设计胶接件接头时,按图 3.3 设计可减弱剥离应力集中。图 3.3(a)加宽薄被粘物的边缘部分;图 3.3(b)以薄被粘物包裹厚被粘物的边部;图 3.3(c)易剥离、易疲劳和易发生破坏的区域添加额外加强件的两倍、多倍叠加法(航天工业中常采用);图 3.3(d)铣出贴合部位再黏接薄被粘物可消除产生剥离的边缘;图 3.3(e)胶接部位加机械紧固件强化等,以降低剥离破坏,提高黏接接头对剥离的抵抗能力。

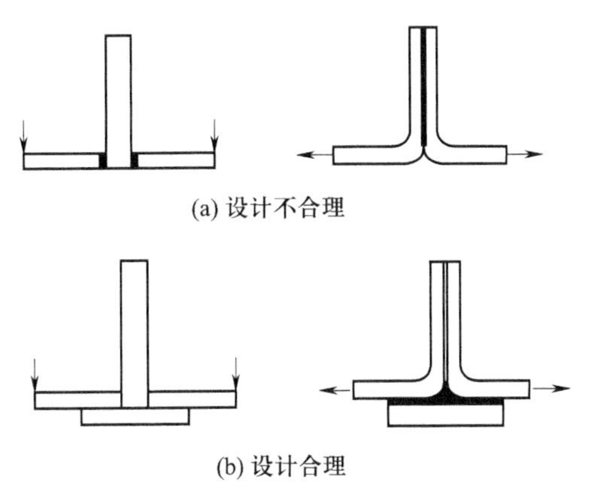

图 3.2 设计不合理与设计合理的"T"字胶接件

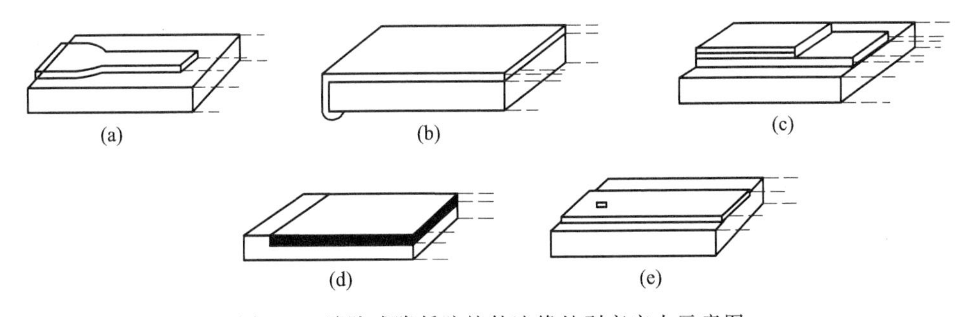

图 3.3 消除或降低胶接件边缘处剥离应力示意图

2. 减少应力集中现象

设计承受拉伸和剪切负载的接头,拉伸、剪切时受力比较均匀,应力集中现象弱,其强度较高,如以承受剪切负载的搭接接头黏接板材。

3. 搭接长度合适,载荷下不发生屈服

根据应力分析,接头中间部位的应力最小,越远离中心,所受应力越大。当胶层屈服应力 σ_y 小于胶接件边缘处的剪切应力时,则在边缘某个区域内发生屈服。但随远离边缘距离增大,应力逐渐减小,并小于其屈服应力时,则不发生屈服,接头不发生破坏。当搭接长度较短时,胶接件内大部分接触面所受应力大于其屈服应力。当搭接长度中等时,胶接件内有一部分接触面所受应力小于其屈服应力。搭接长度较长时,胶接件内的大部分接触面所受应力小于屈服应力。因此,只要搭接长度足够长,不易发生胶层屈服破坏,胶接件的破坏发生在被粘物上,为理想破坏形式。

4. 接头胶接面平整或贴合紧密,避免胶接面局部缺胶或胶层过厚

5. 接头制造简单,外形美观,成本低,装卸容易,使用方便

3.1.3 常用的几种接头形式

黏接接头的几种基本形式:对接、角接、T 接、面接、嵌接、套接等(图 3.4)。单纯的对接、角接、T 接接头的黏接面积小,不均匀扯离时易形成应力集中的受力工况,黏接强度低;平面黏接面积大,抗剪切强度较高。嵌接接头和套接接头是由平面黏接和搭接组合而成的,由于大部分力由被粘物承担,黏接强度高。

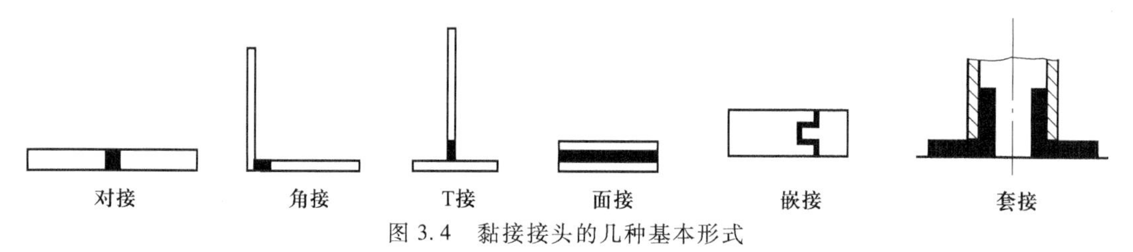

图 3.4 黏接接头的几种基本形式

1. 平板接头

平板接头及强度比较如图 3.5 所示。

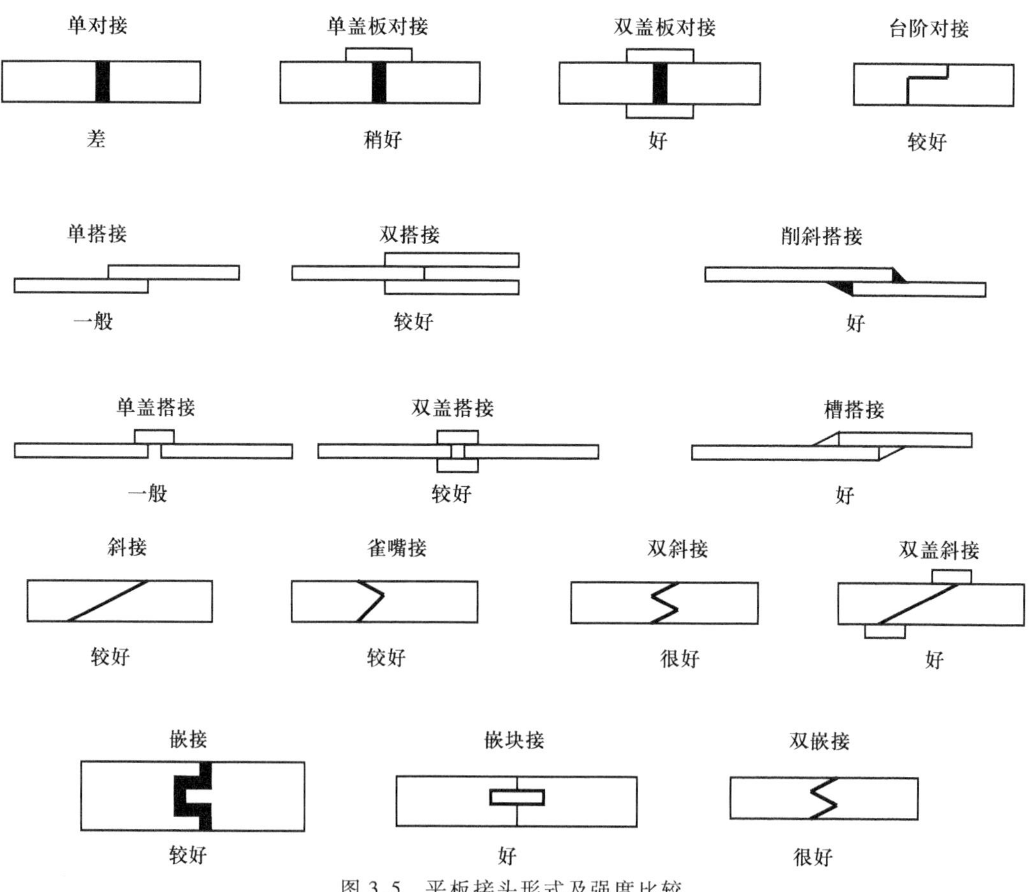

图 3.5 平板接头形式及强度比较

2. 角接与 T 接接头

角接及 T 接接头形式及强度比较如图 3.6 所示。

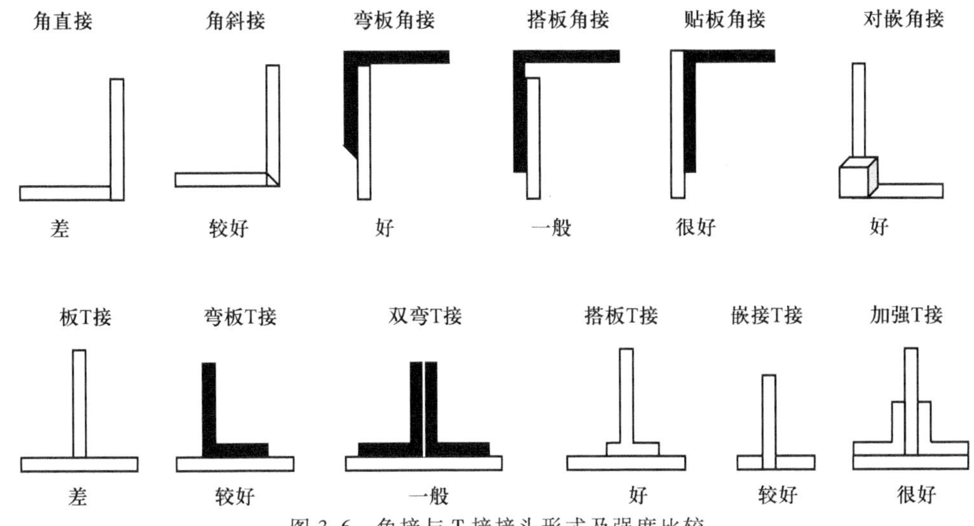

图 3.6 角接与 T 接接头形式及强度比较

3. 管材、棒材接头

管材、棒材接头形式及强度比较如图 3.7 所示。

4. 复合连接形式

采用黏接与机械连接并用，这种连接叫做复合连接。它既可克服黏接接头剥离强度低和可靠性差的缺点，又可利用机械连接的优越性，保证接头的足够强度和可靠性。根据不同的连接形式分为胶-铆、胶-螺和胶-焊等复合连接形式。

(1) 胶-铆和胶-螺复合连接

胶-铆和胶-螺是最简单的复合连接。对于大面积的部件，如果某一部分受力特别大，就可能产生剥离或不均匀扯离，这时须用铆钉加强。

胶-铆复合结构如图 3.8 所示。

根据胶接工艺可分为两种类型：

① 先胶后铆或螺。在接头胶液全部固化后，在需要强化的部位加铆钉或螺钉。应选择柔韧性较好的胶黏剂，为缓冲铆接或螺接引起的振动，宜优先采用压铆工艺。

② 先铆或螺，注胶后固化。在黏接前先定好铆接位置、钻好孔，预黏接后再进行铆接，最后固化。借助铆钉或螺钉的压力，黏接零件位置准确性高，但胶层的厚薄不易控制，特别是当制件较薄时，会影响黏接质量。

若接头需要密封，则在铆钉或螺钉头上先涂一些厌氧胶，再进行铆接或螺接、胶-铆、胶-螺复合连接工艺。

(2) 胶-焊复合连接

胶-焊复合连接工艺近几年发展很迅速，特别在航空工业更为突出。胶-焊复合连接工艺分为两种：

① 先胶后焊。无须加压固化的糊状胶黏剂均适用。

② 先焊后胶。低黏度胶黏剂比较适合，但黏度不能太低，否则易流淌造成缺胶。胶-焊复合结构如图 3.9 所示。

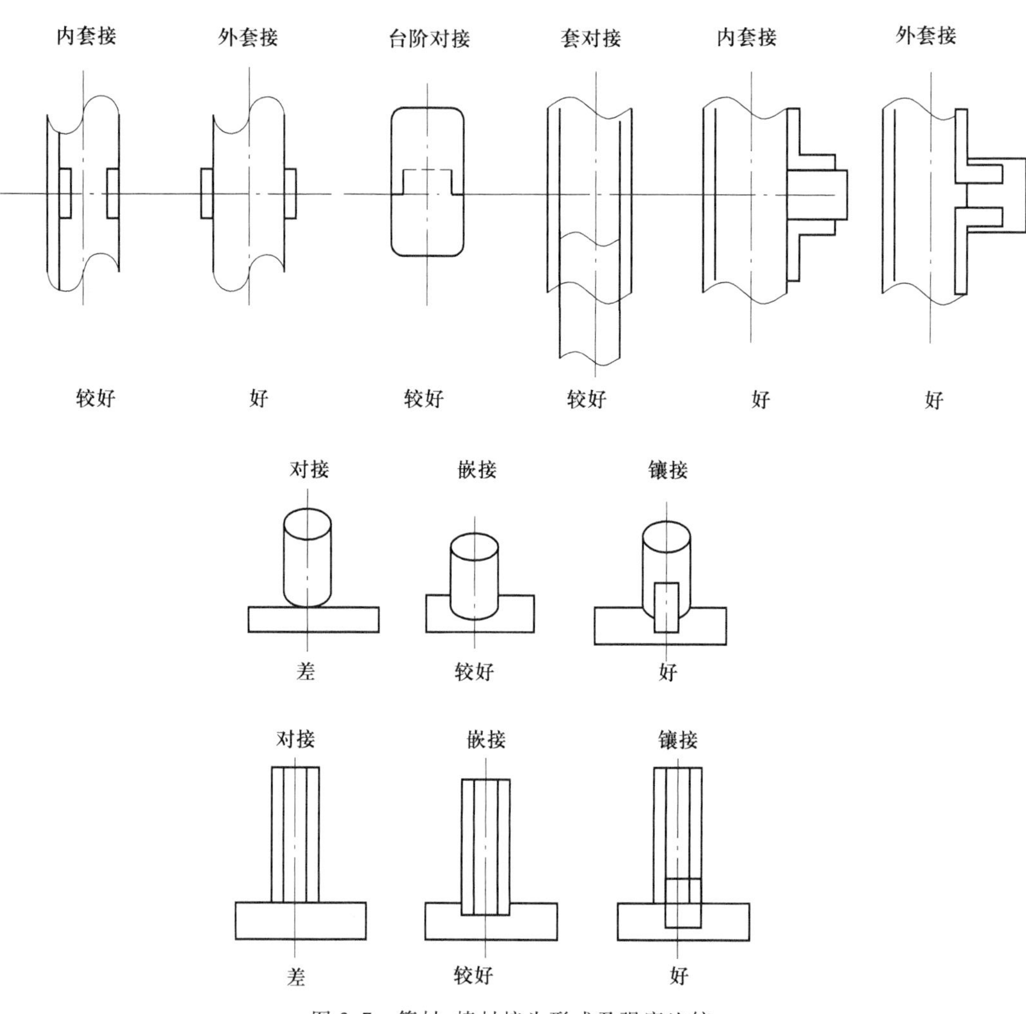

图 3.7 管材、棒材接头形式及强度比较

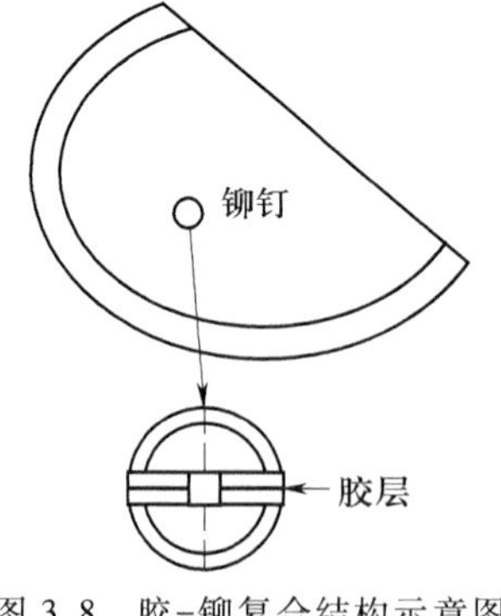

图 3.8 胶-铆复合结构示意图

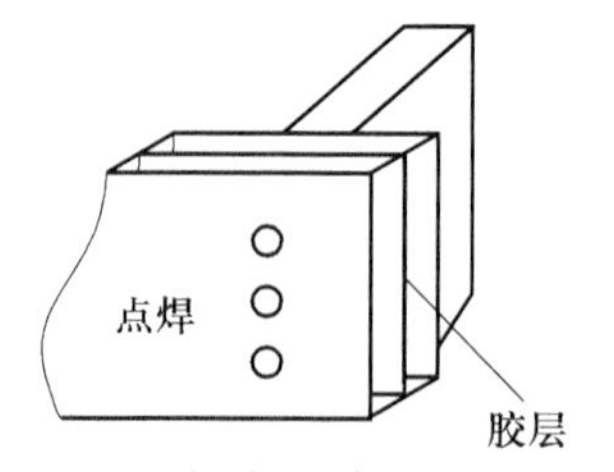

图 3.9 胶-焊复合结构示意图

胶-焊复合连接的主要优点如下：

① 接头应力分布均匀，与纯机械连接相比，其疲劳强度极大地提高，接头可靠性也大大提高；

② 复合连接强度远大于两种连接单独实施的强度，如连接强度：点焊<黏接<胶-焊；

③ 减轻了结构件的质量，同时密封接头，表面平滑，并避免金属接触腐蚀；

④ 简化了生产工艺，不需要定位、加压、固化等；

⑤ 简化了劳动条件，降低成本。

3.2 胶黏剂的选择

3.2.1 黏接破坏形式

胶接理论认为，黏接破坏与胶黏剂的分子结构、被粘物表面结构及它们之间相互作用有关。黏接破坏有四种形式（图 3.10）。

（1）被粘物内聚破坏

发生于黏接强度大于被粘物内聚强度的情况下。

（2）胶层内聚破坏

胶黏剂本身内部破坏，黏接强度取决于胶黏剂的内聚力。

（3）界面黏附破坏

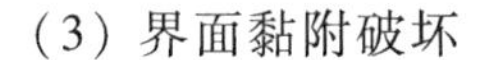

破坏发生在被粘物与胶黏剂的界面，胶黏界面完整脱离，此时黏接强度取决于两者之间的黏附力。

（4）混合破坏

既有内聚破坏，又有界面破坏。

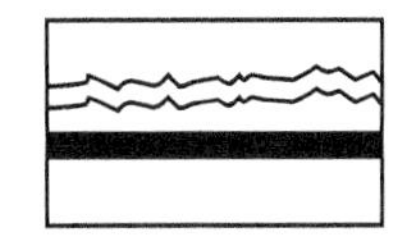

(a) 被粘物内聚破坏

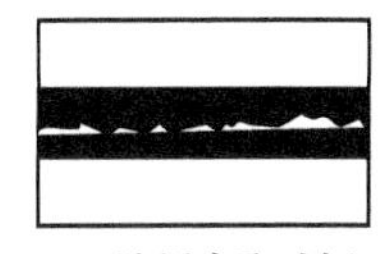

(b) 胶层内聚破坏

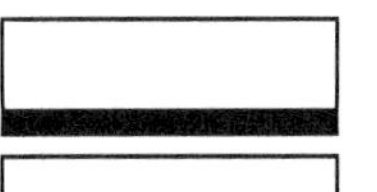

(c) 黏附破坏

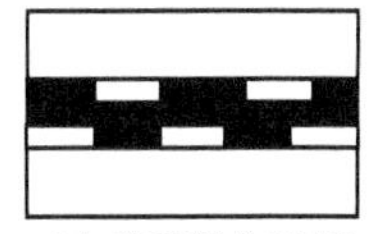

(d) 界面混合破坏

图 3.10 黏接破坏形式

胶黏剂或被粘物材料破坏是内聚破坏，能获得最大强度，为理想的破坏形式。

3.2.2 胶黏剂选择原则

胶接基本过程包括润湿、扩散、硬化后形成胶接次价键或化学键。选用胶黏剂时，需要了解其基本性能如力学强度、流变性及不同工况条件下（如高低温、大应力时）的耐受性等。表 3.1 为室温下常用被粘物材料采用不同胶黏剂黏接的剪切、剥离强度值。若施加较大连续载荷于小面积的胶接件上，选用压敏型胶黏剂或橡胶型胶黏剂黏接无法满足要求，则应选用丙烯酸结构胶或聚氨酯结构胶。对于承受大连续载荷的结构性接头构件，应选择使用具有高抗劈裂和高黏接强度的胶黏剂，并尽量避免劈裂载荷设计。

对于较高温度条件下使用的构件接头黏接时，选择耐热型胶黏剂。载荷下胶黏剂的耐高温性能大致如下：

非硅氧烷类压敏胶（PSA）<淀粉类<热熔胶黏剂<橡胶类<纤维素类<PVAc 乳液（白乳胶）<固化型热熔胶<氰基丙烯酸酯类<蛋白质类<聚氨酯类<橡胶改性丙烯酸类<厌氧丙烯酸类<橡胶改性环氧树脂类<未改性环氧树脂类<改性酚醛树脂类<硅氧烷类 PSA<双马来酰亚胺类<聚酰亚胺类。

表 3.1 室温下常见胶黏剂力学性能

胶黏剂类型	搭接剪切强度/MPa	剥离强度/(kN · m^{-1})
压敏类	0.01~0.07	0.18~0.88
淀粉类	0.07~0.7	0.18~0.88
纤维素类	0.35~3.5	0.18~1.8
橡胶类	0.35~3.5	1.8~7
混炼类热熔胶	0.35~4.8	0.88~3.5
合成类热熔胶	0.7~6.9	0.88~3.5
PVAc 乳液(白乳胶)	1.4~6.9	0.88~1.8
氰基丙烯酸酯类	6.9~13.8	0.18~3.5
蛋白质类	6.9~13.8	0.18~1.8
氧丙烯酸类	6.9~13.8	0.18~1.8
橡胶改性丙烯酸类	13.8~24.1	1.8~8.8
改性酚醛树脂类	13.8~27.6	3.6~7
未改性环氧树脂类	10.3~27.6	0.35~1.8
双马来酰亚胺类	13.8~27.6	0.18~3.5
聚酰亚胺类	13.8~27.6	0.18~0.88
橡胶改性环氧树脂类	20.7~41.4	4.4~14

其中,耐热性优异的硅氧烷类 PSA 不属于结构胶黏剂,环氧树脂比酚醛树脂的长期耐高温性能差。因此,选用胶黏剂时要综合考虑被粘物材料、黏接件受力情况、黏接件强度和耐久性、黏接工艺及成本等要求。根据黏接理论,选胶原则包括:

① 胶黏剂具有小表面张力和良好的流动性,对被粘物表面产生润湿效果,快速达到胶黏剂分子与被粘物表面分子紧密接触;

② 胶黏剂与被粘物互溶,去除弱边界层,并在被粘物表面形成跨界的扩散层;

③ 胶黏剂与基材表面形成强的相互作用,如氢键、化学键等。

根据黏接理论选胶,原则上很完美,但具体实施时操作性不强,特别是对于非专业从业人员。因此,一般根据黏接实际情况和黏接从业者经验选胶,常见方法如下:

1. 根据被粘物材料性质

不同的被粘物材料选用不同的胶黏剂,如金属、橡胶、塑料、玻璃、木材等材料的黏接。

① 金属材料黏接的常用胶黏剂种类如表 3.2 所示。被粘金属材料的种类不同,若线膨胀系数相差大,则变温时胶层容易产生剪切内应力,应选用韧性好、能有效松弛内应力的结构型胶黏剂,如改性环氧树脂胶、改性酚醛树脂胶、丙烯酸酯胶、聚氨酯胶等。由于金属材料表面致密,不能吸收水和溶剂,贴合后不能有效释放,因此不能选用溶剂型和乳液型胶黏剂。对于潮湿或水环境下使用的金属胶接件,宜选用防水型胶黏剂或采用防水胶密封处理,以防止金属发生电化学腐蚀。

表 3.2　金属材料黏接的常用胶黏剂

被粘物	常用胶黏剂种类
金属-金属	反应型丙烯酸酯胶
金属-玻璃	环氧胶、α-氰基丙烯酸酯
金属-橡胶	氯丁改性酚醛胶、α-氰基丙烯酸酯胶
金属-混凝土	环氧胶、聚氨酯胶、氯丁胶
金属-皮革	氯丁胶、聚氨酯胶
金属-木材	环氧胶、氯丁胶、聚醋酸乙烯酯胶

② 橡胶之间黏接往往采用氯丁橡胶胶黏剂或橡胶胶泥。橡胶的极性越大,黏接效果越好。丁腈、氯丁橡胶极性大,黏接强度高;天然橡胶、硅橡胶和聚异丁烯橡胶极性小,黏接力弱。另外,橡胶表面往往有脱模剂或易析出石蜡等加工助剂,胶接效果较差。橡胶与其他材料黏接的常用胶黏剂如表 3.3 所示。

表 3.3　橡胶与其他材料黏接的常用胶黏剂

被粘物	常用胶黏剂种类
橡胶-玻璃、陶瓷、塑料	硅橡胶胶黏剂
橡胶-金属	氯丁改性酚醛胶、α-氰基丙烯酸酯胶
橡胶-石材、混凝土	环氧胶、α-氰基丙烯酸酯胶、氯丁胶
橡胶-皮革	氯丁胶、聚氨酯胶
橡胶-玻璃钢、酚醛塑料	氰基丙烯酸酯胶、聚丙烯酸酯胶

③ 木材为多孔性材料,表面抛光木材比粗糙面木材黏接性能好。木材易吸潮,常引起尺寸变化和预应力产生,不利于成品质量稳定。

④ 玻璃表面由不均匀和凹凸不平的表面构成,选用湿润性好的胶黏剂,可有效驱赶凹槽处吸附的气体,防止凹凸处残留气泡,提高黏接强度。另外,玻璃表面极性强,易吸附水,并在表面发生氢键结合,形成牢固结合,一般需要进行表面预处理,或选用自带表面处理剂的胶黏剂。玻璃易脆裂,应选择膨胀系数匹配的胶黏剂。常用的玻璃胶黏剂有环氧树脂胶、聚醋酸乙烯酯胶、聚乙烯缩丁醛胶、有机硅胶、氰基丙烯酸酯胶等。

⑤ 混凝土之间采用环氧树脂胶黏接。对载荷要求不高的混凝土非结构件,也可采用聚氨酯胶黏剂。混凝土与其他类材料黏接的常用胶黏剂如表 3.4 所示。

2. 根据接头的使用条件和功能要求

黏接接头的功能包括力学强度、耐热性、抗油性、防水、透光、导电导磁性、耐环境应力等,即综合考虑接头使用条件和功能要求选用合适的胶黏剂。

① 要求具有良好的拉伸、剪切、剥离等力学强度时,常选用环氧树脂胶黏剂。但这种胶黏剂抗剥离强度较低,宜选择拉伸、剪切、剥离性能优良的丁腈改性环氧树脂胶黏剂、丁腈改性酚醛树脂胶黏剂等。

表 3.4 混凝土与其他材料黏接的常用胶黏剂

被粘物	常用胶黏剂种类
混凝土-木材	环氧胶、聚醋酸乙烯酯胶、聚乙烯缩丁醛胶、氯丁胶
混凝土-塑料	聚氨酯胶、氯丁胶、丙烯酸酯胶
混凝土-石材、陶瓷	环氧胶、聚醋酸乙烯酯胶
混凝土-织物	氯丁胶

② 通用高分子胶黏剂的长期使用温度在 200 ℃以下。对于耐热性能要求较高的黏接,选择主链含有芳环、芳杂环的耐高温专用胶黏剂,如苯并咪唑、聚喹噁啉、聚酰亚胺、聚亚胺砜等胶黏剂。而对于高温低温频繁交变工况下胶接,一般采用硅树脂胶黏剂或硅橡胶胶黏剂,可在-40~200 ℃长期使用。

③ 输油管道或润滑油管道中的零件修补黏接,是在油和湿气条件下进行的黏接,宜选择能溶解表面油污或水分的胶黏剂如第二代反应型丙烯酸酯胶 J-39、J-50 等,无须脱脂和干燥处理即可直接黏接,使用方便。

④ 潮湿环境下,选择含有$—NH_2$,—CN,—OH 极性胶黏剂时,由于胶黏剂的亲水性强,吸水后强度急剧下降。若选用引入—F,—Si—O—等改性胶黏剂,则可有效提高潮湿条件下黏接强度和持久性。

⑤ 对于要求透光的光学零部件的黏接,选用光固化的第二代丙烯酸酯胶黏剂或光学用环氧树脂胶黏剂;对于汽车或飞机安全玻璃黏接则选用聚乙烯缩丁醛胶黏剂。

3. 根据黏接固化条件

固化过程的温度、压力、时间是影响黏接强度的三个主要因素。每种胶都有其最佳的固化温度、压力、时间等,但在实际黏接时会受到应用条件的限制。因此,选择胶黏剂时,要求固化条件与实际黏接工艺条件相符,如易碎黏接件不宜选用加压固化的胶黏剂,而电子元器件则不宜选用高温固化胶黏剂。被粘物的热膨胀系数相差大或高温敏感时,不宜选用高温固化胶黏剂。光固化胶黏剂如环氧树脂类和丙烯酸类在紫外光引发条件下快速固化。对于特殊黏接件如航空、航天器械,需要采用硫化罐抽真空、程序升温并加压方式固化,如聚酰亚胺胶接时则必须施加大压力抽真空使水分由胶层中排出。

合适的流变性对胶接成功十分重要。用于垂直表面涂胶的胶黏剂,为了防止出现流挂现象,需要膏状具有触变性的胶黏剂。对于要求高流动性的胶黏剂如厌氧类螺纹锁固胶黏剂,要求胶的黏度低。胶的黏度一般可通过控制胶黏剂的基料分子量、固化温度、压力等调节。

常见胶黏剂的固化及使用条件见表 3.5。

表 3.5 常见胶黏剂的固化及使用条件

胶黏剂的类型	使用条件
压敏胶黏剂	指压
淀粉类	脱水制成干态,黏接前再湿化
纤维素类	脱水或溶剂

续表

胶黏剂的类型	使用条件
橡胶类	脱水或溶剂
热熔类	热熔涂布
PVAc 乳胶	除干燥水并固定胶接件
氰基丙烯酸酯	湿气或底胶,通风
蛋白质类	除水
厌氧丙烯酸类	除氧、通风
橡胶改性丙烯酸类 底胶/液态型	底胶和单体混合物分涂于黏接件面、通风
光固化丙烯酸类	透明被粘物、合适波长的光源、去氧
橡胶改性丙烯酸类 双组分型	两组分计量混合、通风
改性酚醛树脂	冷藏储存、加压加热固化、固化温度 150 ℃或更高
光固化环氧树脂	合适波长的光源
双组分环氧树脂	两组分计量混合、固定固化、升温后固化
热固化环氧树脂	冷藏,加压、加热固化,固化温度 125~170 ℃
双马来酰亚胺	冷藏,加压、加热固化,固化温度高于 170 ℃
聚酰亚胺	冷藏,加压、加热固化,固化温度高于 220 ℃

3.3 黏接工艺

除选定合适的胶黏剂、制作可靠的黏接接头之外,还需有合理的黏接工艺,才能最终实现良好的黏接。黏接工艺直接关系到黏接质量,是决定黏接成败的关键环节。黏接工艺包括黏接件表面处理、胶黏剂调配、涂胶、固化、清理、检查等步骤。

黏接主要借助于胶黏剂实现被粘物表面黏附,被粘物材料的表面处理是决定黏接接头的强度和耐久性的主要因素。表面处理主要有三个方面的作用:除去表面污物及疏松质层、提高表面能、增加表面积。

根据以上这三个方面的要求,为了保证黏接强度、使表面层具有一定的粗糙度,以及增加界面作用力等,表面处理工艺具体包括表面清洗、机械处理、化学处理、偶联剂处理等过程。

3.3.1 被粘物材料的表面处理

对于聚合物材料,其表层通常有低分子加工助剂溢出,如增塑剂、抗氧剂等,表层下为结晶区和非结晶区(图 3.11),且聚合物材料属于低表面能,不能被大多数胶黏剂自发润湿其表面,导致黏接强度比较低。为了获得良好的黏接效果,要求聚合物被粘物表面:

① 除去低分子溢出物的弱边界层;

② 对其表面进行化学改性,使其表面能高于胶黏剂表面能;

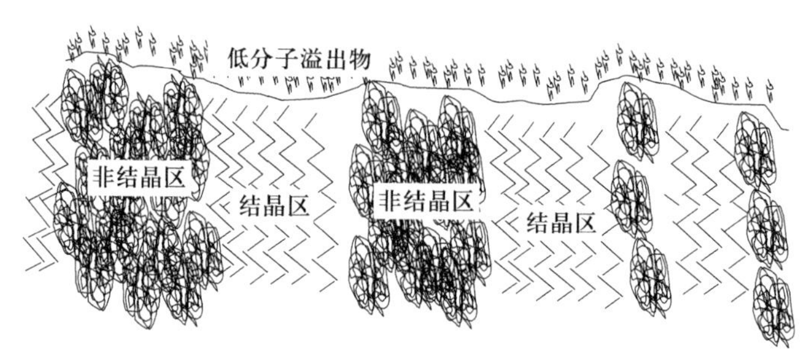

图 3.11 半结晶性聚合物表面的简单示意图

③ 改善聚合物表面形貌，使胶黏剂在毛细作用下提高润湿效果。

对于金属材料表面（图 3.12），由于经过研磨或锻造工艺，一般包覆有氧化物，如镁铝合金表面包覆有氧化镁。另外，金属材料表面的氧化物会吸附空气、水或润滑油等，其厚度可达 2.5 μm，严重影响黏接强度。

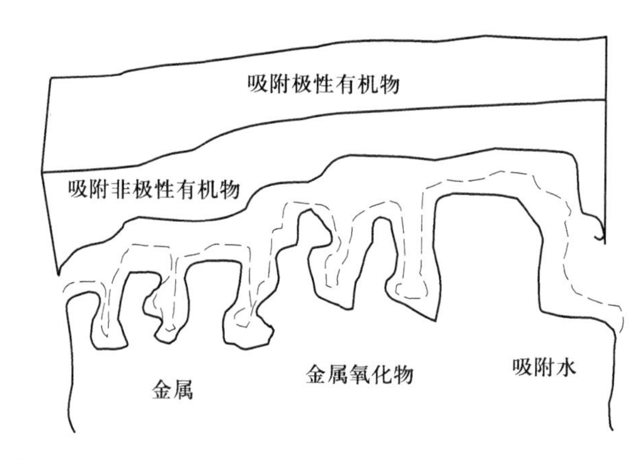

图 3.12 金属材料表面示意图（表明其表面有层状、粗糙结构）

1. 物体进行表面预处理的目的

物体进行表面预处理的目的包括：

① 除去弱边界层。例如金属材料表面上的油或脂，塑料材料表面上的低分子物质。

② 为胶黏剂提供能自发润湿的高能表面。塑料材料表面氧化处理，金属材料去除表面杂质。

③ 粗化或硬化表面，提供微观粗糙表面。去除塑料无定形区，蚀刻掉金属晶体或沉积的多孔性氧化物。

表面处理是黏接耐用性的关键，如飞机构造中的黏接，必须采用最为可靠的表面处理，但并不是所有的胶接件都需要进行严格的表面处理，如当胶接件在室内使用时，就只需要进行很小程度的表面处理或不进行表面处理。另外，若所选胶黏剂能够与被粘物互溶，则不必进行表面处理，如第二代丙烯酸酯胶油面黏接。

2. 塑料材料的表面处理方法

塑料材料的表面处理方法主要有物理法和化学法两种。物理法一般采用清洁剂或底胶擦拭表面改善表面形貌,或高能辐射来改变材料表面性能。化学法则通常将塑料浸泡于强氧化性处理液中氧化处理,或采用电晕、等离子体、火焰法等表面氧化处理,媒介为非平衡的激发态气体。

(1) 电晕放电处理

电晕放电(CDT)是一种在空气气氛下进行的不稳定等离子处理方法,常用于聚合物表面处理。图 3.13 为塑料薄膜表面 CDT 处理示意图,在电晕放电处理过程中,通电电极和接地电极间放电,使空隙间的气体发生电离,使塑料表面发生氧化或还原等化学变化。采用这种方法处理得到的塑料表面易于包覆或润湿。

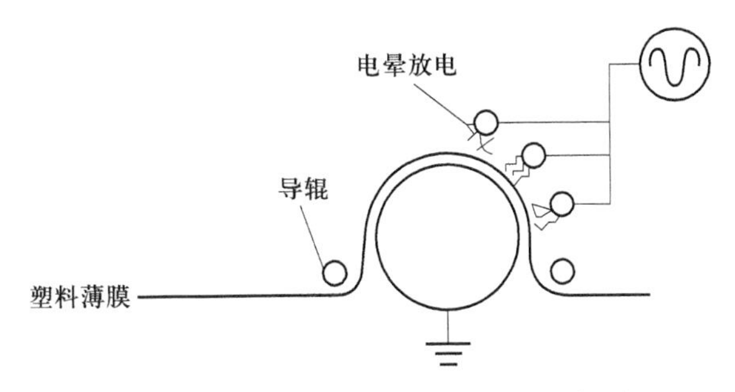

图 3.13 塑料薄膜表面 CDT 处理示意图

三维塑料型材也可采用 CDT 处理,但由于电极与物体表面距离对电晕放电处理影响大,可采用 Tesla 线圈电晕处理器。

① 聚乙烯电晕放电处理。为改善聚乙烯的黏接性能,对其进行 CDT 处理。电晕放电时伴生紫外线,在空气中氧气的共同作用下,与聚乙烯链上 C—H 键反应,形成氢过氧化物(图 3.14),聚乙烯分子链进一步发生断裂,生成含羰基的产物,极化聚乙烯表面。其中,部分酮羰基转变成烯醇形成—OH,—OH 间形成氢键,这可以解释处理过的聚乙烯薄膜发生自粘现象。

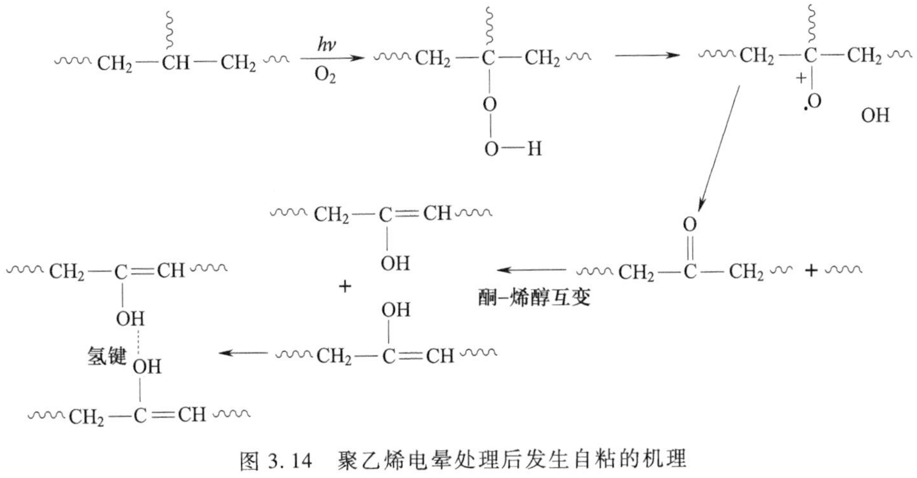

$$\sim CH_2-CH-CH_2\sim \xrightarrow[O_2]{h\nu} \sim CH_2-C(OOH)-CH_2\sim \longrightarrow \sim CH_2-\overset{+}{C}(\dot{O})-CH_2\sim \quad OH$$

$$\longrightarrow \sim CH_2-C(=O)-CH_2\sim + \sim \xrightarrow{\text{酮-烯醇互变}} \sim CH_2-C(OH)=CH\sim + \sim CH_2-C(OH)=CH\sim$$

$$\longrightarrow \sim CH_2-C(OH)=CH\sim \;\cdots\text{氢键}\cdots\; HO-C(=CH\sim)-CH_2\sim$$

图 3.14 聚乙烯电晕处理后发生自粘的机理

② 聚丙烯电晕放电处理。在空气气氛下,CDT 对聚丙烯处理与聚乙烯类似,但会使聚丙烯表面过度氧化。接触角和 XPS 结果表明,CDT 处理程度增加,聚丙烯表面的极性基团数目增多、表面润湿能力明显提高。

③ 聚对苯二甲酸乙二酯(PET)的电晕处理。PET 的临界表面张力约为 4.3×10^{-2} N/m,一般的有机液体可以润湿 PET。但当采用水溶液时,PET 则需要进行 CDT 处理。电晕处理 PET 表面会产生极性基团,但在受热时,极性基团会发生移动而进入 PET 基体内,失去处理效果。因此,处理后应及时实现黏接或采用极性易挥发的液体临时保护。PET 电晕处理的机理见图 3.15。

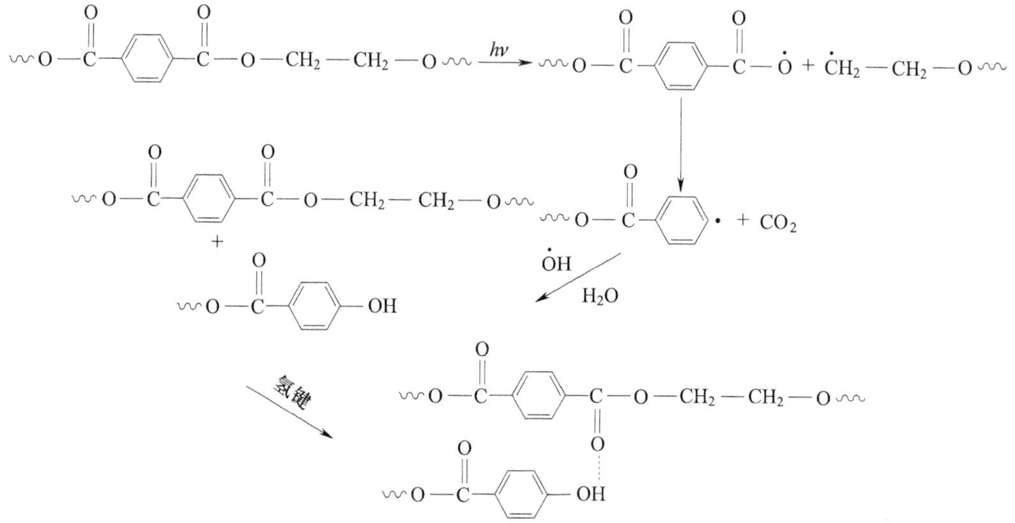

$$\sim O-\overset{O}{\overset{\|}{C}}-C_6H_4-\overset{O}{\overset{\|}{C}}-O-CH_2-CH_2-O\sim \xrightarrow{h\nu} \sim O-\overset{O}{\overset{\|}{C}}-C_6H_4-\overset{O}{\overset{\|}{C}}-\dot{O} + \dot{C}H_2-CH_2-O\sim$$

$$\sim O-\overset{O}{\overset{\|}{C}}-C_6H_4-\overset{O}{\overset{\|}{C}}-\dot{O} \longrightarrow \sim O-\overset{O}{\overset{\|}{C}}-C_6H_4\cdot + CO_2$$

$$\sim O-\overset{O}{\overset{\|}{C}}-C_6H_4\cdot \xrightarrow{\dot{O}H,\ H_2O} \sim O-\overset{O}{\overset{\|}{C}}-C_6H_4-OH$$

$$\sim O-\overset{O}{\overset{\|}{C}}-C_6H_4-\overset{O}{\overset{\|}{C}}-O-CH_2-CH_2-O\sim + \sim O-\overset{O}{\overset{\|}{C}}-C_6H_4-OH \xrightarrow{\text{氢键}} \sim O-\overset{O}{\overset{\|}{C}}-C_6H_4-\underset{\underset{\vdots}{\underset{\|}{O}}}{C}-O-CH_2-CH_2-O\sim \;\cdots\; HO-C_6H_4-\overset{O}{\overset{\|}{C}}-O\sim$$

图 3.15　PET 电晕处理的机理

④ 氟碳塑料的电晕放电处理。氟碳塑料一般都具有化学惰性、低表面能、不溶解等优点,但很难实现黏接。聚四氟乙烯的临界表面张力约为 1.8×10^{-2} N/m,很难找到胶黏剂对其表面进行润湿。为了实现氟碳塑料的黏接,采用表面 CDT 方法进行处理,提高表面张力。

全氟乙烯-丙烯共聚物(FEP)采用氮气和有机单体混合物,CDT 表面处理,如氮气和甲基丙烯酸缩水甘油酯或 2,2-甲基二异氰酸酯混合物电晕处理 FEP 表面后产生新的官能团,甚至发生表面聚合,表面黏接性能明显改善。

(2) 等离子处理

等离子是一种离子化的气体,是带有相同电荷密度的正负离子混合体。等离子体的能量约在 10 电子伏特左右,可使 C—C 等键断裂。等离子间或等离子体的离子和电子与待处理材料表面间发生反应,以及等离子体产生的紫外线作用于待处理材料表面。

等离子处理在真空下进行(图 3.16)。待处理材料置于真空容器中,待激发的活性气体进入真空容器中,在缠绕容器的线圈上施加电磁波或微波,诱导容器中产生等离子,等离子与材料表面发生反应实现处理。待激发的气体有稀有气体(如氩气和氙气)、氮气、氧气等。

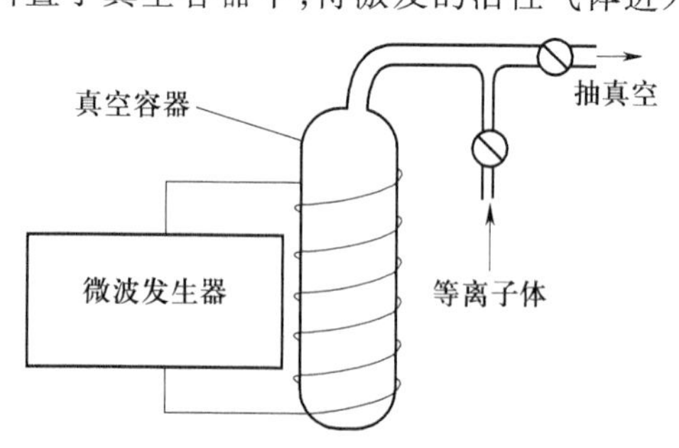

图 3.16　等离子处理器原理图

① PE 的等离子处理。采用惰性气体等离子体处理 PE 表面,等离子体引起 PE 表面部分交联。PE 表面交联,增加表面层的内聚强度,改善黏接强度。采用铝-环氧-PE-环氧-铝层状结构的特殊搭接剪

切试样,比较处理前后的黏接强度。表 3.6 结果表明,未处理的 PE 的黏接强度相当低,处理后形成强的黏接。

表 3.6 处理与未处理的 PE 胶接件的搭接剪切强度

处理情况	黏接的温度/℃	搭接剪切强度/MPa
未处理	25	1.40
	120	4.14
	150	15.20
处理 10 s	25	11.70
	70	15.20
	120	18.60

② 其他基材的等离子处理。不同等离子源与不同处理方法对聚合物处理效果不同(表 3.7),其黏接强度也不同。

表 3.7 等离子处理对环氧胶黏接性能影响

塑料	等离子类型	等离子气体	胶接类型	胶接件强度/MPa
PE	无	无	搭接剪切	0.16
PE	射频,相容性耦合	氧气	搭接剪切	1.60
PP	无	无	搭接剪切	2.60
PP	射频,相容性耦合	氧气,30 min	搭接剪切	21.2
PC	无	无	搭接剪切	2.80
PC	射频,相容性耦合	氧气,30 min	搭接剪切	6.40
PS	无	无	搭接剪切	3.90
PS	射频,相容性耦合	氦气,30 min	搭接剪切	27.70
PET	无	无	搭接剪切	4.30
PET	射频,相容性耦合	氦气,30 min	搭接剪切	8.40
尼龙-6	无	无	搭接剪切	5.80
尼龙-6	射频,相容性耦合	氦气,30 min	搭接剪切	27.30
RTV 硅	无	无	对接拉伸	0.07
RTV 硅	射频	氩气,10 min	对接拉伸	2.40
ABS	射频	氩气,10 min	不对称搭接剪切	5.40
PE	射频	氩气,10 min	不对称搭接剪切	0.64
PE	射频	四甲基锡	不对称搭接剪切	2.44
PE	交流电,辉光放电,750 V	乙炔,2 min	搭接剪切	8.30
PTFE	交流电,辉光放电,750 V	乙炔,2 min	搭接剪切	1.70
PVC	交流电,辉光放电,750 V	乙炔,10 min	搭接剪切	9.70

(3) 聚合物表面其他物理处理法

① 紫外线辐射处理。紫外线(UV)辐射处理聚合物表面,如 PET 在 UV 辐射下与 CDT 处理效果类似。在空气中进行 UV 辐射处理,聚合物表面发生氧化,可有效改善材料的胶接性能。

② 等离子束蚀刻和射频溅射蚀刻。在等离子束蚀刻中,离子化稀有气体在电子棱镜作用下,直接轰击待处理表面。材料表面被烧蚀,在烧蚀区为无定形区,可引起材料表面分子链交联及在表面形成粗糙微观表面结构,改善黏接强度。

射频溅射蚀刻技术与等离子处理相似。将待处理聚合物黏附在阴极上,电极与射频电源相连。真空室充入气体,高压放电激发等离子体。等离子体在电场的作用下,正离子从阳极加速到阴极,阴极的聚合物在离子作用下发生烧蚀。此法由于在真空下进行,加工时间长,处理成本较高,应用受限。

(4) 聚合物表面化学处理方法

擦拭只是起清洁表面作用,容易重新形成弱边界层,要改变聚合物表面化学性质和形态结构,一般通过表面化学反应处理。最初采用湿化学方法,用溶剂或化学反应试剂溶液处理或清洁聚合物表面。

① 铬酸处理 PE 表面。将 PE 浸入氧化性铬酸和硫酸的混合酸中,快速氧化表面,实现表面化学官能化。处理后 PE 表面出现氧化碳层,且被氧化的碳的数量与黏接强度间有很好的对应关系,PE 处理后没有弱边界层存在。

② 聚四氟乙烯的表面处理。氟塑料很难与其他材料黏接,利用氨基钠溶液处理,氟塑料表面发生脱氟和去氟后的表面氧化反应,其润湿能力随氨基钠处理时间延长而明显增大。由于氨基钠对氟塑料表面无定形部分的蚀刻作用,表面形貌变得更加粗糙。处理后氟塑料的黏接强度是未处理的 7 倍以上。处理后的氟塑料表面颜色变褐或变黑,用次氯酸钠溶液洗去。全氟 PTFE 材料及其他氟材料如 FEP 等处理后,表面微观形貌粗糙、可润湿,为胶接提供可能性。

(5) 聚合物表面涂底胶处理

涂底胶处理是指在基材表面上采用化学或包覆方法,不改变基材表面的化学性质或形貌,改善基材的黏接性能。一般涂底胶前进行表面处理,而对具有黏接促进作用的底胶则不需要进行表面处理。

① 用于氰基丙烯酸酯的聚烯烃涂底胶处理。氰基丙烯酸酯胶黏剂具有相对较高的表面能,不能润湿或黏接聚烯烃。为了实现氰基丙烯酸酯黏接,采用长链铵盐、季铵盐和鏻盐等对聚烯烃表面进行涂底胶处理,其作用机理是活化表面、扩散进聚烯烃表面,引发氰基丙烯酸酯聚合等。

② 氯化聚烯烃。以氯化 PP 作为底胶,采用异氰酸酯黏接 PP/PET,发现接头的内聚破坏层有氯化聚烯烃和 PP 的扩散层存在,这说明底胶中氯化聚烯烃在被粘物表面发生了扩散现象,实现了与 PP 被粘物的紧密结合。

3. 金属材料的表面处理方法

通过金属材料的表面处理使金属表面清洁并有预定化学性质和形貌状态。金属材料的表面处理工艺流程图如图 3.17 所示。金属材料的表面处理方法可分为化学法、电化学法和摩擦法等。

金属表面一般包覆有一层矿物油,会造成表面处理失败,须先去除。特别是采用摩擦法处理有油污的金属表面时,矿物油在摩擦挤压下进入裂缝中更深的部位,更难去除,而残留在表面形成弱边界层或应力集中点,将大幅降低黏接结构件的强度。因此,必须先进行表面脱脂和去油处理。

脱脂去油后,再进行清洗,以除去表面活性剂或溶剂。清洗后表面留有水或溶剂分子,必须立即彻底干燥。对于某些金属,如果不迅速干燥,残留表面的水分就会使其表面很快锈蚀。金属清洁度的处理效果可用水膜残迹法来检测。

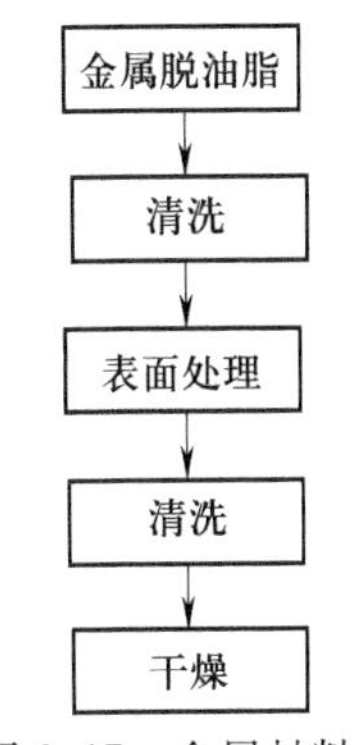

图 3.17 金属材料的表面处理工艺流程图

(1) 化学涂层

化学涂层是一种提高金属抗蚀性并增加黏接强度的方法。

对于铝及其合金材料,化学涂层材料一般为酸性物质,如铬酸、磷酸及铁氰酸盐等,通过浸渍、喷雾或涂布到铝材的表面,化学涂层与铝发生反应,得到由铝和化学涂层材料所组成的凝胶状氧化物结构。凝胶状氧化物干燥后,形成化学包覆,能与有机涂料很好地黏接。但如果这种涂层处理的表面太光滑,就不能提供机械互锁效应,黏接强度较低,因此这种处理方法一般不能应用于结构胶黏件。

对于低碳钢的化学涂层可采用磷酸盐法处理。具体方法是将低碳钢脱油脂后,浸入磷酸或磷酸锌-磷酸电解液中,使碳钢表面形成磷酸锌晶体沉积。粒径大的磷酸锌晶体为脆性底层,容易破坏,而粒径小的则能抵御裂纹的扩展,有效提高黏接性能。

(2) 摩擦法

摩擦法处理可以增加金属表面成核点数目,可抵抗裂纹的扩展。摩擦处理的介质有砂纸、绒布等。但如果采用普通砂纸打磨金属,并不能获得适当痕迹和沟槽的表面,反而会形成缺陷,影响黏接强度。

喷砂处理和喷气清理广泛用于金属表面处理,如用于冷轧钢或低碳钢、镍及在非极端情况应用中钛金属等的处理,效果良好。喷砂处理已广泛用于处理船舶构造中的钢铁表面,喷气清理也已用于处理黏接用镍金属材料表面。由于不锈钢在摩擦处理下表面发生硬化,一般不适合处理不锈钢材料。

三维摩擦表面调节法也已用于金属表面处理。三维表面摩擦料是一种浸渍了树脂和摩擦砂砾的非织构面罩形式的复合料,与待处理的表面形状一致,提供了可控的摩擦剪切,不需要除去大量的材料。如果选择的砂砾合适,就可得到合适的黏接用表面。只通过三维摩擦表面调节法处理,一般不能得到耐久性结构胶接件,只能作为其他工艺前的预处理,或替代磷酸阳极化处理方法中的脱氧工艺。如果三维摩擦表面调节法中采用硅烷偶联剂共同处理,硅烷与摩擦工艺中得到的新氧化物表面快速反应,则可得到耐久性良好的结构胶接件表面。

(3) 电化学蚀刻处理方法

金属电化学蚀刻处理能够可控性地溶解金属氧化物,阳极发生金属氧化,形成金属耐蚀晶体层,如硫酸酸洗用于钢和不锈钢的表面处理。

过度的蚀刻会改变试样尺寸,甚至导致气态氢溶解进金属本身而使金属表面氢脆化。蚀刻后,活化的金属表面容易闪现铁锈,部件必须快速清洗和干燥。

对于强度高、密度低和抗腐蚀能力优良的金属钛,其表面处理较困难,一般采用铬酸阳极化的表面处理方法。阳极氧化时需加入氢氟酸,氧化处理后形成的二氧化钛的微结构表面,其黏接性能优异。

空气条件下,铝处于热力学不稳定状态,但表面包覆氧化铝层后则十分稳定。铝材经过FPL(forest products laboratory)蚀刻法处理后,表面具有优异的耐蚀性和良好的黏接性,广泛用于多种精密性工件及飞机工业领域。FPL 蚀刻法将铝浸入铬酸/硫酸溶液中,铬酸和硫酸对铝表面氧化,并活化铝表面。铝材的 FPL 表面处理流程见图 3.18。

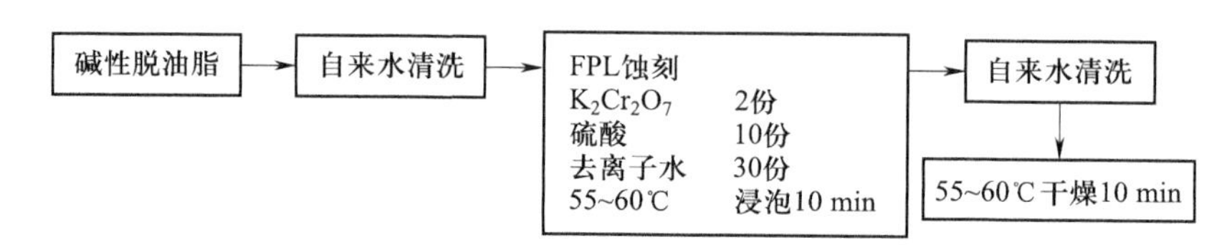

图 3.18 铝材的 FPL 表面处理流程图

FPL 蚀刻后铝材胶接一般采用环氧树脂结构胶,特别是蜂窝结构的黏接。酚醛树脂结构胶固化时需要加高压,蜂窝芯子会被高压压坏。

(4) 铝材的阳极氧化处理

以不锈钢容器为阴极,以铝为阳极进行表面氧化处理(图 3.19)。阳极氧化前须预先进行脱氧处理,除去铝材表面不确定组成的氧化层。用于黏接铝的阳极氧化处理标准工艺流程如图 3.20。

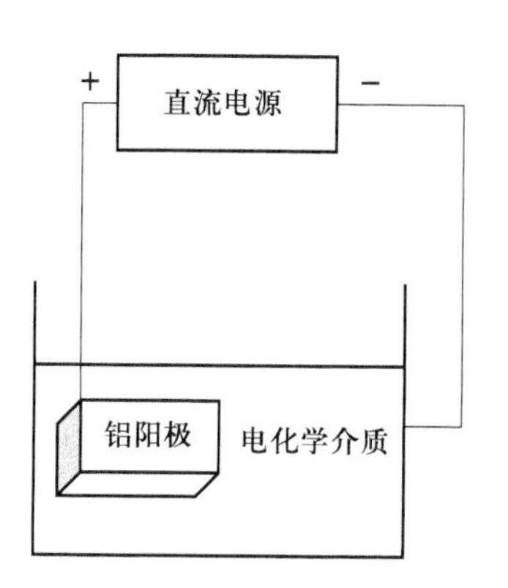

图 3.19 铝材的阳极氧化处理示意图

① 阳极氧化机理。铝材的阳极氧化处理是在氧化铝处于亚稳态的酸或碱介质中进行的,常用酸性介质。在阳极氧化初期,氧化物部分溶解于介质酸中,随后在电化学势作用下氧化物会再次沉积于材料表面,形成薄而密的屏蔽层。初次形成的屏蔽层中可能存在薄弱区,薄弱区又会溶于介质酸中,并在电化学势作用下,氧化物会再次沉积于材料表面,经过多次反复,最终形成致密、惰性和多孔的氧化铝层。

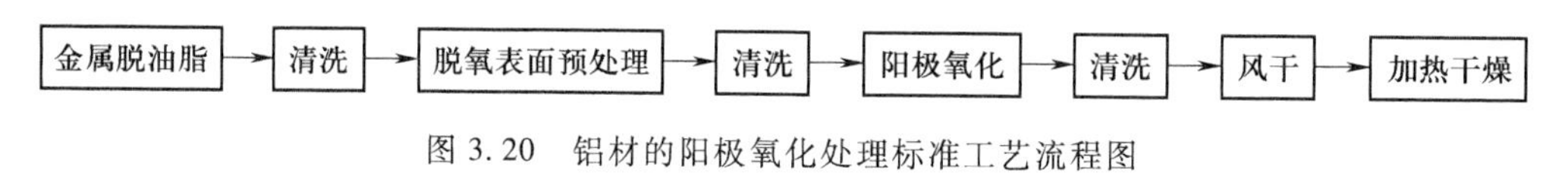

图 3.20 铝材的阳极氧化处理标准工艺流程图

② 阳极氧化介质。工业上用作铝材的阳极氧化处理的酸介质材料主要有硫酸、铬酸和磷酸。硫酸阳极氧化处理主要用于建筑铝材,铬酸和磷酸处理则常用于航空工业中。硫酸阳极氧化处理得到的氧化物层较厚,只有微小的孔隙,并含有一定量的硫酸盐。铬酸处理的阳极氧化物比硫酸处理的更薄,孔隙更大。通过控制阳极氧化工艺,同时采用分级电压,可以获得具有很多孔隙的氧化物。铬酸阳极氧化氧化物为 Al_2O_3,与 FPL 化学蚀刻法相同。磷酸阳极氧化处理得到的氧化物比硫酸、铬酸阳极氧化层薄,但氧化层为多孔隙的开放式结构,并含有一定量的磷酸根离子,一般用于生成彩色装饰铝材。

3.3.2 胶黏剂的配制

胶黏剂种类很多,按分散介质不同分为溶液、乳液、本体等类型,按物态性状不同分为液态、固态、膏状、胶粉、胶膜等类型,按组分数目不同分为单组分、双组分、多组分等类型。

① 单组分胶在使用前黏度调整合适,并搅拌均匀。

② 多组分胶配比准确,充分混合均匀,且根据用量在使用前临时配制,防止胶失效。

③ 对于按配方组配的胶黏剂,在保证称量准确和搅拌均匀的前提下,注意加料顺序,一般按基材黏料、稀释剂、增韧剂、填料、固化剂、促进剂等次序进行加料。

3.3.3 胶黏剂涂布

接头表面处理后应尽快涂胶或涂布底胶保护,对于不需黏接的零部件或其表面,应覆以石蜡纸、聚酰胺膜或其他隔离剂。对于胶膜可在溶剂未完全挥发前滚压,胶粉则可采用布洒或静电喷洒方式。对于液态胶或糊状胶黏剂,常采用刷胶、刮胶、喷胶、浸胶、注胶、漏胶或滚胶等。

刷胶是采用刷子把胶液从中央向四周,或顺一个方向避免重复,尽量均匀地涂刷。刷胶过程中须防止气泡产生。

刮胶是采用刮板将糊状或黏度大的胶黏剂涂于胶接面,须刮平,保持刮涂均匀。

喷胶是用特制喷枪借助于干燥的压缩气体,将胶喷射到胶接面。喷胶涂布效率高,胶层均匀,比较适合大面积黏接和大规模胶接。

浸胶是将被黏部位浸入胶液中,一般用于螺钉固定、棒材板材的端部胶接。浸胶方法有多种,如真空浸胶法、内压浸胶法、真空-加压浸胶法等,浸胶示意图如图 3.21 所示。

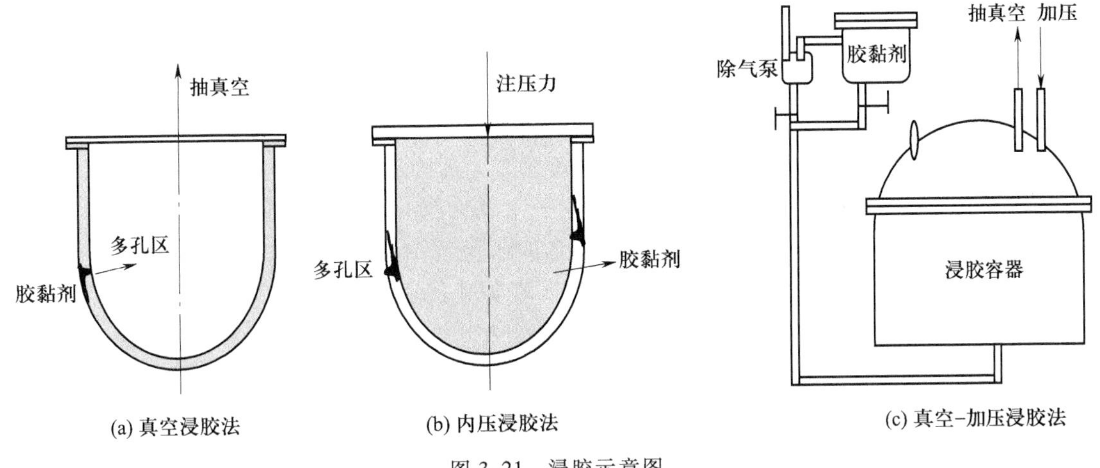

图 3.21 浸胶示意图

注胶采用注射器将胶液注入黏接缝中,也适用先点焊后胶接。

漏胶是使用带小嘴的储胶器连续地将胶漏入胶接面,气泡少、效率高,适合连续生产。

滚胶是在宽阔平坦物件表面采用胶辊涂胶,该方法涂胶更方便,操作简单、涂胶效率高,滚涂的胶膜比较均匀,无流挂现象,但边角不易滚到,需补刷。

涂布工艺中的注意事项:

(1) 涂胶量和涂覆遍数

环氧胶黏剂只需涂胶一遍,而溶剂型胶黏剂则需要涂两遍或更多遍。多遍涂胶时,第一层尽量薄,以有利于溶剂的挥发。第二层胶必须等第一层胶的溶剂基本挥发后再涂。另外,对于多孔性材料黏接,要适当增加涂胶量或涂刷次数。

(2) 控制胶层厚度

胶层厚度与黏接强度密切相关,一般黏接强度随胶层的厚度减小而增加,但若胶层太薄则容易缺胶。无机胶的合适厚度为 0.1~0.2 mm,有机胶的合适厚度为 0.05~0.15 mm。

(3) 胶层均匀

胶层的气泡或缺胶现象会导致应力集中,严重影响黏接强度,涂胶时必须注意胶层的均匀性,特别是涂覆黏度大的膏状胶黏剂时应防止胶层出现气泡。

(4) 溶剂挥发充分

金属胶接时,应待溶剂挥发后,再依次涂刷,这是由于胶层溶剂残留会在胶接界面形成弱边界层,从而极大地降低黏接强度。但是,应避免过度晾置,特别是最后一次涂胶后,过度晾置会导致胶层黏度太高,无法胶合。

(5) 适时黏合

对于无溶剂胶黏剂,在涂胶后即可黏接。对于溶剂型或含有溶剂的胶黏剂,必须经过晾置后再紧密贴合。对于液态胶黏剂,应将胶合好的胶接件来回搓动几次,以赶出气泡,增加接触。

3.3.4 胶黏剂的固化

胶黏剂的固化工艺对胶黏剂的影响很大,固化工艺参数包括固化压力、固化温度和固化时间三方面。

1. 固化压力

胶黏剂固化时施加合适的压力,有如下作用:

① 有利于胶黏剂对被黏物的浸润,特别是对黏度大的胶黏剂固化时应施加较大的压力。

② 有利于排出胶层中固化过程产生的小分子挥发物,如酚醛树脂固化过程产生水,需要施加较大的压力,而环氧树脂无小分子副产物,施加的压力较小。

③ 有利于排出胶层中挥发的溶剂。溶剂型胶在晾置过程中不能使溶剂完全挥发,在固化过程中仍然有部分的溶剂释放,需要较大的压力排除。

④ 控制胶层的厚度和辅助定位。涂覆黏度较大的胶黏剂时,往往胶层较厚,固化压力可以使胶层厚度控制在一定的范围内。

总之,固化时需施加合适的压力,但施加压力的大小和时间应根据不同胶接的情况而改变。对于黏度小的胶,若压力大则会将胶挤出,可根据固化进程的黏度变化逐渐增大压力。对于黏度大的胶,一般需施加较大的压力。

2. 固化温度

固化温度对胶接强度的影响明显,特别是通过化学交联反应而固化的胶黏剂如环氧树脂胶黏剂(见表 3.8),分室温固化和加热固化两种。

(1) 室温固化

将胶黏剂涂布于被粘物表面,待胶黏剂润湿被粘物表面并且溶剂基本挥发后,压合两个涂胶面即可。如氯丁橡胶胶黏剂修补车辆内胎,淀粉胶和聚醋酸乙烯酯胶乳黏接纸张、织物和木材等均采取室温溶剂挥发方式固化。

（2）加热固化

将热固性树脂胶黏剂如酚醛树脂、环氧树脂、酚醛-丁腈、环氧-尼龙等胶黏剂涂布于被粘物表面上，待溶剂挥发后，叠合涂胶面并加热、加压固化。加热固化时，必须严格控制胶缝的实际温度，保证胶黏剂固化对温度的要求。工业上常用的加热固化设备有三种：

① 热压机，由加热平板传递压力和热量，适用于平面零件的固化；

② 热压罐，由空气传递热量和压力，适用于大型复杂制品的固化；

③ 固化专用夹具，适用于特定部件黏接的加热固化。

表 3.8 固化温度对环氧树脂胶强度的影响

固化条件	三乙烯四胺				二甲氨基代丙胺			
固化温度/℃	25	95		145	40	95		145
固化时间	3 天	15 天	30 min	30 min	16 h	16 h	5 h	30 min
强度/MPa	8.2	11.9	22.4	24.2	4.9	5.9	22.8	28.6

3. 固化时间

黏接强度随固化时间的增加而提高，固化完成后强度基本不变。固化时间与固化温度有密切的关系，温度升高，固化时间缩短。反之，温度降低，固化时间加长。具体固化工艺可根据固化动力学研究结果确定最佳的固化温度和固化时间。

3.3.5 黏接质量控制与管理

影响黏接质量的人为因素较多，黏接过程中每一个操作质量都将影响最终黏接强度。即使是专业和实际操作经验丰富的技术人员，黏接同样的一批部件、采用相同的黏接工艺，其黏接件的黏接强度也不相同，甚至有的会发生黏接失败，与铆接、螺接、焊接等连接形式相比，黏接质量具有多分散特性。因此，对黏接工艺全过程进行全面的质量管理、质量检验十分必要。

黏接部位在使用中所发生的破坏现象是对黏接质量的最终检验。一般来说，应选择合适的黏接工艺，尽量实现内聚破坏或被粘物破坏。黏接质量是很难从外观判断的，保证黏接工艺质量的关键在于加强全面工艺质量管理，控制影响黏接质量的一切因素，其中包括黏接温度、湿度、含尘量等环境条件控制，胶黏剂质量控制，测量仪器及设备控制，黏接工序控制等。

1. 准备工作和工艺流程控制

黏接前的技术准备包括总体结构设计、黏接接头的设计、胶黏剂选择、黏接表面状态检查，严格按顺序、配方称量和混合胶黏剂，严格按工艺要求的温度、压力、时间进行合理黏接。

2. 胶黏剂质量控制

（1）胶黏剂包装检查

胶黏剂入库前应认真进行包装、生产批号、生产时间、出厂检验单等的记录存档，并对包装、厂家、商标进行核验，如发现包装破损、厂家不符、商标不合、已过有效期或有效期很短、有假冒伪劣之嫌者应封存退回。

（2）胶黏剂常规入库检查

对胶黏剂外观、色泽、黏度、固含量、均匀性（沉淀、分层）、活性期（适用期）、贮存期等进行抽检。一般按照厂家产品指标分别检验,如胶液一般应是均质、无结块、无杂质和没有明显分层及沉淀物;胶膜一般不应有气孔或夹杂。若胶黏剂的外观颜色不匀或与正常颜色不同,则说明胶黏剂的性能发生了变化,应视为不合格产品。

(3) 胶黏剂的固含量

胶黏剂的固含量是含溶剂类或含水乳胶的检验指标,用以判断胶黏剂中树脂含量是否与原配方或出厂指标相符。如果固含量低于所标指标值,则说明胶黏剂中树脂含量不足,生产厂商偷工减料;但如果胶黏剂的固含量明显高于指标值,则说明胶黏剂存放时间太长,胶黏剂的水分或溶剂挥发过度,就会严重影响黏接质量。

(4) 胶黏剂的活性期

胶黏剂的活性期又称适用期或有效期、施工期等,指从配制成胶开始到胶黏剂能涂布使用为止的这段时间,是黏接操作质量的重要保证和依据之一。对于固化速度快、需要现配现用的热固性胶黏剂及溶剂挥发型胶黏剂,活性期长短,决定了一次配胶量、黏接操作时间或涂胶速度,配制时应当检验其活性期,确保黏接质量。

胶黏剂的活性期检验一般根据胶黏剂的黏度随时间而变化的情况来初步判断其长短,即每隔一定时间测一次黏度,直至最大允许黏度为止所经历的时间。简便的方法是以胶黏剂基本不流动或有明显的回缩现象来确定活性期的终止时间。对黏度大、几乎不流动的胶黏剂,可在金属板上,每间隔一段时间刮涂一次胶,直到不易刮涂时为止,这段时间即为该胶的活性期。

热固性胶的活性期与固化剂的品种、用量密切相关,同一种胶黏剂使用不同的固化剂,活性期不同;使用同一种固化剂,用量不同时,其活性期也不相同。对于含溶剂的胶黏剂,若其溶剂品种不同、含量不同,则其活性期也不同。此外,胶黏剂对温度比较敏感,活性期检验还应考虑温度条件。

(5) 强度检测

对于比较重要的黏接件,应按照国家标准、部颁标准、企业标准或行业、地方、专项产品的黏接标准和要求进行黏接样件的黏接强度检测。具体包括剪切强度、拉伸强度、剥离强度或密封耐压、耐温等破坏性或非破坏性检测。注意黏接试验中试样的操作工艺条件与实际生产一致。对于航空、航天等领域的重要黏接件,必须对每一个黏接件制作实时黏接样件测试黏接强度,确保黏接质量的可靠性。

另外,胶黏剂的使用应掌握"先到先用"的原则。胶黏剂贮存处应阴凉干燥,注意密封。冷藏的胶黏剂能延长贮存有效期,但必须注意:

① 容器要确保密封,防止胶液吸湿、受潮;

② 使用前必须预先从冰箱中取出,在密封状态下让胶黏剂在使用环境中存放一段时间,防止涂胶时由于胶液温度低而在黏接面上凝聚和吸收空气中的水分。

配制胶黏剂时,要确保每次所用原料称量准确、搅拌均匀。可以手工搅拌,也可用搅拌器搅拌或用双辊或三辊研磨机搅拌,确保均匀。

3. 黏接面表面处理的质量控制

对于黏接面表面处理,应注意:

① 对于结构黏接,须先进行表面处理。当采用化学方法处理表面时,应严格控制处理液温度和处理时间。对处理液化学成分要定期进行测定,制定处理液更新制度,确保各成分保持在

有效浓度范围内。实时跟踪试样处理质量,即抽取每批次黏接零件样件,用胶黏剂黏接并测试试样的黏接剪切强度,随时掌握处理液质量。

② 采用化学方法处理时,切忌用压缩空气吹扫零件表面的灰尘、脏污。因为未经净化处理的压缩空气中往往含有汽化的润滑油等杂质,会重新污染已处理过的黏接面。一般用电热吹风机吹干或在电热干燥箱内烘干。

③ 采用喷砂处理时,注意砂粒等磨料的净化和压缩空气的除油净化。因为零件表面有不同程度的油污,随着喷砂操作时间的延长,砂粒也会被污染,要注意定期更换新砂。一般喷砂处理后还要进行溶剂擦洗等处理。

④ 采用溶剂清洗黏接面时,应防止所用的擦洗材料如棉布等的自身污染或残留,可采用脱脂棉和平纹绸布进行擦洗。另外,还要检查盛装溶剂的容器是否有污染,盛装溶剂的容器最好专用。塑料容器盛装溶剂时,塑料中某些成分可能进入溶剂而引起污染,因此,宜谨慎使用塑料容器。溶剂清洗采用几种溶剂的组合清洗处理,先用沸点较高的溶剂清洗,后用沸点较低的溶剂清洗,最后用干净布擦净黏接表面残留痕迹。

⑤ 采用实时试样的水膜检验法检查黏接面处理质量,简单而有效。将蒸馏水滴在处理过的实时试样表面,如果水滴能迅速铺展成连续水膜,则表明清洁处理有效,具有较高的表面能;反之,若实验样片上水滴似荷叶上的水珠或虽能展开,但仍呈球面状,则说明表面不够清洁,需重新处理。处理时要特别注意表面的脱脂除油工艺。

⑥ 清洁的黏接件放在电热干燥箱内烘干或用电热吹风机吹干,即行黏接。如不立即黏接,则应在清洁干燥的地方保存,防止再次污染,黏接前要进行简单的清洗。存放时间不宜过长,否则应重新处理。

4. 黏接场地的质量控制

对于黏接场地,应注意:

① 黏接场地尽可能保持清洁。一般不要在污染源较多的机械加工车间进行黏接操作。对于经常性、批量生产的黏接工件,应设立专门黏接室。地面、墙壁等均保持无尘,配备空调、除湿等空气净化设备,保持黏接环境温度、湿度的基本恒定。温度控制在 20~25 ℃,相对湿度控制在 50%~80%为宜。高温、高湿或低温的环境条件下,一般不宜进行黏接。

② 黏接件的表面处理和黏接操作场地在同一室内进行。但如果黏接件在酸液或碱液下进行表面处理,则表面处理场地应与黏接场地分开,防止污染。另外,为了防止胶黏剂流入黏接件的非黏接处或黏接夹具,可采用在非黏接处和夹具接触面涂脱模剂,但必须避免脱模剂流入胶层影响黏接强度。

5. 黏接工具的质量控制

应保持黏接器皿、工具的清洁。使用污染或陈胶残留的器皿配胶时,不仅污染胶黏剂,而且可能导致胶配比失准。一般黏接操作应穿整洁的工作服、戴工作帽和干净乳胶手套。工作场地禁止饮食、吸烟。

应不断改进黏接工具,使操作得心应手,提高工作效率。不合适的黏接工具,不仅会影响涂胶质量、损伤黏接件,还会污染非黏接面。

6. 黏接操作质量控制

黏接操作一般包括胶黏剂的涂布、晾置干燥、装配、固化等工序。对黏接面的涂胶量要适当。理论上,胶层越薄黏接强度越高,因为胶层越薄越不容易发生黏接胶层的内聚破坏。但涂胶也不能太薄,太薄可能导致缺胶,影响黏接质量。因此,通常稍厚涂胶,控制胶层均匀,再通过黏接对合加压,将多余胶挤出,从而控制胶层厚度。

结构胶黏剂一般需要加热加压固化,确保测温仪温度显示真实、准确。在黏接的加温固化中,应严格控制升温和降温速度,并确保黏接件所处温度场的温度均匀,定时做好操作温度、压力、保持时间等记录,以备查考、检验,发现质量问题,进行有效的分析、研究。采用夹具加压的夹紧力对酚醛树脂、聚酰亚胺等缩聚类树脂胶黏剂的性能影响明显,但这种加压方式的压力控制和测量困难,因此保持操作人员的相对稳定性十分重要。夹紧装置上设计弹簧类弹性元件,防止加热固化时因胶黏剂流动导致夹紧力完全释放而使黏接件松脱、滑移错位。

7. 提高黏接可靠性的措施

黏接技术具有独特性能和优势,但不能完全保证其结构强度的可靠性。为了增加黏接可靠性和耐久性,应采取适当的结构调整和加固措施。主要措施包括:

① 机械加固,包括嵌套、金属扣合、补块、螺钉铆接、点焊、穿销、套管等。

② 加铆钉、包边、包角、加宽、加厚等提高黏接剥离强度。

③ 进行表面化学处理和偶联剂表面处理,大幅提高黏接强度和黏接耐久性,其耐水性、耐热性、耐老化等性能均能提高。

④ 对黏接部位进行加热后处理,提高交联度,增加黏接强度和抗蠕变等性能。

⑤ 采用有机硅树脂等防水材料对胶缝暴露部位进行防水处理,防止潮湿侵蚀,延长黏接件使用寿命。

3.3.6 黏接质量检验

黏接质量检验包括破坏性试验和无损检验两种。

(1) 破坏性试验

通过破坏性检测工艺控制试样和制品抽样来考核黏接质量。测试内容包括黏接的拉伸、剪切、剥离、冲击及疲劳强度等基本性能检测,以及结合使用条件下的介质、高低温交变、加速老化和耐候性能等使用性能检测。对于用作承载力的结构黏接件还需进行多种静、动力承载试验如张力场、轴压稳定、结构振动及疲劳寿命等测试(详见第五章)。

(2) 无损检验

黏接质量无损检验就是对黏接件的非破坏性测试,以确保黏接质量的可靠、可信。无损检验方法有目测法、敲击法、声振检验法、超声检验法和 X 射线检验法等。

① 目测法。人工观察或借助放大镜对黏接件外观进行观察、检查。检验黏接处胶层的溢出情况,黏接件表面有无机械划伤、压伤、凹陷或鼓包等质量缺陷问题。若胶层均匀、厚薄适宜、表面无异常,则黏接质量好。若有缺胶、脱胶或胶层过薄、过厚等现象,则表明涂胶量不足或固化时压力不够,黏接质量差。目测法是比较常规的无损检验方法,带有经验性,不完全可靠,只能作为基本的检验手段,需要结合其他无损检验方法来综合判断。

② 敲击法。用圆角端头的软金属短棒或有机玻璃制作的榔头敲击黏接处,根据敲击声的特点判断黏接密实性、脱胶点、胶层厚薄。由于黏接材料、大小、结构等不同,黏接件敲击后发出的声响各不相同,因此,敲击检验一般由操作经验丰富的技术人员实施。在检验时注意把握敲击

力度，过轻不易判断，过重可能损伤黏接件。对于重要黏接件的检验，应结合其他无损检验方法。

③ 声振检验法。声振检验法是在敲击法的基础上发展起来的仪器检测方法。声振检验法是激发被测黏接件振动，通过转换器将在黏接件中传播的振动特性转换成谐振频率、相位、振幅等直观的电信号，较敲击法的精确性大大提高。目前已面市的有福克黏接检测仪、声谐振仪、声指示仪、谐波检测仪等。

④ 超声检验法。利用超声脉冲在被测黏接件中的传播，测量和分析从界面反射的回波信号，根据超声回波时间、振幅等变化，判断黏接质量。超声检验法主要有超声穿透法和超声测速法。超声穿透法是通过测量超声波穿过黏接结构的穿透率来进行检测的，这种方法对检测超声能量衰减明显的材料及结构如多层薄板金属、玻璃钢和蜂窝夹芯等比较有效。超声穿透法也可以利用多探头自动扫描实现大面积黏接件的快速检测。超声测速法则是利用黏接结构存在缺陷会引起超声波在发射器与接受器之间的传播速度发生变化，从而判断是否存在缺陷。

⑤ X 射线检验法。当 X 射线穿透黏接件时，部分入射线被吸收，吸收的能量与材料本身的性质和厚度有关，根据吸收情况判断黏接结构的缺陷。但由于黏接件胶层几乎能直接被射线完全穿透，不能形成有效衰减，因此，X 射线检验法对黏接件的检验应用有限。

思考题

1. 要获得良好的黏接效果，必须具备哪些条件？
2. 在实际工况下，黏接接头的受力情况可以归纳为哪四种基本类型？
3. 接头设计的基本原则是什么？
4. 常用的接头形式有哪些？
5. 胶接破坏有几种形式？
6. 胶黏剂选择原则是什么？
7. 在黏接工艺中，塑料材料的表面处理方法有哪些？
8. 在黏接工艺中，金属材料的表面处理方法有哪些？
9. 影响黏接效果的因素有哪些？

第四章　常见的胶黏剂

一、胶黏剂分类

胶黏剂品种繁多,一般按胶黏剂的主体化学成分或基料、固化方式、受力情况、外观形态等进行分类。

1. 按主体化学成分或基料分类

胶黏剂按主体化学成分或基料分类情况如图 4.1 所示。

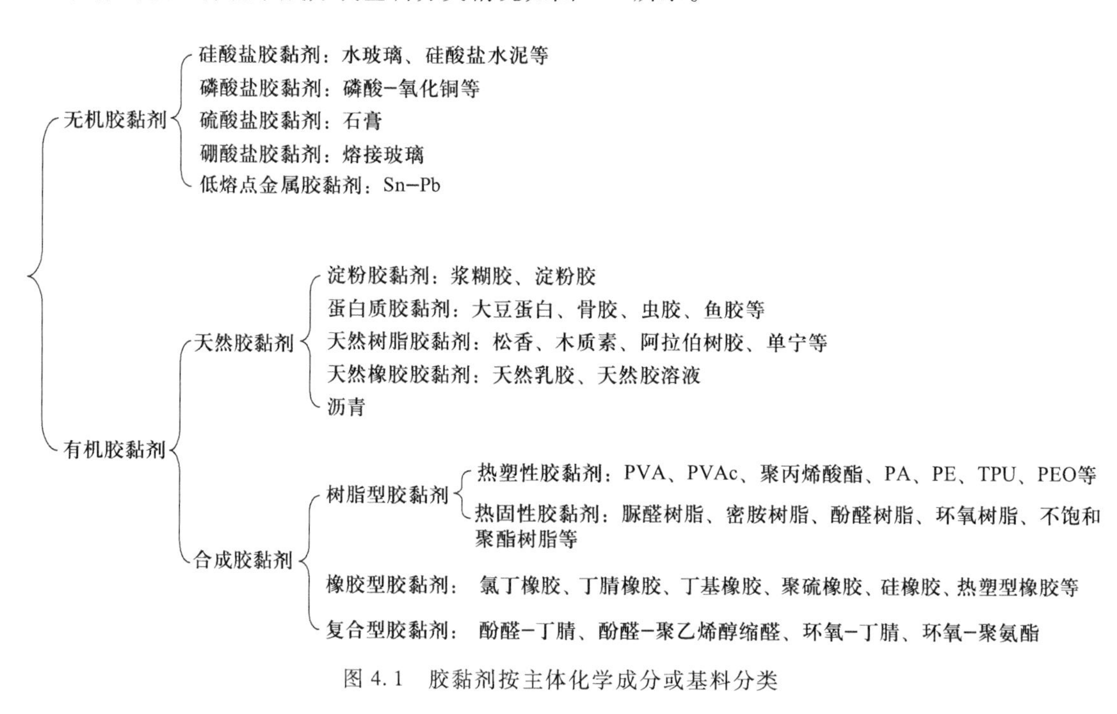

图 4.1　胶黏剂按主体化学成分或基料分类

2. 按固化方式分类

胶黏剂按其固化方式分为以下几种。

(1) 化学反应型

加固化剂型:环氧树脂、酚醛树脂、脲醛树脂;

湿气固化型:聚氰基丙烯酸酯、室温硅橡胶;

厌氧固化型:聚丙烯酸双酯、丙烯酸聚醚。

(2) 溶剂挥发型

如硝酸纤维素、聚醋酸乙烯酯等。

(3) 热熔型

如 EVA、饱和聚酯、聚酰胺、TPU 等。

（4）压敏型

接触型压敏胶：氯丁橡胶等；

冷黏型压敏胶：橡胶胶乳等；

永黏型压敏胶：聚氯乙烯胶黏带、玻璃纸胶黏带、聚酯胶黏带等。

3. 按受力情况分类

按照黏接强度可将胶黏剂分为结构型胶黏剂、非结构型胶黏剂和特种胶黏剂。

结构型胶黏剂指固化后能承受较高剪切强度，具有较高均匀剥离强度的胶黏剂，大多由热固性树脂配成。常见的有环氧树脂或改性环氧树脂、酚醛树脂或改性酚醛树脂等胶黏剂。

非结构型胶黏剂的黏接强度一般，应用于普通受力部位的黏接。常见的有聚丙烯酸酯类、聚甲基丙烯酸酯类等热塑性胶黏剂，有机硅类胶黏剂，橡胶类胶黏剂，热熔胶等。

特种胶黏剂具有耐高温、耐超低温、导电、导热、导磁、密封、水中胶接等特点。

4. 按外观形态分类

根据胶黏剂的外观形态，胶黏剂可分为液态、固态等类型。

（1）液态

水性胶黏剂有聚乙烯醇、纤维素、硅酸钠等；溶液型胶黏剂有氯丁橡胶、丁腈橡胶、硝酸纤维素、醋酸纤维素等；乳液型胶黏剂有氯丁胶乳、丁腈胶乳、聚丙烯酸酯、天然胶乳等；无溶剂型胶黏剂有环氧树脂、不饱和聚酯、聚氰基丙烯酸酯。

（2）固态

块状胶黏剂有鱼胶、虫胶、松香、热熔胶等；细绳状胶黏剂有环氧胶棒、热熔胶；粉状胶黏剂有聚乙烯醇、淀粉等；胶膜型胶黏剂有酚醛－聚乙烯醇缩醛、酚醛－丁腈、环氧－丁腈、环氧－聚酰胺等；带状胶黏剂有黏附型和热封型。

二、胶黏剂基本组成

胶黏剂组分一般包括基料、固化剂、溶剂、增塑剂、填料、偶联剂、引发剂、促进剂、增韧剂、增黏剂等。

1. 基料

基料是胶黏剂的主要成分，起黏合作用，是区别胶黏剂类别的重要标志。基料一般由一种或多种高聚物构成，要求具有良好的黏附性和润湿性等。常见的基料主要包括：

（1）天然高分子

淀粉、纤维素、单宁、阿拉伯树胶及海藻酸钠等植物类黏料，以及骨胶、鱼胶、血蛋白胶、酪蛋白和紫胶等动物类黏料。

（2）合成树脂

有热固性树脂和热塑性树脂两大类，是用量最大的一类黏料。热固性树脂有环氧树脂、酚醛树脂、不饱和聚酯、聚氨酯、有机硅、聚酰亚胺、双马来酰亚胺、烯丙基树脂、呋喃树脂、氨基树脂、醇酸树脂等；热塑性树脂有聚乙烯、聚丙烯、聚氯乙烯、聚苯乙烯、丙烯酸树脂、尼龙、聚碳酸酯、聚甲醛、热塑性聚酯、聚苯醚、氟树脂、聚苯硫醚、聚砜、聚酮类、聚苯酯、液晶聚合物等，以及其改性树脂或聚合物合金等。

（3）橡胶与弹性体

橡胶主要有氯丁橡胶、丁腈橡胶、乙丙橡胶、氟橡胶、聚异丁烯、聚硫橡胶、天然橡胶、氯磺化聚乙烯橡胶等;弹性体主要有 SBS,SEBS 及聚氨酯弹性体等。

此外,还有无机黏料,如硅酸盐、磷酸盐和磷酸-氧化铜等。

2. 固化剂

固化剂为可使单体或低聚物变为线型高聚物或网状体型高聚物的物质,又称硬化剂、交联剂、硫化剂等。

3. 溶剂

溶剂为能够降低固体或液体分子间力,使被溶物质分散为均匀体系的液体脂肪烃、酯类、酮类、氯代烃类、醇类、醚类、砜类、酰胺类等,具有降低黏度、增加润湿能力、提高黏结力的作用,可提高胶液的流平性,避免胶层厚薄不均,调节挥发速度等效果。

4. 增塑剂

增塑剂可降低高分子基料的玻璃化温度和熔融温度,改善胶层脆性,增加熔融流动性。增塑剂分为内增塑剂和外增塑剂两种类型。内增塑剂可与基料反应,如聚硫橡胶、液体丁腈橡胶、不饱和聚酯、聚酰胺等;外增塑剂则不与基料反应,如邻苯二甲酸酯类、磷酸酯类、己二酸酯类、癸二酸酯类等。

5. 填料

填料不与基料发生化学反应,但可改善胶的物理性能,如增加弹性模量、降低膨胀系数、减小固化收缩率、提高热导率和韧性、提高使用温度、提高耐磨性能等。常用的有金属粉末(铁粉、铜粉、铝粉、锌粉、银粉)、氧化物粉、矿物粉(云母粉、滑石粉、石墨粉、陶土)、纤维(玻璃纤维、碳纤维)等。

6. 偶联剂

偶联剂为能同时与极性材料和非极性材料产生一定结合力的化合物,可改善极性与非极性界面的相容性,提高胶接界面的黏接强度。常用有机硅烷类偶联剂、有机羧酸类偶联剂、钛酸酯类偶联剂、多异氰酸酯类偶联剂等。

7. 引发剂

引发剂是指在基料固化过程中,能引发基料单体分子或预聚物产生活性中心的化合物,如丙烯酸乳液、氯丁胶乳、丁苯胶乳、不饱和聚酯等交联固化时采用的过氧化苯甲酰、异丙苯过氧化氢、过氧化甲乙酮、过氧化环己酮、偶氮二异丁腈、过硫酸铵(钾)等。

8. 促进剂

促进剂为降低引发剂分解温度或加快固化反应速率的物质,如三(二甲氨基甲基)苯酚(DMP-30)可降低环氧-聚硫-聚酰胺胶黏剂固化温度,使其在 15 ℃以下也能固化。

9. 增韧剂

增韧剂能够降低脆性,提高韧性,又不影响胶黏剂主要性能。

10. 增黏剂

增黏剂可提高初黏力、压敏黏性、持黏性,如增黏树脂、橡胶等。

11. 其他助剂

为了满足某些特殊要求,改善胶黏剂的某一特定性能,还需要加入如稀释剂、防老剂、阻聚剂、阻燃剂、光敏剂、消泡剂、防腐剂、稳定剂、乳化剂等的其他助剂。

4.1 环氧树脂胶黏剂

环氧树脂是指一个分子中含有两个及两个以上环氧基(图 4.2),与固化剂反应形成三维网络结构的低聚物,属于热固性树脂。环氧树脂具有优良的力学性能、电绝缘性能、耐药品性能和黏接性能。

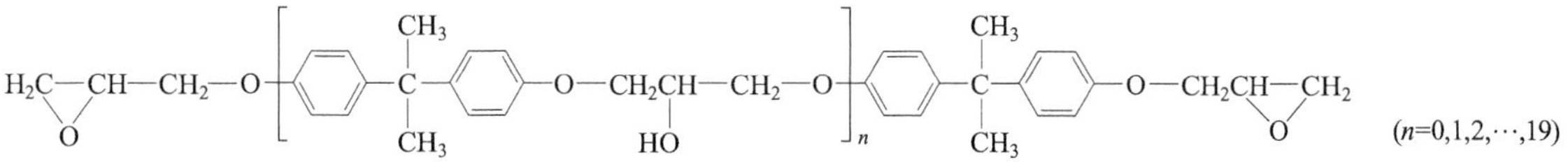

$$H_2C\!-\!CH\!-\!CH_2\!-\!O\!\left[\!-C_6H_4\!-\!C(CH_3)_2\!-\!C_6H_4\!-\!O\!-\!CH_2CH(OH)\!-\!CH_2\!-\!O\!-\right]_n\!C_6H_4\!-\!C(CH_3)_2\!-\!C_6H_4\!-\!O\!-\!CH_2CH\!-\!CH_2 \quad (n=0,1,2,\cdots,19)$$

图 4.2 E 型环氧树脂分子结构式

环氧树脂胶黏剂的黏接过程是一个复杂的物理和化学过程,包括浸润、黏附、固化等步骤,最后生成三维交联结构的固化物,把被黏物结合成一个整体。黏接强度、耐热性、耐蚀性、抗渗性等不仅取决于胶黏剂的结构与性能及被黏物表面的结构和黏接特性,而且与接头设计、胶黏剂的制备工艺和贮存及黏接工艺等密切相关,同时还受周围环境应力、温度、湿度、介质等影响。

环氧树脂胶黏剂具有优异的黏接性能,在从日常生活到尖端技术等各领域中都得到了广泛的应用,已成为航空航天、汽车舰艇、机械电子、土木建筑等领域不可缺少的材料。

4.1.1 环氧树脂胶黏剂的性能

1. 优点

环氧树脂胶黏剂俗称“万能胶”,具有以下优点:

① 环氧树脂含有多种极性基团和活性很大的环氧基,因而与金属、玻璃、水泥、木材、塑料等多种极性材料,尤其与表面极性高的材料之间具有很强的黏接力,同时环氧固化物的内聚强度也很大,黏接强度很高。

② 环氧树脂固化反应机理为开环聚合,不产生小分子挥发物,体积收缩率为 1%~2%,固化后胶接件内应力小,加入填料后,收缩率可降到 0.2%以下;固化物为三维体型结构,交联密度较大,胶层的蠕变小,尺寸稳定性好。

③ 环氧树脂、固化剂及改性剂的种类多,调节固化工艺如快速固化、室温固化、低温固化等,可满足多种黏接条件需求。

④ 易于共聚、交联、共混、填充等改性,与添加剂有好的相容性和反应性,胶层性能可进一步提高。

⑤ 耐蚀性及介电性能好。耐酸、碱、盐、溶剂等多种介质的腐蚀,电阻率为 $10^{13} \sim 10^{16}\,\Omega \cdot cm$,介电强度为 16~35 kV/mm。

2. 缺点

环氧树脂胶黏剂存在以下不足:

① 未增韧时的固化物一般偏脆,抗剥离、抗开裂、抗冲击性能较差。

② 对极性小的材料(如聚乙烯、聚丙烯、氟塑料等)黏接力小,必须先进行表面活化处理。

③ 一些原料如活性稀释剂、固化剂等有不同程度的毒性或刺激性,应尽量避免选用。

4.1.2 环氧树脂胶黏剂的组成

环氧树脂胶黏剂的基本组分是环氧树脂和固化剂。根据不同应用要求,选择添加增韧剂、增塑剂、稀释剂、促进剂、填充剂、偶联剂及抗氧剂等。

一、环氧树脂基料

用于胶黏剂的常用环氧树脂基料品种很多,按结构分为缩水甘油基型环氧树脂和环氧化烯烃型环氧树脂两大类。缩水甘油基型环氧树脂由环氧氯丙烷与含活泼氢原子的有机化合物,如多元酚、多元醇、多元酸、多元胺等缩聚而成。环氧化烯烃型环氧树脂是从含不饱和双键的直链、环状烯烃氧化制备的。环氧树脂按组成分类情况如表 4.1 所示。

表 4.1 环氧树脂按组成分类

代号	环氧树脂类型
E	二酚基丙烷环氧树脂
ET	有机钛改性二酚基丙烷环氧树脂
EG	有机硅改性二酚基丙烷环氧树脂
F	酚醛多环氧树脂
B	丙三醇环氧树脂
IQ	脂肪族缩水甘油酯
J	间苯二酚环氧树脂
D	聚丁二烯环氧树脂

环氧树脂命名规则:以一个或两个汉语拼音字母与两个阿拉伯数字作为型号,表示环氧树脂类别及品种,具体命名方法如图 4.3 所示。

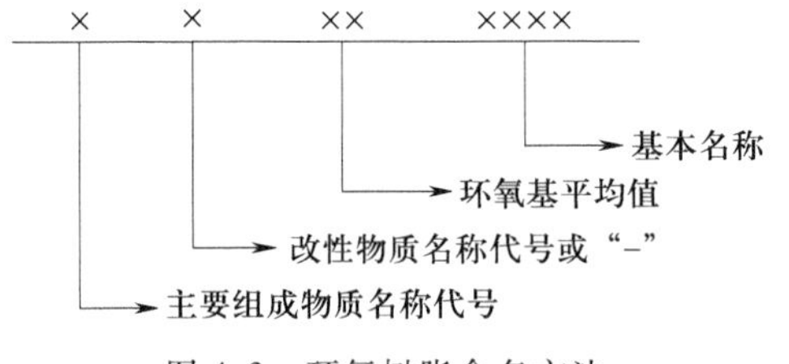

图 4.3 环氧树脂命名方法

缩水甘油基型环氧树脂合成机理:

① 在碱催化下,环氧氯丙烷的环氧基与双酚 A 酚羟基反应,生成端氯化羟基化合物(开环反应)。

$$2CH_2\underset{O}{—}CH—CH_2—Cl+HO—R—OH \longrightarrow$$

$$Cl—CH_2—\underset{OH}{\underset{|}{CH}}—CH_2—O—R—O—CH_2—\underset{OH}{\underset{|}{CH}}—CH_2—Cl$$

② 在 NaOH 作用下，脱 HCl 形成环氧基(闭环反应)。

$$Cl—CH_2—\underset{OH}{\underset{|}{CH}}—CH_2—O—R—O—CH_2—\underset{OH}{\underset{|}{CH}}—CH_2—Cl+2NaOH \longrightarrow$$

$$CH_2\underset{O}{—}CH—CH_2—O—R—O—CH_2—CH\underset{O}{—}CH_2+2NaCl+2H_2O$$

③ 新生成的环氧基再与双酚 A 酚羟基反应生成端羟基化合物(开环反应)。

$$CH_2\underset{O}{—}CH—CH_2—O—R—O—CH_2—CH\underset{O}{—}CH_2+2HO—R—OH \xrightarrow{NaOH}$$

$$HO—R—O—CH_2—\underset{OH}{\underset{|}{CH}}—CH_2—O—R—O—CH_2—\underset{OH}{\underset{|}{CH}}—CH_2—O—R—OH$$

④ 端羟基化合物与环氧氯丙烷作用，生成端氯化羟基化合物[开环反应，同(1)]。

$$2CH_2\underset{O}{—}CH—CH_2—Cl+HO—R—OH \longrightarrow$$

$$Cl—CH_2—\underset{OH}{\underset{|}{CH}}—CH_2—O—R—O—CH_2—\underset{OH}{\underset{|}{CH}}—CH_2—Cl$$

⑤ 与 NaOH 反应，脱 HCl 再形成环氧基(闭环反应)。

$$(n+1)HO—R—OH+(n+2)CH_2\underset{O}{—}CH—CH_2—Cl+(n+2)NaOH \longrightarrow$$

$$CH_2\underset{O}{—}CH—CH_2\left[O—R—O—CH_2—\underset{OH}{\underset{|}{CH}}—CH_2\right]_nO—R—O—CH_2—CH\underset{O}{—}CH_2$$

$$+(n+2)NaCl+(n+2)H_2O$$

1. 缩水甘油醚型环氧树脂

缩水甘油醚型环氧树脂由多元酚或多元醇与环氧氯丙烷经缩聚反应而制得，典型的为双酚 A 型环氧树脂，产量占环氧树脂总量的 75%以上。

(1) 双酚 A 型环氧树脂

双酚 A 型环氧树脂是由环氧氯丙烷与双酚 A 在 NaOH 催化下缩合反应而成的。控制环氧氯丙烷与双酚 A 的物质的量比，合成分子量不同的环氧树脂。此类环氧树脂具有黏接强度高、黏接面广、固化收缩率低、稳定性好、耐化学药品性好、力学强度高及电绝缘性优良等性能，但也存在耐候性差、冲击强度低和不太耐高温等缺点。

(2) 四溴双酚 A 型环氧树脂

四溴双酚 A 型环氧树脂除具有双酚 A 型环氧树脂的通性外,结构中含有溴,具有优良的阻燃性能。

(3) 氢化双酚 A 型环氧树脂

氢化双酚 A 型环氧树脂由双酚 A 加氢后制成的脂环状二元醇与环氧氯丙烷缩聚反应而制得。固化产物除了具有双酚 A 型环氧树脂的特性之外,还具有黏度小、耐候性好、耐电晕、耐漏电痕迹性好及耐紫外线照射等特点,且抗冲击强度要优于一般的脂环族环氧树脂。

(4) 双酚 F 型环氧树脂

双酚 F 型环氧树脂具有通用环氧树脂的基本性能及黏度低、流动性好的特点,黏度约为相同分子量的双酚 A 型环氧树脂的一半,适用于低温场合。

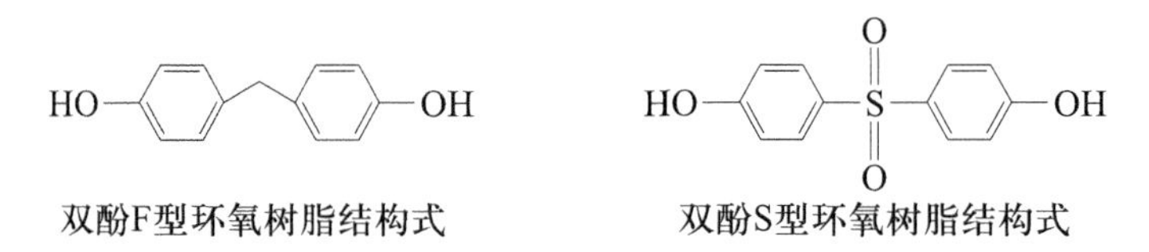

双酚F型环氧树脂结构式　　双酚S型环氧树脂结构式

(5) 双酚 S 型环氧树脂

双酚 S 型环氧树脂黏度低,反应活性高,固化产物热变形温度比双酚 A 型环氧树脂提高 40~60 ℃。

(6) 脂肪醇多缩水甘油醚

脂肪醇多缩水甘油醚以长脂肪链为主链,链柔性高,具有良好的柔韧性,主要用于改善双酚 A 型环氧树脂及线型酚醛树脂固化产物的脆性。但若用量过多,固化物的耐热性、耐药品性、耐溶剂性则会大幅度下降。

(7) 酚醛缩水甘油醚

① 线型酚醛多缩水甘油醚:由线型酚醛树脂与环氧氯丙烷反应而得,主链含有多个苯环和 3 个及 3 个以上环氧基。固化产物交联密度大,耐热性较双酚 A 型环氧树脂高 30 ℃左右,刚性好,力学强度、耐碱性优于酚醛树脂,主要用于耐高温胶黏剂。

② 线型邻甲酚甲醛多缩水甘油醚:结构和线型酚醛多缩水甘油醚基本相同,只是在邻位苯环上有甲基存在,耐水性和低熔体黏度等优于线型酚醛多缩水甘油醚环氧树脂。采用酚醛树脂固化后产物的 T_g 达到 180 ℃以上,经高压水蒸煮 24 h 后仍保持良好的电性能及力学性能。

③ 间苯二酚甲醛环氧树脂:间苯二酚与甲醛在草酸催化下,缩合成低分子量间苯二酚甲醛树脂后,在 NaOH 作用下,与环氧氯丙烷反应制得间苯二酚甲醛四缩水甘油醚环氧树脂。此类环氧树脂具有较高的活性,固化物的耐热性、耐蚀性及电性能优良,可用作耐高温胶黏剂,也可用于对其他环氧树脂改性。

2. 缩水甘油酯型环氧树脂

苯二甲酸二缩水甘油酯型环氧树脂,黏度低,与常温固化剂反应速率快;与中、高温固化剂配合适用期长,在一定温度下具有高反应性;与酚醛树脂及环氧树脂相容性好。固化物的力学性能与双酚 A 型环氧树脂大体相同,耐热性低于双酚 A 型环氧树脂,耐水、酸、碱性不如双酚 A 型环氧树脂,但有优良的耐候性及耐漏电性。

缩水甘油酯型环氧树脂的固化反应活性比双酚 A 型环氧树脂高,固化产物在超低温度 -196 ℃下仍具有良好的黏接强度。

二聚二缩水甘油酯型环氧树脂是以不饱和脂肪酸二聚体为原料制备的,固化物具有尺寸稳定性好、抗冲击强度高、耐水防潮性好的优点,主要用于制造土木建筑用的密封胶。

3. 缩水甘油胺型环氧树脂

由多元胺同环氧氯丙烷反应脱去氯化氢而制得,固化产物的耐热性、力学强度都远远超过双酚 A 型环氧树脂。与二氨基二苯甲烷或二氨基二苯砜配合使用对碳纤维有良好的浸润性和黏接强度,用于制造飞机、航天器材和运动器材用的复合材料。

4. 脂环族环氧化树脂

由丁二烯、丁烯醛、环戊二烯按 Diels-Alder 反应制成的脂环族二烯烃,再用过氧乙酸等氧化即可制得脂环族环氧化树脂。脂环族环氧化树脂与酸酐、芳香胺固化后得到的产物具有较高的耐热性、电绝缘性和耐候性,但固化物冲击性能较差,经多元醇醚化后可以改善脆性。

5. 线型脂肪族环氧化物

线型脂肪族环氧树脂是由脂肪族烯烃上双键与过氧化物发生环氧化反应制得的环氧树脂,其分子结构中没有苯环、脂环和杂环,只有脂肪链。国产脂肪族环氧树脂主要有环氧化聚丁二烯树脂,如 D-17 2000# 环氧树脂、62000# 环氧树脂,是低分子量液体聚丁二烯分子链上双键经环氧化而得的,分子结构中有环氧基、双键、羟基和酯基。

聚丁二烯环氧树脂易溶于苯、乙醇、丙酮、汽油等溶剂中,与酸酐类固化剂反应后,产物有良好的热稳定性,马丁耐热温度大于 230 ℃,具有优异的抗冲击性,但固化后产品收缩率较大。

6. 混合型环氧树脂

4,5-环氧环己烷-1,2-二甲酸二缩水甘油酯(TDE-85 环氧树脂、712 环氧树脂)是由四氢邻苯二甲酸二缩水甘油酯(711 环氧树脂)用过氧化物环氧化而成的,分子中含有两个缩水甘油酯基和一个脂环族环氧基的新型三官能团环氧树脂。

7. 改性环氧树脂

(1) 有机硅改性环氧树脂

有机硅和环氧树脂结合,取长补短,有机硅改性环氧树脂具有优异的力学性能、电性能、耐热性、耐水性和黏接性能,可用于高温、高湿、温度剧变环境下使用的防护涂料和绝缘材料,如矿用机械、电气机车、电缆接头、水下装置,以及 H 级电动机、潜水电动机线圈浸渍材料等,主要产品有 665# 有机硅环氧树脂等。由于聚硅氧烷和环氧树脂的相容性较差,不易共混,通常采用接枝反应的方法来改性制备环氧-有机硅树脂。一般由低分子量聚硅氧烷的烷氧基、羟基、氨基、羧基、巯基等活性基团,在催化剂作用下,与低分子量环氧树脂的仲羟基及环氧基反应而得。主要制备方法如下:

① 二酚基丙烷环氧树脂与含有烷氧基、羟基的低分子量聚硅氧烷在催化剂的作用下,缩合制备有机硅改性环氧树脂。

② 环氧丙醇与聚硅氧烷中烷氧基发生醇交换反应,制备环氧-有机硅树脂。

③ 环氧丙烷基丙烯醚与聚硅氧烷中的活泼氢加成,制备环氧-有机硅树脂。

④ 过氧化物氧化聚硅氧烷取代基上的不饱和双键而得到环氧-有机硅树脂。

⑤ 二酚基丙烷的钠盐、环氧氯丙烷与带有烷基卤的聚硅氧烷反应，制取环氧-有机硅树脂。

(2) 增韧改性环氧树脂

由于E型环氧树脂的分子链上含有大量苯环，环氧树脂分子链表现出较强的刚性，外加环氧树脂固化体系中含有较多的羟基、氨基、酯基等强极性基团，环氧树脂固化后的柔韧性和耐冲击性较差。当被粘物受到冲击或弯曲时，胶层易产生裂纹，并迅速扩展，导致胶层开裂而发生剥离现象，限制了环氧树脂胶黏剂的应用。使环氧树脂增韧改性的途径大致如下：

① 在环氧基体中加入橡胶弹性体、热塑性树脂或液晶聚合物等分散相增韧。

② 热固性树脂连续贯穿于环氧树脂网络中，形成互穿、半互穿网络结构增韧。

③ 含有"柔性链段"的固化剂固化环氧树脂，在交联网络中引入柔性链段，改善交联网链柔顺性，实现增韧。

④ 刚性粒子与纳米粒子增韧。

(3) 有机钛改性环氧树脂

有机钛改性双酚A型环氧树脂由钛酸丁酯和低分子量E型环氧树脂的羟基进行缩合反应制备，具有较好的防潮性、电气性能、热老化性和黏接特性，广泛地应用于电气、电机工业，主要产品有670#环氧树脂等。

(4) 氟代改性环氧树脂

氟代改性环氧树脂主要有氟化双酚型缩水甘油醚环氧树脂，由氟化双酚化合物与环氧氯丙烷缩合而成。含氟的环氧树脂具有良好的疏水性、耐湿性、热稳定性、耐老化性、阻燃性、介电性等，其摩擦系数和表面张力小，折射率低，浸润性和黏接强度好。但氟化环氧树脂价格昂贵，一般用在比较特殊场合，如加入后调整双酚A型环氧树脂的折射率，用作光纤的胶黏剂。

二、固化剂

环氧树脂是一种热塑性聚合物，聚合度较小。用作胶黏剂时，需与固化剂反应而固化，形成三维网状立体结构、不溶不熔的交联聚合物。环氧树脂用固化剂的种类很多，可根据固化温度、固化时间、固化物性能等的不同加以选择。

1. 固化剂的分类

一般可按照固化剂和环氧树脂的固化反应机理及固化剂的化学结构进行分类(图4.4)。

按固化反应机理分为潜伏型和显在型。潜伏型固化剂与环氧树脂混合后在室温下可长期贮存，但如果在热、光、湿气中则容易发生固化反应。这类固化剂一般采用物理或化学方法钝化、封闭其反应活性。

按固化温度区分可分为室温下固化的低温固化剂、室温至50 ℃固化的室温固化剂、50~100 ℃固化的中温固化剂、100 ℃以上固化的高温固化剂。低温固化剂的种类少，仅有活性高的多元异氰酸酯和聚硫醇两种固化剂；室温固化剂的种类很多，如脂肪族多元胺、脂环族多元胺、低分子量聚酰胺及改性的芳香胺等；中温固化剂有脂环族多元胺、叔胺、咪唑类及三氟化硼配合物等；高温型固化剂有芳香胺、酸酐、甲阶酚醛树脂、氨基树脂、双氰胺及酰肼等。

2. 多元胺类固化剂

多元胺类固化剂有脂肪族多元胺、芳香族多元胺、脂环族多元胺及改性多元胺等(表4.2)。由于混合多元胺的熔点降低，与环氧树脂互溶，因此多元胺固化剂可以混合使用。

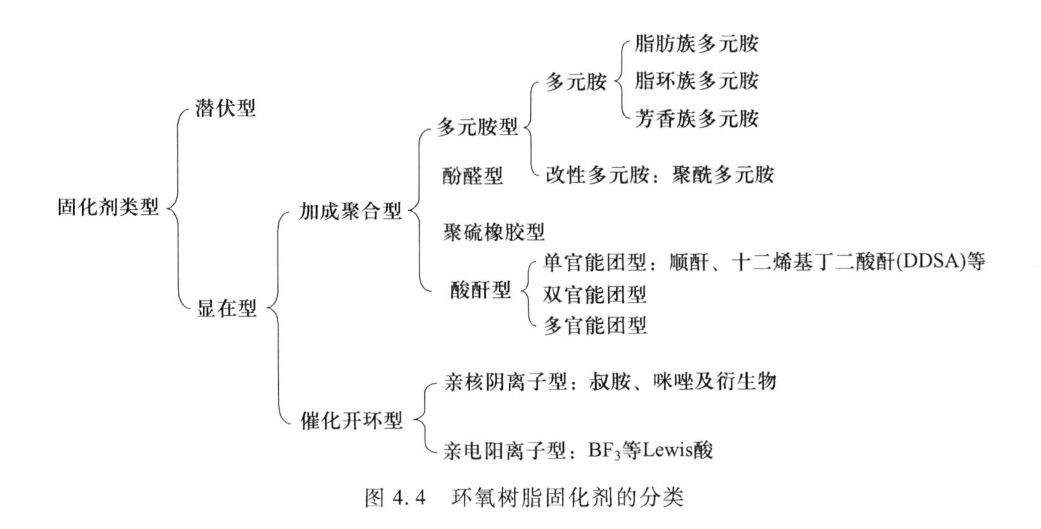

图 4.4 环氧树脂固化剂的分类

表 4.2 常用的多元胺类固化剂

类别	名称	室温状态	黏度/(Pa·s)	熔点/℃
脂肪族多元胺	二亚乙基三胺(DETA)	无色液体	0.005	—
	三亚乙基四胺(TETA)	无色液体	0.019	—
	四亚乙基五胺(TEPA)	无色液体	0.001	—
	二乙基丙二胺(DEPA)	液态	—	—
脂环族多元胺	孟烷二胺(MDA)	液态	0.019	—
	异佛尔酮二胺(IPDA)	液态	0.018	—
	N-氨乙基哌嗪(*N*-AEP)	液态	—	—
	3,9-双(3-氨丙基)-2,4,8,10-四氧杂螺十一烷加合物(ATU 加合物)	液态	—	—
	双(4-氨基甲基环己基)甲烷(C-260)	液态	0.06	—
	双(4-氨基环己基)甲烷(HM)	固体		40
芳香族多元胺	间苯二甲胺(*m*-XDA)	结晶体液体	—	—
	4,4′-二氨基二苯甲烷(DDM)	固体		89
	4,4′-二氨基二苯砜(DDS)	固体		175
	间苯二胺(*m*-PDA)	固体		62

(1) 直链脂肪族多元胺

直链脂肪族多元胺室温固化，固化反应快，但毒性较大、放热量大，安全操作期短。在常温固化时，添加剂量为理论量或接近理论量，但含有叔胺结构时，用量要减少。为了加快固化速度或在室温以下使之固化，则必须添加促进剂，如酚类、DMP-30 等。

一般地，用直链脂肪族多元胺固化的环氧树脂产物韧性好、黏接性优良，对强碱和若干种无机酸有优良的抗腐蚀性，但耐溶剂性不一定能满足要求。

（2）脂环族多元胺

由于胺基的结合形式和反应活性不同，与直链脂肪族多元胺的环氧树脂固化物性能差别很大。直链脂肪族多元胺（如 MDA、IPDA、ATU 加成物）和加氢芳香族多元胺（如 C260 及 HM 等），反应活性与脂环族多元胺相近，但固化物的性能与芳香胺类似。

（3）芳香族多元胺

芳香族多元胺指胺基直接与芳环相连的胺类固化剂，常用有间苯二胺、4,4′-二氨基二苯甲烷、4,4′-二氨基二苯砜等。与脂肪族多元胺相比，芳香族多元胺有以下特点：毒性小，碱性弱；受芳环位阻影响，固化反应慢；固化过程中形成 B 阶段的时间长，必须加热才能进一步固化。芳香族多元胺为固体，与环氧树脂混合时往往需要加热，造成胶的适用期变短。为了克服这一缺点，常制成熔融过冷物、共熔混合物、改性物或芳胺溶液等来使用。最佳使用量为理论量或稍过量，再加入少量促进剂（如酚类、叔胺等）。固化分两个阶段：先在较低温度下进行，抑制放热，但固化物交联不完全；再在高温下加深固化。芳香族多元胺固化体系的固化物耐热性好，热变形温度最高可达 190 ℃，电性能和耐化学腐蚀性能好，特别是耐碱、耐溶剂和耐水性好。

（4）改性多元胺

由于多元胺具有对人的皮肤和黏膜有刺激性、与环氧树脂配比要求严格、碱性较强及易与空气中的 CO_2 生成盐等缺点，因此需对多元胺进行改性。改性多元胺包括环氧化合物加成的多元胺、迈克尔加成的多元胺、曼尼奇加成的多元胺、硫脲加成的多元胺和酮封闭的多元胺（即酮亚胺）。常用的改性多元胺类固化剂如表 4.3 所示。

表 4.3 常用的改性多元胺类固化剂

商品牌号	名称	外观	用量 $g\cdot(100\ g)^{-1}$	固化条件	特点
120#	β-羟乙基乙二胺	淡黄色液体	16~18	室温下 1 天或 80 ℃条件下 3 h	黏度低，毒性小，易吸潮
590#	间苯二胺与环氧丙烷丁基醚缩合反应物	黄色至棕黑色液体	12~20	室温下 1 天或 80 ℃条件下 2 h+150 ℃条件下 2 h	毒性小，韧性较大
593#	二乙烯三胺与环氧丙烷丁基醚缩合反应物	浅黄色液体	23~25	室温下 1 天	吸水性强，需密封保存
701#	苯酚甲醛己二胺缩合反应物	棕红色液体	25~35	室温下 4~8 h	挥发性小，用量要求不严，0~15 ℃及潮湿条件下可固化

（5）混合多元胺

当芳香族多元胺（如间苯二胺、4,4′-二氨基二苯甲烷、4,4′-二氨基二苯砜）与环氧树脂混合时，难以形成均相体系，需要加热才能均匀地分散于环氧树脂中，但是加热会使适用期变短。一般采用混合芳香胺方法来降低熔点，使熔点高的芳香胺变成液体，如 60%~75%间苯二胺（*m*-PDA）和 25%~40%的 4,4′-二氨基二苯甲烷（DDM）混合使用，其固化物性能与单用芳香胺时基本相同。

（6）叔胺及咪唑类

叔胺属于碱性化合物，属阴离子催化型固化剂。由于固化时放热量大，固化速度和固化物性能与用量关系较大，因此一般不单独使用。咪唑类化合物是一种新型固化剂，可在较低温度下固化，得到耐热性能优良和力学性能优异的固化物。

（7）其他胺类

① 双氰双胺　固化机理十分复杂，除了四个活泼氢参加反应外，氰基在高温下还可与羟基或环氧基反应，并有催化固化作用。双氰双胺固化时的反应温度较高，为了降低其固化反应温度，通常加入叔胺、咪唑、脲及其衍生物等。

② 有机酰肼　常温下乙二酸二酰肼（AADH）与环氧树脂的混合物贮存稳定，加热后缓慢溶解并发生固化反应；加入叔胺、咪唑等作促进剂可加快其固化反应。

③ 酮亚胺化合物　由多脂肪族多元胺和酮合成得到，酮亚胺中残存氨基用单环氧化物封闭。含有酮亚胺的环氧树脂胶黏剂吸收空气中水分，再变成多元胺，室温下固化，适用期较长。

3. 酸酐类固化剂

酸酐对人体刺激性小，固化反应缓慢，放热量小，与环氧树脂的固化物收缩率低，耐热性高，力学强度、电性能优良等，已成为环氧树脂的重要固化剂。酸酐大多是固体，在室温下难与环氧树脂混合，常采用液态酸酐混合物或酸酐与环氧树脂加成所得液态产物。

酸酐类固化剂种类很多，按化学结构分为直链脂肪族、芳香族和脂环族酸酐；按官能团数目可分为单官能团、双官能团和多官能团酸酐。在实际应用中，根据价格、工艺性能等综合指标，选择合适的酸酐类固化剂。常见的酸酐类固化剂见表4.4。

表4.4　常见的酸酐类固化剂

类别	名称	状态	熔点/℃	黏度/(Pa·s)
单官能团酸酐	邻苯二甲酸酐（PA）	粉末	120	—
	四氢邻苯二甲酸酐（THPA）	固体	100	—
	六氢邻苯二甲酸酐（HHPA）	固体	34	—
	甲基四氢邻苯二甲酸酐（MeTHPA）	液体	—	0.03～0.06
	甲基六氢邻苯二甲酸酐（MeHHPA）	液体	—	0.05～0.08
	甲基纳迪克酸酐（MNA）	液体	—	0.138
	十二烷基顺丁烯二酸酐（DDSA）	液体	—	15
	氯茵酸酐（HEWT）	粉末	235～239	—
双官能团酸酐	均苯四甲酸酐（PMDA）	粉末	268	—
	苯酮四酸二酐（BTDA）	粉末	227	—
	甲基环己烯四酸二酐（MCTC）	粉末	167	—
	二苯醚四酸二酐（DPEDA）	固体	222	—
多官能团酸酐	偏苯三酸酐（TMA）	粉末	168	—
	聚壬二酸酐（PAPA）	固体	57	—

几种常用的酸酐类固化剂及其特点介绍如下：

(1) 邻苯二甲酸酐(PA)

常用的酸酐类固化剂，价格便宜，固化时放热量较小，适于大型浇注品，固化物电学性能和耐化学药品性能优异，但 PA 为固态，使用时不方便。

(2) 六氢邻苯二甲酸酐(HHPA)

由邻苯二甲酸酐经加氢制得，熔化后黏度低，有利于操作，也可合成低黏度 HHPA/环氧树脂配合物，固化后具有优良的耐热性能。

(3) 甲基四氢邻苯二甲酸酐(MeTHPA)

液态，黏度低，是使用最为广泛的酸酐类固化剂。

(4) 甲基六氢邻苯二甲酸酐

无色透明液体，适用期长，固化物颜色稳定，耐候性能优异。

(5) 甲基纳迪克酸酐(MNA)

为顺反异构混合物，由甲基环戊二烯与顺丁烯二酸酐以等物质的量比混合的液体酸酐，室温下黏度低。MNA/环氧树脂反应速率慢，安全操作期长，固化收率小，固化物的耐热性能、耐老化性能优异，使用较为广泛。

(6) 均苯四甲酸酐(PMDA)

高熔点固体，难溶于环氧树脂，反应活性高，难以操作，一般不单独使用，与甲基四氢邻苯二甲酸酐或甲基六氢邻苯二甲酸酐等液体酸酐混合使用效果好。

(7) 二苯醚四酸二酐(DPEDA)

高熔点白色晶体，粉末可均匀地分散于环氧树脂中，加热升温后能溶于环氧树脂。固化物交联密度高，交联结构中有柔性醚键，综合物理性能优良。

(8) 偏苯三酸酐(TMA)

白色固体，熔点高，与环氧树脂混匀困难。但 TMA 中存在的游离酸有促进固化作用，固化速度较快，固化物的耐热性能和力学性能较好。

4. 高分子预聚体

某些带氨基、酚羟基、羧基等活性基团的预聚体，常用作环氧树脂固化剂，如低分子量聚酰胺、酚醛树脂、氨基树脂、端羟基聚酯等。

(1) 低分子量聚酰胺固化剂

低分子量聚酰胺常用亚油酸二聚体和脂肪族多元胺反应制得，分子量为 500~9 000。聚酰胺树脂几乎没有挥发性和毒性，用量配比范围大，与环氧树脂混合后适用期长；室温固化，黏接性好，可黏接金属如钢、铝等，或非金属如玻璃、陶瓷、皮革、塑料、木材等。常用的低分子量聚酰胺固化剂见表 4.5。

(2) 线型酚醛树脂固化剂

酚醛树脂中的酚羟基，固化环氧树脂形成高度交联结构固化物，具有良好的黏附性、耐热性，260 ℃下可长期使用。

(3) 聚酯树脂固化剂

聚酯树脂末端的羟基或羧基固化环氧树脂，固化物韧性、耐湿性和电性能及黏接性优良。

表 4.5 常用的低分子量聚酰胺固化剂

牌号	组成	外观	胺值/(mg KOH · g^{-1})	用量/[g · (100 g)$^{-1}$]
650	低分子量聚酰胺	棕色液体	200±22	80~100
651	低分子量聚酰胺	浅黄色液体	400±20	45~65
200	亚油酸二聚体与三亚乙基四胺反应物	黏稠液体	215±5	40~100
230	亚油酸二聚体与二亚乙基三胺反应物	棕黄色液体	200±20	40~100
300	亚油酸二聚体与三亚乙基三胺反应物	棕红色液体	305±15	40~100
305	亚油酸二聚体与四亚乙基五胺反应物	棕红色液体	350±20	40~100
400	二聚桐油酸与二亚乙基三胺反应物	棕红色黏稠液体	200±20	40~100
500	二聚桐油酸甲酯与三亚乙基四胺反应物	浅黄色液体	400±20	45~65
600	己内酰胺与二亚乙基三胺反应物	浅黄色液体	600±20	20~30

(4) 液体聚氨酯固化剂

聚氨酯分子链上的氨基与环氧基发生开环反应,聚氨酯的端异氰酸酯基和环氧树脂的羟基或环氧树脂开环生成的羟基发生加成反应,将聚氨酯中柔性醚键引入环氧树脂交联结构中,固化物韧性良好,且具有低透湿性和低吸水性能。

(5) 聚硫橡胶固化剂

聚硫橡胶固化剂为分子量 800~3 000 的黏稠液体。由于聚硫橡胶本身硫化后,具有很好的弹性和黏附性,耐各种油类和化学介质作用,当液态聚硫橡胶和环氧树脂混合后,末端的硫醇基(—SH)与环氧基团反应,将聚硫橡胶分子链引入固化物的分子结构中,赋予环氧树脂良好韧性。低分子量的聚硫橡胶固化剂末端有—SH,与叔胺或多元胺固化剂并用,可实现室温固化。

5. 潜伏性固化剂

通过物理或化学方法,将一些反应活性高而贮存稳定性差的固化剂进行封闭、钝化,或将一些贮存稳定性好而反应活性低的固化剂的反应活性提高、激发,使固化剂在室温下加入环氧树脂中时具有一定的储存稳定性,此类固化剂称为潜伏性固化剂。使用时通过光、热等外界条件将潜伏性固化剂的反应活性释放出来,使环氧树脂迅速固化。

潜伏性固化剂的主要种类有改性酯类及胺类(如酮亚胺型固化剂)、咪唑类、胺-三氟化硼配合物及其盐类、硼酸酯类的硼胺配合物、双氰胺、有机酰肼、氨基-亚胺化合物及微胶囊型固化剂等。双氰胺和有机酰肼作固化剂时固化温度高,一般要加固化促进剂以降低固化温度。

三、促进剂

脂肪胺和部分脂环胺类固化剂可在常温下固化,但大部分脂环胺、芳香胺及酸酐类固化剂都须在较高温度下固化,常采用固化促进剂来降低固化温度,加速环氧树脂固化反应,缩短固化时间。

常用的促进剂有亲核型促进剂、亲电型促进剂、金属羧酸盐促进剂等。亲核型促进剂属于 Lewis 碱,碱性越强,催化活性越大。亲核型促进剂对胺类固化环氧树脂起单重催化作用,而对酸酐类固化环氧树脂则起双重催化作用。亲电型促进剂主要采用 Lewis 酸或 HA。在环氧树脂与酸酐类固化剂进行固化交联反应时,采用 Lewis 酸及其配合物类亲电型促进剂。金属羧酸盐促进剂在环氧固化反应初期,金属离子空轨道与环氧基的氧原子形成配位,促进开环反应;反应后期,由于反应放热量增加,金属羧酸盐发生解离,羧酸根阴离子起促进作用。常用的固化促进剂见表 4.6。

表 4.6 常用的固化促进剂

名称	适用范围
苯酚	胺类固化剂
双酚 A	胺类固化剂
三(二甲氨基甲基)苯酚(DMP-30)	胺类固化剂、酸酐类固化剂、低分子量聚酰胺
吡啶	酸酐类固化剂、低分子量聚酰胺
苄基二甲胺	胺类固化剂
2-乙基-4-甲基咪唑	双氰双胺
三氟化硼单乙胺	胺类固化剂
三乙胺	酸酐类固化剂、低分子量聚酰胺
脂肪胺	低分子量聚酰胺

四、增韧剂

增韧剂分为非活性增韧剂和活性增韧剂两类。非活性增韧剂分子中不带活性基团,不参与固化反应,用于降低体系黏度,利于浸润扩散和吸附,起到增韧和稀释双重作用。常用的非活性增韧剂见表 4.7。

表 4.7 常用的非活性增韧剂

名称	代号	分子量	密度/($g \cdot cm^{-3}$)	沸点/℃	外观
邻苯二甲酸二甲酯	DMP	194.18	1.193	283	无色液体
邻苯二甲酸二乙酯	DEP	222.24	1.118	295	无色液体
邻苯二甲酸二丁酯	DBP	278.35	1.050	340	无色液体
邻苯二甲酸二戊酯	DPP	306.39	1.022	342	无色液体
邻苯二甲酸二辛酯	DOP	396.40	0.987	384	无色液体
癸二酸二辛酯	DOS	426.26	0.918	248(533.3Pa)	淡黄色液体
磷酸三乙酯	TEP	182.16	1.068	210	无色液体
磷酸三丁酯	TBP	226	0.973	289	无色液体
磷酸三甲酚酯	TCP	368.36	1.167	240	无色液体
磷酸三苯酯	TPP	326.28	1.185	熔点 49~50	白色结晶

续表

名称	代号	分子量	密度/(g·cm^{-3})	沸点/℃	外观
亚磷酸三苯酯		210.28	1.184	360	无色液体易结晶
乙二醇酯	304				黄色至褐色高黏度液体
蓖麻油酯	302				黄色至褐色高黏度液体
缩乙二醇酯	305				黄色至褐色高黏度液体

活性增韧剂带有活性基团,参加固化反应,改善环氧树脂脆性大、容易开裂等缺点,提高冲击强度和伸长率,一般可分为低聚物和高聚物活性增韧剂两大类。低聚物活性增韧剂主要有液体聚硫橡胶、液体丁腈橡胶、低分子量聚酰胺、异氰酸酯等,其特点是固化后增韧体系本身柔性好,成为环氧固化物的柔性链段。高聚物活性增韧剂主要有橡胶齐聚物和热塑性树脂,如丁腈橡胶、尼龙、聚砜、聚醚酮、聚醚醚酮等,其特点是韧性大、强度高,耐热性高,与环氧树脂有一定相容性,固化过程中产生相分离,形成海岛结构或互穿网络结构,使固化物具有高强度和高韧性。常用的活性增韧剂见表 4.8。

表 4.8 常用的活性增韧剂

名称	商品代号	外观
聚酰胺	650	棕黄色黏稠液体
	651	浅黄色黏稠液体
聚硫橡胶	LP-1	深褐色黏稠液体
	LP-2	深褐色黏稠液体
	LP-3	深褐色黏稠液体
端羧基丁腈橡胶	CTNB	高黏性液体
液体丁腈橡胶	丁腈-26	高黏性液体
	丁腈-40	高黏性液体
不饱和聚酯树脂	182	中黏性液体
	304	中黏性液体

五、稀释剂

为了改善环氧树脂胶黏剂的性能及黏接工艺,加入稀释剂来降低环氧树脂的黏度,便于混匀和改善其浸润性。稀释剂一般可分为非活性稀释剂和活性稀释剂。

非活性稀释剂与环氧树脂相容,但不参加环氧树脂的固化反应,其加入导致环氧树脂固化物的强度和模量下降,但伸长率得到提高。常用非活性稀释剂有邻苯二甲酸二丁酯及二辛酯、丙酮、松节油、二甲苯、醋酸乙酯、二甲基甲酰胺等,以及具有固化促进作用的酚类化合物如煤焦油。

活性稀释剂主要是指低分子量环氧化合物,参加环氧树脂的固化反应,进入交联网络结构。活性稀释剂分为单环氧基、双环氧基和三环氧基活性稀释剂。单环氧基活性稀释剂如丙烯基缩水甘油醚、丁基缩水甘油醚和苯基缩水甘油醚等,对于胺类固化剂反应活性大,而烯烃或脂环族单环氧基稀释剂对酸酐类固化剂反应活性较大。常用的活性稀释剂见表 4.9。

表 4.9 常用的活性稀释剂

牌号	名称	结构式	黏度(25 ℃)/(10^{-3} Pa·s)	环氧当量
500	烯丙基缩水甘油醚(AGE)	$H_2C{=}CHCH_2{-}O{-}CH_2{-}\underset{O}{HC{-}CH_2}$	1.2(20 ℃)	98~102
501	正丁基缩水甘油醚(BGE)	$H_3C{-}(CH_2)_3{-}O{-}CH_2{-}\underset{O}{HC{-}CH_2}$	1.5	130~140
503	2-乙基己基缩水甘油醚(EHAGE)	$H_3C{-}\underset{CH_2CH_3}{CH}{-}(CH_2)_4{-}O{-}CH_2{-}\underset{O}{HC{-}CH_2}$	2~4	195~210
690	苯基缩水甘油醚(PGE)	$C_6H_5{-}O{-}CH_2{-}\underset{O}{HC{-}CH_2}$	7(20 ℃)	151~163
	甲酚缩水甘油醚(CGE)	$H_3C{-}C_6H_4{-}O{-}CH_2{-}\underset{O}{HC{-}CH_2}$	6	182~200
	苯乙烯氧化物(SO)	$C_6H_5{-}\underset{O}{CH{-}CH_2}$	2(20 ℃)	120~125
	甲基丙烯酸缩水甘油醚(GMA)	$H_2C{=}\underset{H_3C}{C}{-}\underset{O}{\overset{}{C}}{-}O{-}CH_2{-}\underset{O}{HC{-}CH_2}$	1.5	142
512	聚乙二醇双缩水甘油醚(PEGGE)	$\underset{O}{H_2C{-}CH}{-}CH_2{-}O{-}(CH_2CH_2O)_{1\sim4}{-}CH_2{-}\underset{O}{HC{-}CH_2}$	15~17	130~300
600	二缩水甘油醚(DGE)	$\underset{O}{H_2C{-}CH}{-}CH_2{-}O{-}CH_2{-}\underset{O}{HC{-}CH_2}$		130
	聚丙二醇双缩水甘油醚(PPGGE)	$\underset{O}{H_2C{-}CH}{-}CH_2{-}O{-}(CH_2CH_2CH_2O)_{1\sim4}{-}CH_2{-}\underset{O}{HC{-}CH_2}$	20~80	150~360
	丁二醇双缩水甘油醚(BDGE)	$\underset{O}{H_2C{-}CH}{-}CH_2{-}O{-}(CH_2)_4{-}O{-}CH_2{-}\underset{O}{HC{-}CH_2}$	10~30	130~175
680	间苯二酚双缩水甘油醚	$\underset{O}{H_2C{-}CH}{-}CH_2{-}O{-}C_6H_4{-}O{-}CH_2{-}\underset{O}{HC{-}CH_2}$	200~600	
6206	乙烯基环己烯双环氧	O O	8	

续表

牌号	名称	结构式	黏度(25 ℃)/(10^{-3} Pa·s)	环氧当量
6221	3,4-环氧基环己烷甲酸-3′,4′-环氧基环己烷甲酯	O … $—CH_2—O—\overset{O}{\overset{\|}{C}}—$ … O	350~450	
6269	二甲基二氧化乙烯基环己烯(萜烯双环氧)	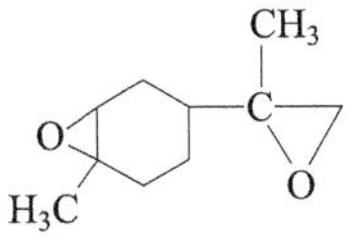 O, H_3C … $—\overset{CH_3}{C}$(O)	8	
	丙三醇三缩水甘油醚(GGE)	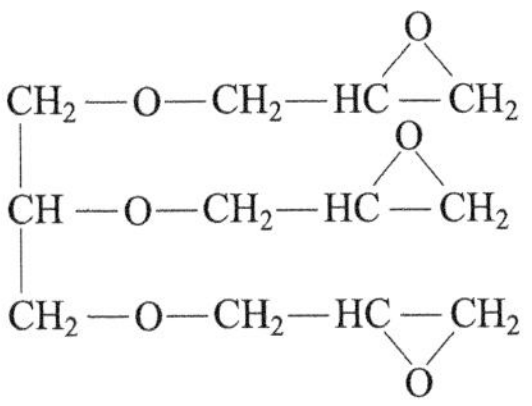 $CH_2—O—CH_2—HC—CH_2$ (O) $CH—O—CH_2—HC—CH_2$ (O) $CH_2—O—CH_2—HC—CH_2$ (O)	115~170	140~170
	三甲醇基丙烷三缩水甘油醚(TMPGE)	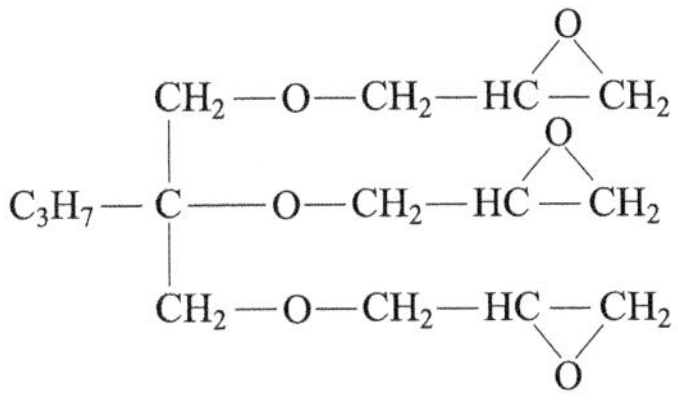 $CH_2—O—CH_2—HC—CH_2$ (O) $C_3H_7—C—O—CH_2—HC—CH_2$ (O) $CH_2—O—CH_2—HC—CH_2$ (O)	100~160	135~160

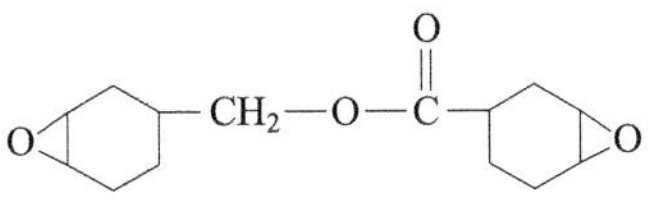

六、填料

填料作为增量剂,可降低胶的成本,改善胶的某些性能,如固化物的收缩率和热膨胀系数降低,热导率、耐热性、抗压强度和耐腐性等提高,调节润滑性能等。常用填料与作用见表 4.10。

表 4.10 常用填料与作用

名称	作用	名称	作用
铝粉、玻璃纤维、石棉纤维、云母粉	提高冲击性能	银粉、石墨粉、铜粉、铝粉、铁粉	增加导电性能
氧化铝粉、石英粉、瓷粉、铁粉、水泥	提高冲击性能	硅酸铝、硅酸锆、云母粉	吸湿稳定性
		铝粉、铜粉、还原铁粉	增加导热性能
氧化铝、瓷粉、钛白粉	提高黏接性能	羰基铁粉	增加磁性
石棉、硅胶粉、酚醛树脂、云母粉	提高耐热性	三氧化二铬	提高耐腐性
		云母粉、瓷粉、石英粉	提高耐电弧性能
石墨粉、硅酸镁、石英粉、滑石粉	提高耐磨性能	金刚砂、白刚玉	制造研磨工具
		白炭黑、膨润土	要求触变性
石英粉、滑石粉、MoS_2	提高润滑性	铬酸锌	提高耐盐雾性能

七、偶联剂

环氧树脂胶黏剂用偶联剂(表 4.11)为两端含有性质不同极性基团的化合物。一端能与被粘物表面反应,另一端与胶黏剂分子反应,以化学键形式将被粘物与胶黏剂紧密地连接在一起,改变界面性质,增大黏接力,提高黏接强度、耐热性和耐湿热老化性能。

表 4.11 环氧胶常用偶联剂

商品名	名称
A-151(KH-151)	乙烯基三乙氧基硅烷
A-172(KH-172)	乙烯基三(β-甲氧乙基硅烷)
A-1100(KH-550)	γ-氨基丙基三乙氧基硅烷
A-187(KH-560)	γ-环氧丙氧基丙基三乙氧基硅烷
A-174(KH-570)	γ-甲基丙烯酰氧丙基三甲氧基硅烷
KH-580	γ-硫醇丙基三乙氧基硅烷
KH-590	乙烯基三叔丁基过氧化硅烷
南大-42	苯胺甲基三乙氧基硅烷
B-201	二亚乙基三氨基丙基三乙氧基硅烷
南大-73	苯胺甲基三甲基硅烷
702	N,N-双-(β-羟乙基)γ-氨基丙基三乙氧基硅烷

4.1.3 环氧树脂胶黏剂的分类及应用

1. 环氧树脂胶黏剂的分类

环氧树脂胶黏剂按形态可分为无溶剂型胶、溶剂型胶、水性胶(又可分为水乳性和水溶性两种)、膏状胶、薄膜状胶(环氧胶膜)等;按固化条件可分为冷固化胶、热固化胶及光固化胶、湿固化胶及水中固化胶、潜伏性固化胶等;按黏接强度可分为结构胶、次受力结构胶和非结构胶,按用途可分为通用型胶和特种胶;按固化剂类型可分为胺类固化胶、酸酐类固化胶等,按组分或组成分为双组分胶和单组分胶等;按实际应用条件和性能分为通用胶、结构胶、室温固化胶、耐高温胶、水性胶等。

2. 典型环氧树脂胶黏剂的应用

(1) 通用型胶

通用型胶在室温下固化,使用方便,对大多数材料如金属、非金属材料等都具有良好黏接性,固化后能满足使用条件下耐温、耐水、耐化学品的要求,主要用于承受力不大的零部件,如设备零件定位、装配及修理。几种通用型环氧树脂胶黏剂牌号的性能及应用见表 4.12。

(2) 室温固化胶

在实际应用中,有些胶接条件不允许或不可能加热固化,如航空、机械及电子工业中大型或精细部件的黏接,飞机破损的快速修补,土木建筑、桥梁、水坝的修补加固和补强,农机修配、文物修复和保护、潮湿表面和水中的黏接等,必须在室温下固化。

表 4.12 几种通用型环氧树脂胶黏剂牌号的性能及应用

牌号	主要成分	固化条件	不均匀扯离强度(铝,25 ℃)	主要应用
JW-1	环氧树脂、聚酰胺、聚醚、KH-550	60 ℃条件下 2 h 或 80 ℃条件下 1 h	>20 kN/m	各种金属、玻璃钢、胶木的黏接,如飞机副油箱的修补
SW-2	环氧树脂、聚醚、酚醛胺、KH-550	24 ℃条件下 24 h	≥15 kN/m	金属、非金属、玻璃钢黏接
农机 1 号	E-44 环氧树脂、聚硫橡胶、生石灰、硫脲缩胺、KH-550	室温下 2~3 h 或 60 ℃条件下 1 h	≥20 kN/m	农业机械黏接
CL-2 胶	甲:E-51 或 E-44;乙:650 聚酰胺、氧化铝等	室温下 1 天或 80 ℃条件下 3 h 或 100 ℃条件下 1 h	≥25 kN/m	适用于-60~60 ℃使用的金属、非金属的黏接

室温固化环氧树脂胶黏剂的种类主要有通用型、快速固化、湿面和水下固化等环氧树脂胶黏剂。快速固化环氧树脂胶黏剂在几个小时甚至几十分钟内完成固化,适用于快速定位、装配、灌封、快速修补和应急黏接等场合,要求环氧树脂和固化剂之间反应活性很高。主要类型有高活性环氧树脂/聚酰胺、环氧树脂/酚醛胺/DMP-30、环氧树脂/聚硫橡胶/多元胺/DMP-30、环氧树脂/硫脲/多元胺/DMP-30、环氧树脂/BF_3配合物等环氧胶。水下固化环氧树脂胶黏剂则采用酮亚胺、酚醛胺及其改性物作为固化剂,添加吸水性填料如氧化钙、氧化镁等。

(3) 耐高温胶

航空航天、电子电器等高新科技领域对胶黏剂的耐热性提出了更高要求,如黏接高马赫的超音速飞机结构件,要求胶黏剂耐 120 ℃以上高温;大型发电机组和核电站重要部位,要求绝缘胶黏剂耐 180~200 ℃高温;车辆离合器摩擦片、制动片用结构胶黏剂能耐 250~350 ℃高温。

耐高温胶一般由耐高温环氧树脂、耐高温固化剂、增韧剂、填料和抗热氧剂等组成。耐高温环氧树脂主要有双酚 S 型环氧树脂、酚醛环氧树脂、缩水甘油型多官能环氧树脂、脂环族环氧树脂等。耐高温固化剂主要有芳香胺、芳环或脂环酸酐、酚醛树脂、有机硅树脂、双氰胺等。常用增韧剂有端羧基丁腈橡胶、聚砜树脂、聚芳砜、聚醚酮、聚醚醚酮等。

耐高温环氧树脂胶黏剂黏接强度高、综合性能好、工艺简便。固化过程中挥发物少,收缩率低,可在-60~230 ℃下长期工作,最高使用温度可达 260~320 ℃。

(4) 结构胶

结构胶为用于黏接承受较大作用力结构的一类胶黏剂,其黏接强度大、韧性好、黏接安全可靠性高,配方设计灵活,选择性大,工艺简便。

在航空和宇航工业中,大量用于蜂窝夹层结构、钣金结构、复合金属结构如钢/铝、铝/镁、钢/青铜等黏接,以及金属/聚合物复合材料的复合结构如机翼蒙皮、机身壁板、人造卫星头盔、火箭发动机壳体等黏接制造。

在造船及机械工业中,常用于螺旋桨与艉轴的黏接、曲轴制作黏接、重型机床丝杠的套镶黏接。在土木建筑和交通道桥中用于如房屋、桥梁、隧道、大坝等的加固、锚固、灌注黏接、修补等。

(5) 水性胶

近年来,水性环氧树脂胶黏剂研究开发活跃。水性环氧树脂胶黏剂具有以下优点:

① 低挥发性有机物(VOC)含量和低毒性,对环境影响小;

② 黏度小且可调;

③ 对水泥基材渗透性和黏接力好,可与水泥或水泥砂浆配合使用;

④ 可在潮湿条件下固化。

水性胶通常是以乳液、水分散体或水溶液形式存在,分为单组分胶和双组分胶。单组分胶中已加入潜伏性固化剂,加热或改变介质 pH 固化剂得到活化,实现固化。目前,主要是应用于建筑领域,在汽车制造、复合材料、无纺布等领域也具有较好的应用前景。

4.2 聚氨酯胶黏剂

聚氨酯(PU)是一种含软链段和硬链段的嵌段共聚物。软链段由分子量 600~3 000 的低聚物多元醇(通常是聚醚或聚酯二醇)组成,硬链段由多异氰酸酯或其与小分子扩链剂组成。硬链段起增强作用,提供多官能度物理交联(形成氢键而起"交联"作用),软链段基体与硬链段发生微相分离。由于聚酯型软链段的酯基极性大,分子间作用力强,与极性基材黏附力、强度和硬度、抗热氧化性等较高,因此,PU 胶一般采用聚酯型软链段。

软链段的结晶性对 PU 力学强度影响较大,结晶作用能极大地提高黏接层的内聚力和黏接力。如采用高结晶性线型聚己二酸丁二醇酯为软链段的高分子 PU 制成的胶黏剂,其初黏性好,即使不用固化剂也能得到高强度的黏接;而新戊二醇聚酯结晶性差,PU 初黏性和强度较差,但由于有侧基保护酯键,其抗热氧化、抗水和抗霉菌性能较好。在聚酯二醇软链段中引入芳香环,其耐水解、耐热性能均有提升。另外,软链段中侧基越小、亚甲基数越多,拉伸时应力越易诱发结晶,结晶性越大,PU 的强度越高,如聚四氢呋喃型比聚氧化丙烯型软链段型 PU 的力学强度和黏接强度要高。

硬链段由多异氰酸酯或多异氰酸酯与扩链剂组成。提高硬链段含量,硬度增加、弹性降低,内聚力和黏接力提高;但硬链段含量太高,极性基团会阻碍链段的活动和扩散能力,降低黏接力。

结构对称二异氰酸酯如二苯基甲烷二异氰酸酯(MDI)与多元醇产生规整有序结构,可促进聚合物链段结晶,PU 的模量和撕裂强度较高。芳香族异氰酸酯的内聚强度大,抗热氧化性好,但抗紫外线性能较差,易泛黄,不能用作浅色涂层胶或透明印刷品用胶黏剂。硬链段上基团的热稳定性顺序:异氰脲酸酯>脲>氨基甲酸酯>缩二脲>脲基甲酸酯。

4.2.1 聚氨酯胶黏剂的性能特点

1. 优点

① 聚氨酯胶黏剂的黏接强度高。胶中含有很强极性和化学活性的异氰酸酯基(—NCO)和氨酯基(—NHCOO—),与含有活泼氢的材料,如泡沫塑料、木材、皮革、织物、纸张、陶瓷等多孔材料和金属、玻璃、橡胶、塑料等表面光洁的材料都有着优良的化学黏接力,且 PU 与被黏接材料之间产生的氢键作用使黏接更加牢固。

② 黏接层柔性和刚性可调,满足不同材料的黏接。控制分子链中软链段与硬链段的比例及结构,调节黏接层柔性和刚性,获得不同硬度和伸长率的胶黏剂。

③ 可加热固化,也可室温固化,黏接工艺简便,操作性能良好。

④ 固化过程中没有小分子产生,黏接层不产生气泡等缺陷。

⑤ 溶解性好,黏度可调,易扩散,易渗入被黏接材料中,提高黏附力。

⑥ 耐磨、耐水、耐油、耐溶剂、耐化学药品、耐臭氧及耐细菌等性能良好。

⑦ 低温和超低温性能良好,可在 -196 ℃甚至在 -253 ℃下使用。

2. 缺点

—NHCOO—具有毒性,PU 胶的耐热性较差,在高温、高湿条件下易水解而降低黏接强度。

4.2.2 聚氨酯胶黏剂的分类

聚氨酯胶黏剂按用途与特性分类,可分为通用型胶黏剂、食品包装用胶黏剂、鞋用胶黏剂、纸塑复合用胶黏剂、建筑用胶黏剂、结构用胶黏剂、超低温用胶黏剂、发泡型胶黏剂、厌氧型胶黏剂、导电型胶黏剂、热熔型胶黏剂、压敏型胶黏剂、水性胶黏剂及密封胶黏剂等;按组分性质分类,可分为多异氰酸酯胶黏剂、双组分聚氨酯胶黏剂、单组分聚氨酯胶黏剂及改性聚氨酯胶黏剂。

1. 多异氰酸酯胶黏剂

多异氰酸酯胶黏剂是由多异氰酸酯单体或其低分子量衍生物组成的胶黏剂,是聚氨酯胶黏剂中的早期产品。

多异氰酸酯胶黏剂属于反应型胶黏剂,黏接强度高,特别适合于金属与橡胶、纤维等之间的黏接。主要有以下特点:

① 具有较高的反应活性。能与许多表面含有活泼氢原子的被粘物,如金属、橡胶、纤维、木材、皮革、塑料等,产生共价键,固化产生的氨基甲酸酯、脲键等与基材间产生较强的次价键力,被粘基材之间黏接强度较高。

② 多异氰酸酯分子量小,能够溶于大多数有机溶剂,黏度低,易于扩散到基材表面和渗入多孔性包覆被粘基材中,黏接性能提高。

③ 常温固化,也可加热固化,固化物耐热、耐溶剂性能好。

④ 含有较多游离异氰酸酯基团,有毒性,对潮气敏感,大多含有机溶剂。

⑤ 多异氰酸酯分子量小、—NCO 基团质量分数高,固化胶层硬度高、脆性大,需用橡胶、聚醚、聚酯等低聚物进行增韧改性。

目前,三苯基甲烷三异氰酸酯、硫代磷酸三(4-异氰酸酯基苯酯)、三羟甲基丙烷-甲苯二异氰酸酯(TDI)的加成物等多异氰酸酯胶黏剂应用最广。

2. 双组分聚氨酯胶黏剂

双组分聚氨酯胶黏剂由主剂、固化剂两种组分组成,主剂为羟基组分,固化剂为含游离异氰酸酯基团的组分,或主剂为—NCO 端基的预聚体,固化剂为低分子量多元醇或多元胺,使用前按一定比例混合配制即可使用。双组分聚氨酯胶黏剂具有以下特点:

① 两组分混合后,发生交联反应得到固化物。

② 调节组分配比和分子量,可制成室温下黏度合适的高固含量或无溶剂双组分胶黏剂。

③ 通常室温固化，选择合适胶黏剂组分或加入催化剂，可调节固化速度。一般双组分聚氨酯胶黏剂热固化，具有较高初黏力，黏接强度比单组分聚氨酯胶黏剂大，可用作结构胶。

④ —NCO/—OH 物质的量比≥1。固化时部分—NCO 基团参与固化反应，剩余的—NCO 基团在受热条件下产生脲基甲酸酯、缩二脲等基团，提高交联度，改善胶层内聚强度和耐热性。对于无溶剂双组分聚氨酯胶黏剂，其主剂分子量较小，—NCO 组分不能过量太多，否则收缩过大。而对于溶剂型双组分胶黏剂来说，其主剂分子量较大，初黏性能较好，两组分的用量可在较大范围内调节。—NCO 组分过量较多时，多异氰酸酯自聚形成坚韧的黏接层，适于硬材料黏接；—NCO组分用量较少时，则胶层柔软，可用于皮革、织物等软材料的黏接。

双组分聚氨酯胶黏剂具有性能可调节、黏接强度大、黏接范围广等优点，已成为聚氨酯胶黏剂中品种最多、产量最大的产品。

3. 单组分聚氨酯胶黏剂

单组分聚氨酯胶黏剂无计量失误，使用方便，应用广泛。主要有端异氰酸酯基 PU 预聚体胶（湿固化型、无溶剂型）、热塑性聚氨酯胶黏剂（溶剂型、水基型、热熔型和反应性热熔型）、丙烯酸酯-聚氨酯胶黏剂（紫外线、电子束、光或射线固化型及厌氧型）、封闭型聚氨酯胶黏剂（加热固化型）。其中，湿固化型为主流，反应性热熔型和光、射线固化型发展很快。

（1）端异氰酸酯型聚氨酯预聚体胶黏剂

端异氰酸酯基 PU 预聚体胶为多异氰酸酯和多羟基化合物的部分缩聚生成物（反应中—NCO/—OH 物质的量比>1）。预聚体的异氰酸酯端基与空气中水分或被粘物表面潮气反应而交联固化，又称湿固化聚氨酯胶黏剂。湿固化时，有 CO_2的释放，胶层常带有气泡，需要添加 CO_2 吸收剂或吸附剂消除缺陷。常用的湿固化聚氨酯胶黏剂以聚醚多元醇与 TDI 或 MDI 等反应而成，用于木材、土木建筑、汽车及机械等行业，既可用作结构胶，也可作密封胶。

（2）热塑性聚氨酯胶黏剂

热塑性聚氨酯胶黏剂是一种端羟基的线型氨基甲酸酯聚合物，具有良好的黏附强度。

① 溶剂型。聚酯型聚氨酯胶黏剂对多种材料尤其对塑料具有良好的黏接性，加之聚酯链段的结晶性及酯基与氨基甲酸酯间形成氢键，黏接强度和耐热性进一步提高。因此，聚酯型热塑性聚氨酯溶液胶性能良好，广泛用作鞋用胶黏剂。

② 水基型。水基型聚氨酯胶黏剂以水为溶剂，其黏度比溶剂型聚氨酯胶黏剂低，固体质量分数可高达 50%~60%，不易中毒、着火，特别适用于易被有机溶剂侵蚀的基材黏接。此外，由于其黏度随分子量的改变变化不大，可通过提高分子量来提高胶的内聚强度，进而提高黏接强度。水基型聚氨酯胶黏剂用于木材胶接，具有初黏接性高、黏接强度大，胶层耐热、耐热水性和耐老化性良好，无游离甲醛释放，不污染环境。如用于木屑、碎木料黏接制造刨花板；用于织物处理，透气又有良好的防水性。

③ 热熔型。热熔型聚氨酯胶黏剂多由聚酯多元醇、MDI 及扩链剂 1,4-丁二醇制成，也可由聚醚与 TDI 或 MDI 制成，主要应用于生产织物衬垫，耐干、湿洗涤性良好。

④ 反应型热熔胶。反应型热熔胶黏剂主要成分为端异氰酸酯基预聚体，配以与异氰酸酯不反应的热塑性树脂、增黏树脂及填料、增塑剂、抗氧剂、紫外光吸收剂、阻燃剂、防霉剂、偶联剂和催化剂等，以湿固化型为主。熔融温度低于一般热熔胶黏剂（170~200 ℃），可低温涂胶（<120 ℃），露置时间和适用期长，固化物具有良好黏接强度及耐热、耐寒、耐水蒸气、耐化学品和耐溶剂性

能，但对湿气较敏感，广泛应用于建材、家具和木工、电气、汽车、书籍装订、制鞋和织物加工等领域。

(3) 丙烯酸酯-聚氨酯胶黏剂

(甲基)丙烯酸羟乙酯或(甲基)丙烯酸羟丙酯等与端异氰酸酯预聚体反应，制得含丙烯酸双键的聚氨酯胶黏剂，可配制成厌氧型或光固化型的胶黏剂。

(4) 封闭型聚氨酯胶黏剂

封闭型聚氨酯胶黏剂的原理是用一种化合物如苯酚、亚硫酸氢钠等，将端异氰酸酯基团或多异氰酸酯基团暂时保护起来，使用时加热解离封闭剂，释放出活性异氰酸酯基团，交联固化。它为液体状胶黏剂，使用比较方便，120 ℃以上固化。封闭剂解离时会产生小分子引起泡孔，导致胶层强度降低。

4. 改性聚氨酯胶黏剂

(1) 有机硅改性聚氨酯胶

有机硅中 Si—O 键的键能高达 422.2 kJ/mol，有良好的耐热性。将有机硅引入聚氨酯胶黏剂中，使之兼具有机硅和聚氨酯两者的优异性能，提高了材料的耐热性、耐寒性、憎水防潮性、耐磨和电绝缘性等性能，扩大聚氨酯胶黏剂的使用范围。如以甲基三乙氧基硅烷、苯基三乙氧基硅烷及二苯基二甲氧基硅烷为原料，制成有机硅-PU 预聚体，以多亚甲基多苯基多异氰酸酯为固化剂，室温下固化，力学性能及热性能得到明显改善。

(2) E 型环氧树脂改性聚氨酯胶黏剂

E 型环氧树脂固化物具有高硬度、高耐化学药品性和高剪切强度等优点，但固化产物变形性差、脆性大、剥离强度低、耐热性差及高温易降解。而聚氨酯胶黏剂具有高弹性、高黏接力和耐寒性等优点，二者结合，性能互补，得到柔韧性好、黏接强度高的胶黏剂。

(3) 有机氟改性聚氨酯胶黏剂

氟具有强的电负性，含有 C—F 键的聚合物分子间的作用力较低，含氟聚合物具有较低的表面自由能和疏水、疏油等特点。将含氟聚合物引入聚氨酯胶黏剂中，可消除聚氨酯胶黏剂涂膜耐水性下降的弊端，同时赋予涂膜耐磨性、低表面能、高耐候性、耐化学品、防霉阻燃、耐热、抗水、抗油等性能。

4.2.3 聚氨酯胶黏剂的应用

1. 通用型双组分聚氨酯胶黏剂

甲组分(主剂)为聚己二酸乙二醇酯二元醇与异氰酸酯反应物，并配制成预定黏度的 PU 预聚体溶液，乙组分(固化剂)为三羟甲基丙烷-TDI 加成物溶液。

(1) 主要技术指标

典型通用型双组分聚氨酯胶黏剂产品的技术指标见表 4.13。

(2) 应用

通用型双组分聚氨酯胶黏剂可用于金属(如铝、铁、钢等)、非金属(如陶瓷、木材、皮革、塑料等)及不同材料之间的黏接。大量用于制造电动机上用的绝缘纸(聚酯薄膜——青壳纸贴合)、纸塑贴合(彩印纸——聚丙烯薄膜)、铁板(PU 泡沫体黏合)及鬃刷制造等。

表 4.13 典型通用型双组分聚氨酯胶黏剂产品的技术指标

项目	主剂	固化剂
外观	浅黄或茶色黏稠液	无色或浅黄透明液
—NCO 质量分数/%	—	12±1
固体质量分数/%	30±2,50±2	60±2
黏度(25 ℃)/(Pa·s)	30~90	—
剪切强度 /MPa	8.0	8.0

注：甲、乙组分质量比为 5∶1,被粘材料 LYCZ-12 铝合金。

① 机床导轨的维修。采用镶嵌黏将塑料薄板黏在铸铁导轨上,制成塑料导轨,可解决机床导轨的磨损。用铁锚(101 聚氨酯胶),按甲组分和乙组分质量比为 100∶50 配制胶液,在胶液中拌入直径 0.1 mm、长 20 mm 细铜丝。黏接面分别涂刷胶液两次,第一次涂刷 5 min 后涂第二次,胶层发黏有拉丝现象时将塑料板与导轨叠合,靠自重加压。固化温度 20~25 ℃,固化时间 1~2 d。

② 扬声器的黏接。扬声器振动系统由纸盒、音圈和定位支架黏接而成,对于 Φ100 mm 以上的扬声器都采用 PU 胶如铁锚-101 黏接。

③ 鬃制刷的黏接。将猪鬃毛或尼龙鬃等、木片和铁刷壳黏接起来,要求表面封闭 1~2 mm,渗透 6~9 mm。胶液按甲组分 100 份、乙组分 35 份、滑石粉 30 份配制,灌封,放置 1 d 固化。

④ 高压塑料风管的黏接修复。高压塑料风管断裂常采用尼龙套管对接或套接,用铁锚-101 聚氨酯胶黏接,按甲组分和乙组分质量比为 5∶1 配制。涂胶厚度控制 0.05~0.1 mm,常温下固化 48 h,于 100 ℃保持 2 h 即可,黏接修复后可满足 0.8 MPa 压力的工况要求。

2. 水工用聚氨酯胶黏剂

大坝、蓄水池、涵洞、渠道、管道等水利工程的伸缩缝填塞,输水工程中防渗、防漏,水工钢闸门防腐蚀等,特别是水利工程中各种裂纹、漏洞修补,常用价格低廉的蓖麻油聚氨酯胶黏剂。

(1) 混凝土管抗渗用聚氨酯胶黏剂

以蓖麻油和 TDI 为原料制造水利工程用聚氨酯系列胶,该类胶具有性能好、价格低廉等优点。

① 配方。

主剂:蓖麻油、TDI 和甲苯质量比为(25~45)∶(5~25)∶(30~70);

固化剂:甲苯二胺和丙酮质量比为 1∶(5~20);

主剂、固化剂、煤焦油、水泥和甲苯质量比为 1∶(0.01~0.1)∶(0.2~1)∶(0.5~2.5)∶(0.4~2)。

② 制备工艺。

按主剂配方,取精漂蓖麻油加入反应釜,加热脱水,温度 110~150 ℃,真空度大于 0.08 MPa,脱水时间 1~4 h,冷至室温。将甲苯加入釜中,与蓖麻油搅拌均匀,滴加 TDI,温度控制在 50~70 ℃,反应 1~3 h 即得主剂。将甲苯、煤焦油、水泥依次均匀掺入主剂中,施工时添加固化剂。用于混凝土管内壁,可提高抗渗能力 10~18 倍,混凝土管破裂前无渗水。

(2) 混凝土管柔性接头用聚氨酯胶黏剂

① 配方。

主剂：蓖麻油、TDI 和甲苯质量比为(25~45)∶(5~25)∶(30~70)；

固化剂：甲苯二胺和丙酮质量比为 1∶(5~20)；

主剂：固化剂和煤焦油质量比为 1∶(0.01~0.1)∶(5~3)，绕玻璃丝布 2~3 层。

② 胶黏剂制备工艺。

制备方法同混凝土管抗渗用胶黏剂。将混凝土管柔性接头绕裹一层玻璃丝布，均匀涂刷胶黏剂，再绕裹 2~3 层玻璃丝布，涂刷 2~3 次胶黏剂，可抗水压 0.25 MPa，管道无渗水现象。

(3) 土工织物用聚氨酯胶黏剂

① 胶黏剂制备配方。

主剂：蓖麻油、TDI 和甲苯/丙酮质量比为(25~45)∶(5~25)∶(30~70)；

固化剂：甲苯二胺和丙酮质量比为 1∶(5~20)；

主剂、固化剂和生石灰粉质量比为 1∶(0.03~0.2)∶(0.2~0.5)。

② 制备工艺。

土工织物用聚氨酯胶黏剂与混凝土管抗渗用胶黏剂相同，黏接效果优良，其黏接强度见表 4.14。

表 4.14　土工织物用聚氨酯胶黏剂的黏接强度

批号	固化时间/h	破坏力/N	黏接面积/cm^2	剪切强度/MPa	破坏情况
1号	2.33	35	11.3	0.03	黏接面被拉坏，土工织物完好
	240.0	337.7	12.56	0.27	黏接面完好，土工织物被拉坏
2号	1.0	116	2.95	0.4	黏接面被拉坏，土工织物完好
	168.0	390.7	4.77	0.9	黏接面完好，土工织物被拉坏

(4) 水工填缝弹性聚氨酯胶黏剂

主剂与固化剂的配方分别与混凝土管抗渗用胶黏剂的主剂和固化剂相同。主剂、固化剂、煤焦油和矿棉质量比为 1∶(0.01~0.1)∶(0.5~5)∶(0.1~0.4)。

将煤焦油和矿棉加入主剂中，搅拌均匀再加入固化剂，混合均匀即可使用。该胶用于水工填缝如 U 形混凝土渠道接合缝防渗，效果良好。

(5) PVC 塑料管用胶黏剂

主剂配方与混凝土管抗渗用胶黏剂的主剂相同。主剂和环氧树脂质量比为 1∶(0.05~0.6)，混合均匀即可使用。该胶也可用于其他塑料制品的黏接。

3. 结构型聚氨酯胶黏剂

多元醇与过量的多异氰酸酯反应制成异氰酸酯基封端的预聚体，加入二元胺进行扩链和交联，形成脲键和缩二脲结构，又称为“聚脲”胶黏剂，已用于黏接塑料与金属，如汽车装配、建筑施工、机械安装等领域。

(1) 制备

① PU-聚脲胶黏剂。主剂由 TDI 与聚氧化丙烯二元醇反应制成含—NCO端基的预聚体，固

化剂为酸酐与芳胺生成的芳酰胺。该类胶黏剂具有无溶剂、贮存运输方便、使用工艺简单等特点,可室温固化或热固化,胶层具有弹性和较高剪切强度。用于直升机旋翼翼尖罩密封、金属-碳纤维复合材料黏接和部件修复,效果良好。

② PU-环氧树脂-聚脲胶黏剂。将含—NCO 端基的 PU 预聚体与含有环氧基团的醇反应,生成端环氧基的聚氨酯胶黏剂,通过环氧基团与含胺基官能团的聚脲交联固化。固化物具有低曲挠性、高硬度、高耐化学药品性和高剪切强度。

(2) 应用

① 汽车等强震动运载工具部件的黏接。PU-聚脲胶黏剂用于重载汽车的不饱和聚酯玻璃纤维增强模塑料(SMC)型发动机罩及纤维增强高分子材料(FRP)部件、水上运载工具的 SMC、FRP 甲板与船壳的黏接,耐振动性和耐冲击性优异。

② 电梯镶板黏接。用底涂剂预处理活化 PVC 装饰板材表面后,再用结构型聚氨酯胶黏剂黏接。底涂剂为少量 PVC 溶于磷酸酯所得溶液,结构型聚氨酯胶黏剂为聚醚多元醇和 MDI 预聚物组成的双组分胶。

4. 树脂改性聚氨酯类建筑锚固胶黏剂

聚氨酯链结构柔韧有余、刚性不足,若用作锚固胶黏剂,则需要进行改性,提高刚性和弹性模量。

(1) 环氧树脂改性 PU 型锚固胶黏剂

含有—NCO 端基的聚酯型聚氨酯与环氧树脂(低分子量)反应,生成端基为环氧基改性 PU,加入填料、助剂和有机胺固化剂,交联得到性能良好的建筑结构用锚固胶黏剂,具有良好的耐低温与耐疲劳性能。

(2) 丙烯酸改性 PU 型锚固胶黏剂

甲基丙烯酸羟丙酯、聚醚多元醇与异氰酸酯反应,保持—NCO 过量,配以甲基丙烯酸羟乙酯或其他丙烯酸酯类树脂共聚,加入助剂、填料等,采用自由基氧化还原引发体系交联固化,实现快速固化。固化物的刚性、耐低温、耐疲劳性得到增强,黏接件的剪切强度、拉拔强度等优异。

5. 材料铺装用聚氨酯胶黏剂

主组分为聚醚多元醇与颜料、助剂、填料混合研磨成的色浆。固化剂为聚氧化丙烯醚三元醇与甲苯二异氰酸酯进行反应制得的异氰酸酯质量分数为 9%~10% 的黏稠 PU 预聚体。主要用于田径运动场地、幼儿园、游乐场、走道、宾馆走廊等的铺装,对其要求:

① 对基材的黏接力高,耐磨、耐水、耐油和绝缘性好;

② 弹性好,铺装地面行走舒适;

③ 颜色和固化速度可调,施工方便;

④ 价格适中。

6. 机械用聚氨酯胶黏剂

(1) 超低温 $1^{\#}$胶

三羟基聚氧化丙烯醚/甲苯二异氰酸酯预聚体 100 份,3,3′-二氯-4,4′-二氨基二苯基甲烷 20 份,0.02 MPa、100 ℃固化 4 h。室温下铝黏接试样的剪切强度 12.0 MPa,-196 ℃下 25.0 MPa,适合超低温使用条件下的制氧机黏接修补等。

（2）常温快速固化修补输送带胶

TDI-聚醚嵌段酰胺（PEBA）PU 预聚体（含 1%碳化二亚胺脱水剂）100 份，多元醇扩链剂 30~40份等，用于塔带机修补等。

7. 汽车工业用聚氨酯胶黏剂

在汽车工业中应用最广泛的聚氨酯胶黏剂主要有黏接玻璃纤维增强塑料（FRP）和片状模塑复合材料（SMC）的结构胶黏剂、内装件用双组分聚氨酯胶黏剂及水性聚氨酯胶黏剂等。

以端异氰酸酯聚氨酯为主剂，添加填料剂、抗氧剂、催化剂和有机硅偶联剂等，可代替螺栓、铆钉或焊接等形式来实现汽车塑料、玻璃等结构部件的黏接，如重型卡车 SMC 发动机罩和 FRP 部件、轿车发动机盖、驾驶室顶盖和车身板等零部件。使用工艺简单，贮存、运输方便，可常温固化或热固化，胶层具有弹性和高剪切强度。

水性聚氨酯胶黏剂多用于汽车内饰件 PVC 人造革、仪表板、挡泥板、门板、地毡、顶棚和软质顶棚材料中，如 PVC 薄膜复合聚氨酯泡沫或织物复合材料等。

聚氨酯植绒胶有溶剂型和非溶剂型、单组分和双组分植绒胶。聚氨酯植绒胶黏接强度大，耐候、耐水、耐汽油和耐老化等性能良好，适用汽车内饰不同基材上植绒，如三元乙丙橡胶密封条、橡塑密封条及硬质基材（PC、PP、ABS、金属等）。

8. 水性聚氨酯胶黏剂

水性聚氨酯胶黏剂以水为分散介质，具有无溶剂、无臭味、无污染等优点，同时还具有高强度、耐磨损、耐疲劳等优异性能。

（1）合成

水性聚氨酯胶黏剂的制备方法有外乳化法和自乳化法。外乳化法是在乳化剂、高剪切作用下，将 PU 预聚体乳化成乳液，但其贮存稳定性不好，该法应用受限。而自乳化法是将亲水基团引入分子链中，聚氨酯分子充当乳化剂，将聚氨酯预聚体分散于水中形成乳液。根据扩链反应的不同，自乳化法可分为丙酮法、预聚体分散法、熔融分散法、封端乳化法等。其中，丙酮法和预聚体分散法较为成熟。

（2）性能

① 黏接力强。大多数水性聚氨酯胶黏剂中不含—NCO 基团，但存在氨酯键、脲键、醚键、离子键等，对多种基材黏接力较强，亲和性好。由于水性聚氨酯中含有羧基、羟基等活性基团，可实现交联，进一步提高黏接力。

② 黏度小。通过水溶性增稠剂及含水量调节黏度，相同固含量的水性聚氨酯胶黏剂的黏度较溶剂型小。其黏度不随 PU 分子量变化而明显改变，因此可提高 PU 分子量来提高胶层内聚强度。

③ 共混性好。易与其他树脂或颜料混合。

④ 不燃、无毒，适用于易被有机溶剂侵蚀的基材，但对表面疏水性基材的润湿能力差。

⑤ 干燥速度慢。

水性聚氨酯胶黏剂的性能见表 4.15。

（3）水性聚氨酯改性

一般的水性聚氨酯是线型热塑性聚氨酯，分子量较低，耐水性、耐溶剂性、胶膜强度等较差。改变聚氨酯预聚体分子结构可有效提高水性聚氨酯性能。

表 4.15 水性聚氨酯胶黏剂的性能

性能项目	数值	性能项目	数值
固体质量分数/%	30~65	性能张力/($N \cdot m^{-1}$)	30~65
平均粒径/μm	0~5	拉伸强度/MPa	5~50
黏度(未增稠)/(mPa·s)	50~1 000	伸长率/%	300~1 000
有机溶剂质量分数/%	0~15	邵尔 A 硬度 HA	25~95

采用耐水解的聚醚制备聚氨酯胶黏剂提高耐水性。聚醚多元醇分子量越大,聚氨酯的胶膜柔性越好;引入交联结构提高湿黏接强度和耐溶剂性。添加少量的有机硅偶联剂,也可提高胶黏层的耐水解性。丙烯酸酯共聚改性聚氨酯,聚氨酯力学性能、耐水性及耐化学品等性能明显改善。

(4) 应用

水性聚氨酯胶黏剂黏接性能好,可用于材料加工及 PVC,PET,PP,ABS,PE 等塑料片材或薄膜、织物、无纺布、纸张、玻璃等基材的复合层压加工。

① 木材加工。由于不存在甲醛污染,产品耐水性和耐候性好,在木材加工中颇受青睐,但成本较高。

② 层压复合。层压复合膜是将塑料膜或其他片材及棉布和化纤织物、纸张、皮革胶黏剂复合在一起。溶剂型胶黏剂含有机挥发物污染食品,水性聚氨酯胶黏剂特别适合食品包装用多层塑料膜复合。水性聚氨酯胶黏剂具有柔韧的胶膜,特别适合聚氯乙烯、聚酯、ABS 及经电晕处理的聚烯烃薄膜及片材。

③ 汽车工业。水性聚氨酯胶替代溶剂胶型或水基氯丁橡胶、丁腈橡胶等,用于黏接汽车零部件、仪表板、挡泥板、门板、地毯和顶篷。

④ 压敏胶。聚氨酯具有黏接强度高、耐寒等性能,成为水性压敏胶中的一种新型优良品种,基材主要是纸张、塑料薄膜及织物等。

⑤ 导静电乳液型胶黏剂。醋酸乙烯酯-丙烯酸酯乳液加入水性聚氨酯、导电纤维等,用于粘贴导静电半硬质 PVC 塑料地板,应用于大型电子仪器室、电子生产车间、手术室、计算机房等场所。

4.3 三醛树脂胶黏剂

三醛树脂胶黏剂通常包括酚醛树脂(PF)胶、脲醛树脂(UF)胶、三聚氰胺-甲醛树脂(MF)胶等。PF 胶经由苯酚和甲醛缩合得到,而 UF 胶、MF 胶是由带有氨基($—NH_2$或—NH—)的化合物与甲醛缩合而成的聚合产物,又称为氨基树脂胶。常用合成氨基树脂胶的氨基化合物有尿素、三聚氰胺、硫脲和苯胺等。尿素与甲醛反应生成的叫 UF 胶,三聚氰胺与甲醛反应生成的叫 MF 胶。

UF 胶是使用最早、用量最大的合成胶黏剂品种之一,具有黏接强度高、耐高温、耐水、耐油、化学稳定性好,易生产、易改性等优点,广泛应用于建筑材料加工、建筑工程、船舶、汽车、航空航天及轻工业等行业。

UF 胶固化后胶层无色，工艺性能好，成本低廉，又兼具优良的胶接性能和较好的耐湿性，广泛用于胶接木材，是木材工业使用量最大的合成树脂胶黏剂，特别是用在人造板的生产。UF 胶也应用于纺织品、纸张、乐器、肥料及涂料等，如浸渍纸张制作人造板的表面装饰材料。但 UF 分子链上的氨基亚甲基化学键易水解，黏接件在水和湿气环境中，易于破坏。

MF 胶固化后呈体型环状结构，与 UF 固化结构类似，具有良好的热稳定性、耐水性和硬度。

4.3.1 酚醛树脂胶黏剂

1. 酚醛树脂胶黏剂的分类

PF 胶根据合成原料、合成条件与性能及应用要求等不同进行分类和命名，其中按固化温度不同分为高温固化型、中温固化型和常温固化型 PF 胶。

① 高温固化型 PF 胶。强碱催化，130～150 ℃下固化；弱碱催化，pH<9，PF 乙醇溶液，130～150 ℃下固化。

② 中温固化型 PF 胶。碱催化，105～115 ℃下固化。

③ 常温固化型 PF 胶。强碱催化，甲阶 PF，有机溶剂如乙醇等溶解，酸性条件常温下固化。

2. 酚醛树脂胶黏剂的结构及合成

PF 由酚类与醛类单体在碱或酸催化作用下生成，制备过程分为加成反应和缩聚反应两个阶段。

(1) 加成反应

65 ℃、碱性催化剂下，甲醛在苯酚的邻对位进行加成反应，形成羟甲基苯酚，为放热反应，其机理如下：

$$H-\overset{O}{\overset{\|}{C}}-H + C_6H_5OH \xrightarrow{OH^-} \text{HO}-C_6H_4-CH_2OH\ (\text{邻位})\ \text{或}\ \text{HO}-C_6H_4-CH_2OH\ (\text{对位}) \xrightarrow[OH^-]{HCHO} HOH_2C-C_6H_3(OH)-CH_2OH\ (2,6\text{位})\ \text{或}\ HO-C_6H_3(CH_2OH)_2\ (2,4\text{位})$$

(2) 缩聚反应

加成反应结束时，升高温度并提高碱性催化剂浓度，体系进入缩聚阶段，其机理如下：

$$HO-C_6H_4-CH_2OH + HOH_2C-C_6H_4-OH \longrightarrow HO-C_6H_4-CH_2-C_6H_4-OH + HCHO + H_2O$$

$$HO-C_6H_4-CH_2OH + HOH_2C-C_6H_4-OH \longrightarrow HO-C_6H_4-CH_2-C_6H_4-OH + HCHO + H_2O$$

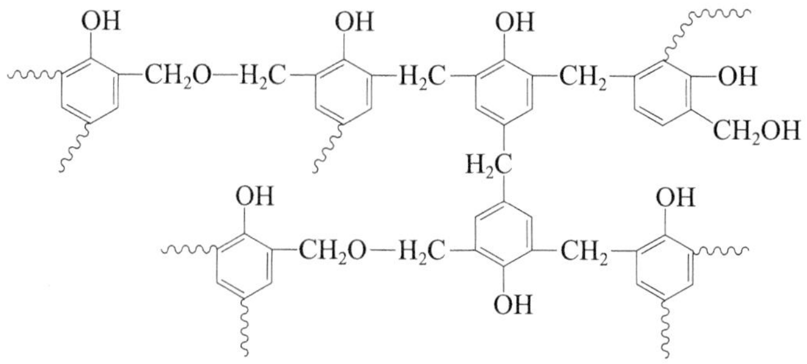

常用PF胶有钡酚树脂胶黏剂、醇溶性酚醛树脂胶黏剂、水溶性酚醛树脂胶黏剂。

① 钡酚树脂胶黏剂。用$Ba(OH)_2$为催化剂制备的甲阶酚醛树脂，常温下适用期3~5 h。温度高，适用期缩短。室温下固化时间4~6 h，多孔材料的黏接，固化时间要适当延长。在60 ℃固化60 min左右，黏接木材的剪切强度达13 MPa。但由于组分中含有酸，黏接木材时会引起纤维水解，其黏接强度随时间延长而降低，且钡酚树脂胶黏剂中含有20%以上游离酚，使用时应注意通风。

② 醇溶性酚醛树脂胶黏剂。苯酚与甲醛在氨水或有机胺催化下缩聚，经减压脱水，再用适量乙醇溶解制成，为棕色透明液体，不溶于水，遇水则混浊并出现分层现象，固含量50%~55%，20 ℃黏度15~30 mPa·s。酸性条件下室温固化，其性能与钡酚树脂相当，但游离酚含量在5%以下。用于纸张或单板的浸渍及生产高级耐水胶合板、船舶板、层压塑料板等。

③ 水溶性酚醛树脂胶黏剂。水溶性酚醛树脂胶黏剂由苯酚与甲醛在NaOH催化剂下缩聚而成，深棕色透明黏稠液体，固含量45%~50%，20 ℃黏度0.4~1.0 Pa·s。游离甲醛低于0.5%，加热即可固化。主要用于生产耐水胶合板、船舶板、航空板、碎料板和纤维板等。

水溶性酚醛树脂的合成工艺：反应釜中加入100份苯酚、26.5份40% NaOH水溶液，搅拌，加热至40~50 ℃，保持20~30 min。0.5 h内于42~45 ℃下将107.6份37%的甲醛溶液缓慢加入反应釜中，升高反应温度，在1.5 h内升至87 ℃，再在20~25 min内继续升温至94 ℃，保持18 min。降温至82 ℃，保持13 min，加入21.6份甲醛、19份水，升温至90~92 ℃，反应至黏度符合要求，冷却即可，树脂在室温下保存期3~5个月。

3. 酚醛树脂胶黏剂的性能特点

PF胶的基材分为热塑性和热固性PF。热塑性PF外观为近似于松香状的固体，室温显脆性，容易粉碎。产品呈透明浅黄色或浅红色，放置后逐渐氧化转化为深色。热塑性PF苯环上羟基与亚甲基的相对位置、支链结构的变化和分子量等均会影响其物理性质，如高分子量酚醛树脂的滴落温度（熔点或软化点）和熔体黏度相应增高，凝胶化时间缩短。热固性PF中，甲醛过量，苯环上具有足够的活性羟甲基，加热即交联固化。而热塑性PF需加入固化剂如六亚甲基四胺、多聚甲醛等，其中常用六亚甲基四胺作固化剂，用量为树脂的8%~15%。固化后的PF为交联网状结构，耐盐酸、稀硫酸、大部分有机酸、酸性气体。PF胶主要有以下特性：

① 有大量的羟甲基和酚羟基，极性大，黏接力强，对金属和非金属都有良好的黏接性能。

② PF胶固化后为交联体型结构，且由大量苯环组成，交联密度大，其刚性大、抗蠕变和耐热性等好，耐老化性（包括高温老化和自然老化）好，耐水、耐油、耐化学介质、耐霉菌等。

③ 易于改性,价格便宜。

④ 脆性大、剥离强度低,胶层颜色较深;需高温高压固化,固化时间长,固化时收缩率较大;存在游离酚,气味大。因此,可对 PF 胶进行改性,拓宽其应用范围。

4. 改性酚醛树脂胶黏剂

引入高分子弹性体可提高胶层的韧性,降低内应力,防止龟裂老化现象,同时提高胶黏剂的初黏性、黏附性及耐水性。常用的高分子弹性体有聚乙烯醇及其缩醛、丁腈乳胶、丁苯乳胶、羧基丁苯乳胶、交联型丙烯酸乳胶。几种改性酚醛树脂胶黏剂的性能见表 4.16。

表 4.16 几种改性酚醛树脂胶黏剂的性能

胶黏剂	工作温度/ ℃		剪力强度/MPa	抗剥离	抗冲击	抗蠕变	抗溶剂	抗潮湿	黏接特性
	最高	最低							
环氧酚醛	177	-253	22	差	差	良	良	良	刚性
酚醛-丁腈橡胶	150	-73	21	良	良	良	良	良	中等韧性
酚醛-氯丁橡胶	93	-57	21	良	良	良	良	良	中等韧性
酚醛-缩醛	107	-51	14~34	最佳	良	中等	中等	良	中等韧性

(1) 酚醛-丁腈橡胶胶黏剂

① 酚醛-丁腈橡胶胶黏剂的特点。

a. 胶柔韧性好,黏接力强,尤其是具有良好的抗剥离性能。

b. 极佳的耐老化性能,耐溶剂、耐候、耐水、耐化学介质,抗盐雾侵蚀等。

c. 使用温度范围广,60~150 ℃下长期使用,某些品种达 250~300 ℃。如黏接铝合金时,室温时的剪切强度在 20 MPa 以上,-60 ℃时的剪切强度在 30 MPa 左右,200 ℃时的剪切强度保持在 10 MPa 左右。

d. 适用范围广,适合机身平板和机翼蜂窝结构、飞机密封油箱、汽车制动片、离合器等,以及橡胶-橡胶、塑料-塑料、金属-金属、金属-橡胶等材料黏接。

② 酚醛-丁腈橡胶胶黏剂的组分。

酚醛树脂、丁腈橡胶、固化剂、增黏剂、硫化剂、硫化促进剂、填充剂、增塑剂、防老剂等。丁腈橡胶与酚醛树脂质量比为 1∶1 时,力学性能和耐热性都比较好。酚醛树脂含量增大,固化物耐热强度提高,但抗冲击性能降低。常用填充剂有石棉粉、炭黑、石墨、二氧化硅、金属粉和金属氧化物等,其中石棉粉、炭黑可提高胶的耐热性能和黏接强度。常用橡胶硫化剂有硫黄、多硫化物和有机过氧化物等。常用硫化促进剂有促进剂 M、促进剂 DM。常用硫化活性剂氧化锌。常用稀释剂有醋酸乙酯、醋酸丁酯和甲乙酮等溶剂,往往采用混合溶剂。常见酚醛-丁腈橡胶胶黏剂配方见表 4.17。

酚醛-丁腈橡胶胶黏剂可用于航空蜂窝结构黏接,汽车、摩托车制动片黏接,汽车离合器衬片黏接,印制电路板中铜箔与层压板黏接。国内品牌有 J-01,J-02,J-03,J-04,JF-2,J-15,J-16,JX-9 等,国外有 BK-32-200,KB-32-250,BK-3 和 BK4 等品牌。

表 4.17 常见酚醛-丁腈橡胶胶黏剂配方

酚醛-丁腈橡胶胶黏剂组分	配方范围(质量分数)/%	
	胶液	胶膜
丁腈橡胶	100	100
线型酚醛树脂	0~200	75~100
甲阶酚醛树脂	0~200	—
氧化锌	5	5
硫黄	1~3	1~3
促进剂	0.5~1	0.5~1
防老剂	0~5	0~5
硬脂酸	0~1	0~1
炭黑	0~50	0~50
填料	0~100	0~100
增塑剂	—	0~10
溶剂	固体质量分数为 20%~50%	

固化条件:160~180 ℃,0.5~1 h,压力 0.35~2 MPa;促进剂:促进剂 M、促进剂 DM 及二硫化秋兰姆的锌盐;防老剂:没食子酸丙酯、苯并吡啶(喹啉)等。

(2) 酚醛-氯丁橡胶胶黏剂

酚醛-氯丁橡胶胶黏剂初黏力较高、成膜性好,胶膜较柔韧,其耐盐雾、耐油、耐水和耐溶剂性甚至超过酚醛-丁腈橡胶胶黏剂,但强度随温度升高而下降。主要组分有对叔丁基酚-甲醛树脂与氯丁混炼胶,分溶液型和薄膜,胶膜使用前需用溶剂对黏接面进行湿润溶胀。对木材、橡胶、金属、玻璃、塑料、纤维织物等有良好的黏接力,黏接金属有良好的抗振动、抗疲劳和耐低温等性能,是一种重要的非结构胶。室温或稍高温度下固化,也可高温固化,如 170 ℃、1~2 MPa、固化 30~60 min,黏接金属强度可达 27 MPa。

(3) 酚醛-聚乙烯醇缩醛胶黏剂

酚醛-聚乙烯醇缩醛结构胶黏剂是开发最早的航空结构胶之一。热塑性聚乙烯醇缩醛树脂改善了酚醛树脂脆性,它具有力学强度高、柔韧性好、耐寒、耐疲劳、耐候、抗冲击及耐高温老化、耐油、耐芳烃、耐盐雾等特性。常用于金属-金属、金属-塑料、金属-木材等黏接。

酚醛-聚乙烯醇缩醛胶黏剂主要有酚醛树脂、缩醛树脂及溶剂,以及防老剂、偶联剂、触变剂和溶剂等。聚乙烯醇缩醛中的羟基与酚醛树脂中的羟甲基进行缩合反应,形成交联。聚乙烯醇缩醛种类有聚乙烯醇缩甲醛、缩乙醛、缩丁醛、缩丁糠醛等。聚乙烯醇缩醛种类、羟基含量、分子量大小等影响胶性能。缩醛分子量越大,固化物的剪切强度越高,但剥离强度越低。缩醛中烷基越大,越柔软,固化物的剥离强度越高,但耐热性越低。经长期老化试验比较,聚乙烯醇缩甲醛比缩丁醛改性酚醛的胶高温剪切强度大,耐蠕变性好,但剥离强度较低。

酚醛-聚乙烯醇缩醛胶黏剂常用 NaOH 催化所得醇溶性甲阶酚醛树脂,或羟甲基被部分烷基化甲阶酚醛树脂，与缩醛配比为(0.3~2)：1。酚醛树脂用量增加，耐热性提高，但韧性降低。当两者用量相等时，耐高温强度、低温抗冲击强度和剥离强度良好。高、低温下工件黏接强度高。55 ℃剪切强度达25 MPa以上，215 ℃可长期使用。耐疲劳、耐候性好。

酚醛-聚乙烯醇缩醛胶黏剂常用种类有酚醛-聚乙烯醇缩甲醛胶黏剂和酚醛-聚乙烯醇缩丁醛胶黏剂。酚醛-聚乙烯醇缩甲醛胶黏剂产品有国产铁锚201、铁锚202、铁锚203胶等，主要成分及性能见表4.18。其中铁锚201、铁锚202胶为溶剂型(甲苯和乙醇质量比为60：40)，铁锚203胶为胶膜型胶黏剂。酚醛-聚乙烯醇缩丁醛胶黏剂产品有国产JSF-1，JSF-2，JSF-4胶等。

表4.18 酚醛-聚乙烯醇缩甲醛胶黏剂的主要成分及性能

牌号	主要成分	固化条件	剪切强度/MPa	用途	特点
铁锚201	锌酚醛树脂125，聚乙烯醇缩甲醛100，没食子酸丙酯2，溶剂适量	50~100 kPa，160 ℃，2 h	铝/铝22.7、不锈钢24.1、耐热钢23.2、铜23.5	-70~150 ℃下长期适用，适用金属间黏接及陶瓷、玻璃、电木等黏接，可浸渍玻璃布和压制高强度玻璃钢	强度高、耐老化，耐水、油，价廉
铁锚202	锌酚醛树脂100，聚乙烯醇缩甲醛125，溶剂适量	50~100 kPa，160 ℃，2 h或120 ℃3~4h	铝27、不锈钢30、黄铜25	-70~120 ℃下长期适用，适用铝、铜、钢黏接，也可用于层压板、胶木、玻璃、陶瓷等非金属	
铁锚203	酚醛-聚乙烯醇缩甲醛	100 kPa，60 ℃，2 h	硬铝室温时大于25，70 ℃时大于15	-70~100 ℃下长期适用，适用金属与耐热非金属黏接，也可与铁锚201、铁锚202胶合用	强度高，无溶剂，无毒性

(4) 酚醛-缩醛-有机硅胶黏剂

酚醛-聚乙烯醇缩醛胶加入有机硅如正硅酸乙酯，与聚乙烯醇缩醛树脂反应，形成接枝嵌段共聚物，有效提高胶的高温黏接强度，可在200 ℃下工作200 h及300 ℃下短时间工作。常见产品有J-08#、热结胶61#、热结胶63#、热结胶64#等。

(5) 酚醛-环氧胶黏剂

由酚醛树脂、双酚A型环氧树脂及固化剂、促进剂、稳定剂、填料等组成，主要用于航天工业。为改进酚醛树脂与环氧树脂的混溶性，常采用烷基化羟甲基酚醛树脂。环氧树脂多用高分子量双酚A型环氧树脂($n\geqslant2$)。加入铝粉，固化体系黏接强度和耐热性显著改善。酚醛与环氧树脂质量比为3~5时固化体系高温性能较好。

(6) 苯酚/间苯二酚-甲醛树脂胶黏剂

间苯二酚有两个酚羟基，苯环邻位及对位的活性增强，羟甲基衍生物活性大，常温常压无催化剂下与甲醛反应，形成高聚物。间苯二酚与甲醛反应速率及产物取决于甲醛与间苯二酚的物质的量比、溶液浓度、反应温度、催化剂、pH和反应介质等。醛与酚的物质的量比为0.5~0.7时，间苯二酚-甲醛树脂结构稳定，具有耐蠕变、耐疲劳、耐沸水及各种非腐蚀性溶剂的特点，固化体系黏接性能、耐热性、介电性能均好，无毒。

间苯二酚-甲醛树脂胶黏剂在酸性或碱性催化下，室温条件迅速固化，可避免受酸性介质水解破坏，广泛用于高级胶合板制造和建筑中各种木质结构黏接，也用于加热仪器零件，医学上补牙、镶牙，金属与木材、水泥、纤维制品，以及塑料、皮革、橡胶和金属，高档胶合板、强力人造丝、窗帘布、尼龙帘子与橡胶等的黏接。

间苯二酚-甲醛树脂胶黏剂有一定的脆性，为了提高其韧性和黏附性，采用聚乙烯醇缩丁醛树脂进行改性，用于金属和非金属材料黏接。用间苯二酚-甲醛树脂、聚乙烯醇缩醛和三氟丙烯-偏二氟乙烯共聚得到的改性胶，可黏接经表面处理的氟塑料及聚乙烯塑料。为降低成本，常采用间苯二酚与甲阶酚醛树脂反应，形成间苯二酚、苯酚、甲醛共聚树脂。或采用造纸制浆过程中的木质素（天然多元酚）磺酸盐代替部分苯酚，其固化时间和性能无明显影响，不仅可以治理造纸废液的污染，而且能有效降低酚醛胶成本。木质素磺酸盐-苯酚-甲醛胶黏剂已应用于生产人造板。

4.3.2 脲醛树脂胶黏剂

脲醛树脂是由尿素和甲醛缩聚而成的合成树脂，可制成水溶液状、泡沫状、粉末状及膏状使用。由于脲醛树脂固化胶无色，工艺性能好又兼具优良的胶接性能和较好的耐湿性，且成本低廉，因此广泛用于胶接木材和非木质材料，也可应用于纺织品、纸张、乐器、肥料及涂料等，如浸渍纸张制作人造板的表面装饰材料。脲醛树脂胶黏剂现在仍是木材工业使用量最大的合成树脂胶黏剂，特别是用在人造板的生产方面。

1. 脲醛树脂的合成

尿素分子中有四个可被取代的氢原子，官能度为 4，甲醛的官能度为 2，尿素-甲醛的反应体系为 4-2 体系，反应机理十分复杂。

尿素和甲醛之间的反应分为两个阶段。先在中性或弱碱性介质中发生加成反应，生成一羟、二羟和三羟甲基脲；然后在酸性介质中，羟甲基化物之间发生缩合反应，既可生成线型产物也可生成支链型产物。最后，在固化过程中继续缩聚形成三维网状结构。

（1）加成反应

尿素和甲醛在弱碱性或中性介质中，先进行羟甲基化的加成反应，生成中间体一羟、二羟和三羟甲基脲。当 1 mol 的尿素与不足 1 mol 的甲醛进行反应，生成一羟甲基脲。

$$H_2N-\overset{\overset{\displaystyle O}{\|}}{C}-NH_2 + HO-CH_2-OH \longrightarrow H_2N-\overset{\overset{\displaystyle O}{\|}}{C}-NH-CH_2-OH$$

当 1 mol 的尿素与大于 1 mol 的甲醛进行反应生成二羟甲基脲。

$$O{=}C\begin{matrix} NH_2 \\ | \\ \\ | \\ NH_2 \end{matrix} + \begin{matrix} HO-CH_2-OH \\ \\ HO-CH_2-OH \end{matrix} \longrightarrow O{=}C\begin{matrix} NH-CH_2-OH \\ | \\ \\ | \\ NH-CH_2-OH \end{matrix}$$

$$O{=}C\begin{matrix} NH_2 \\ | \\ \\ | \\ NH_2 \end{matrix} + \begin{matrix} HO-CH_2-OH \\ HO-CH_2-OH \\ HO-CH_2-OH \end{matrix} \longrightarrow O{=}C\begin{matrix} NH-CH_2-OH \\ | \\ \\ | \\ N-CH_2-OH \\ | \\ CH_2-OH \end{matrix}$$

二羟甲基脲的生成非常重要,影响最终聚合物的性能。根据设定的反应物质的量比加入尿素和甲醛升温到 85~90 ℃反应,pH 由 8~9 下降至 6~7。凝胶色谱分析发现,一羟甲基脲和二羟甲基脲浓度逐渐提高,并随着羟甲基化继续进行,一羟甲基脲的浓度下降,二羟甲基脲的浓度增加,并生成少量缩聚物。

(2) 缩聚反应

在酸性或碱性条件下均可进行缩聚反应,但由于在碱性条件下的缩聚反应速率缓慢,工业生产均在弱酸性条件下进行。反应的机理有三种类型:

① 羟甲基脲中的羟基和尿素中氨基或一羟甲基脲氮上氢键原子缩合脱去水分子。

$$\mathrm{O{=}C(-N\!<)-NH-CH_2-OH} + \mathrm{H-N(H)-C({=}O)-NH-CH_2-OH} \xrightarrow{-H_2O} \mathrm{O{=}C(-N\!<)-NH-CH_2-HN-C({=}O)-NH-CH_2-OH}$$

② 羟甲基脲中羟基和另一羟甲基脲中羟基相互作用脱掉一分子水形成醚键。

$$\mathrm{-N(-)-CH_2-OH\quad HO-H_2C-N(-)-} \xrightarrow{-H_2O} \mathrm{-N(-)-CH_2-O-H_2C-N(-)-}$$

③ 羟甲基脲中的羟甲基和另一羟甲基脲中的羟基脱掉一分子水或一分子甲醛形成亚甲基键。

$$\mathrm{-N(-)-CH_2-OH\quad HO-H_2C-N(-)-} \xrightarrow[-HCHO]{-H_2O} \mathrm{-N(-)-CH_2-N(-)-}$$

随着树脂化反应的继续进行,分子量逐渐增大,黏度也随之增大。由于体系中羟甲基相对数量的减少,其水溶性逐渐降低。一般线型或带有支链的线型缩聚物,分子量分布比较宽,其分子链含有大量活性端基如羟甲基、酰胺基团等,能溶于水。缩合阶段采用甲酸等调 pH 至 4~5,控制缩聚程度,避免出现凝胶。当达到预定反应程度即用碱中和,此时固含量一般为 45%~50%。可根据胶黏剂用途通过真空脱水来提高胶的固含量,可达 60%~65%。

(3) 凝胶化反应

缩聚反应达到凝胶点后则形成不溶不熔的三维交联结构。脲醛树脂凝胶化反应在热压或冷压时完成。其反应机理可用下式表示:

$$\begin{matrix}\mathrm{\cdots C({=}O)-N(CH_2OH)-H_2C-NH-C({=}O)-N(CH_2OH)-CH_2-N(CH_2OH)\cdots} \\ \mathrm{\cdots C({=}O)-N(CH_2OH)-CH_2-NH-C({=}O)-N(CH_2OH)-CH_2-N(CH_2OH)\cdots}\end{matrix} \xrightarrow[-CH_2O]{-H_2O} \begin{matrix}\mathrm{C({=}O)-N-CH_2-NH-C({=}O)-N-CH_2-N(CH_2OH)\cdots} \\ \mathrm{|\qquad\qquad\qquad\qquad\quad CH_2-O-CH_2} \\ \mathrm{CH_2\qquad\qquad\qquad\qquad\qquad\quad |} \\ \mathrm{C({=}O)-N-CH_2-NH-C({=}O)-N-CH_2-N(CH_2OH)\cdots}\end{matrix}$$

凝胶化程度与参与反应的二羟甲基脲的浓度相关,二羟甲基脲浓度高,固化后树脂的交联度高。

目前生产上通用的脲醛树脂其合成工艺路线均采用“碱—酸—碱”工艺，即将尿素和甲醛先在碱性条件下进行羟甲基化反应，后在酸性条件下进行树脂化反应，达到预定缩聚程度后，将pH再调节到碱性，防止发生凝胶化。

2. 脲醛树脂合成的影响因素

合成脲醛树脂受反应原料物质的量比、体系pH、反应温度和反应时间等因素的影响。

（1）甲醛/尿素物质的量比

甲醛与尿素的物质的量比增大时，脲醛树脂中羟甲基含量上升，固化后的胶层其交联密度上升，脲醛树脂胶对木材的胶接性能就越佳，但同时游离羟甲基含量上升对耐水性有不利影响，因此，要选择适当的甲醛/尿素物质的量比。

脲醛树脂胶的固化时间随甲醛/尿素（F/U）物质的量比增大而缩短。F/U物质的量比大的脲醛树脂胶稳定性好，贮存期长，且初黏性好。但F/U物质的量比小的脲醛树脂胶固含量高于物质的量比大的树脂胶的固含量。

实际生产中，在不同反应阶段分批加入尿素控制F/U反应物质的量比。在碱性阶段采用较大F/U物质的量比，尿素充分羟甲基化。在酸性阶段加入尿素降低F/U物质的量比，充分缩聚成树脂。反应后期再加入一定量尿素，降低树脂中的游离甲醛含量。最终得到游离甲醛含量低、贮存稳定性好、黏接性能良好的脲醛树脂胶黏剂。

（2）体系pH

反应体系的pH不同，尿素与甲醛反应机理和所得缩合产物结构不同，脲醛树脂胶性能差异大。

加成反应阶段pH在11~13时生成一羟甲基脲。pH在7~9时尿素与甲醛生成稳定的羟甲基脲，羟甲基脲之间进行缓慢脱水缩聚生成二亚甲基醚键，二亚甲基醚键也会再分解，放出甲醛，生成亚甲基键。其中，F/U物质的量比小于1时生成一羟甲基脲白色固体，溶于水；F/U物质的量比大于1时除生成一羟甲基脲外，还生成二羟甲基脲白色结晶，水中溶解度小。

在pH较低时，缩聚反应速率快，易生成不溶性聚亚甲基脲沉淀。缩聚反应速率太快，体系黏度增长快不易控制，容易发生凝胶。如pH为1合成的脲醛树脂中亚甲基键含量远高于羟甲基键，亚甲基醚键含量也很低，固化后游离甲醛释放量低。pH在1~3时，生成的一羟甲基脲和二羟甲基脲立即脱水，生成亚甲基脲。pH在4~6时，反应生成的羟甲基脲，进一步脱水缩聚成亚甲基脲键和亚甲基醚键的低分子化合物。因此，缩聚阶段pH控制在4~6。

尿素与甲醛反应体系中的pH会发生变化。除外加酸催化剂调节外，体系本身的副反应会产生酸，使体系的pH降低，如甲醛氧化生成甲酸及反应初期甲醛在碱性条件下发生卡尼扎罗反应生成甲酸。

（3）反应温度

反应温度过高，缩聚反应急剧进行而易造成凝胶化或分子量分布不均匀，导致胶接强度下降、贮存期缩短。反应温度过低，缩聚速率缓慢，所得树脂缩聚程度低、黏度小、胶层内聚力差。

对采用不同合成工艺路线的脲醛树脂胶的反应温度控制各不相同。常用脲醛树脂胶的合成温度是先在 50 ℃以下低温反应，后逐渐升温至沸腾，直至缩聚反应完毕，降温放料。在合成中，由于加入料如尿素等溶解吸热及缩聚反应过程中放热等因素，影响反应温度的稳定，应及时调整确保反应温度相对稳定。

（4）反应时间

脲醛树脂胶的合成机理为逐步缩聚反应，缩聚度与反应时间成正相关关系。反应时间过短，缩聚不完全，树脂固含量低、分子量小、黏度低、游离甲醛含量高、黏接强度低。反应时间过长，树脂的缩聚程度过高，分子量大、黏度高、水溶性低，影响施胶操作，缩短树脂的贮存期。反应时间的确定还需要考虑其他合成条件，如 F/U 物质的量比、pH 和反应温度等。

（5）原料

① 尿素。尿素中的杂质主要有硫酸盐、缩二脲和游离氨，其中硫酸盐杂质一般为硫酸铵。硫酸盐含量增加，使树脂的黏度增加、固含量下降和树脂的水混合性下降，硫酸盐含量要求小于 0.01%。缩二脲含量与贮存期相关，含量越高，贮存稳定性越差，含量要求低于 0.7%。游离氨使缩聚反应体系的 pH 升高，树脂固化时间延长，树脂贮存稳定性降低，含量要求低于 0.015%。

② 甲醛。甲醛氧化变成甲酸，降低反应体系的 pH，要求甲酸含量低于 0.05%～0.1%。铁离子加速甲醛催化氧化形成甲酸，避免使用铁质容器包装。甲醛水溶液易聚合成聚甲醛而析出，常加入少量甲醇作阻聚剂。但甲醇使羟甲基甲氧基化，而甲氧基不能缩合成键，阻碍缩聚反应，固化树脂交联密度下降，其耐水性急剧下降甚至完全丧失。为了避免羟甲基甲氧基化，在甲醛生产时，配成甲醛、尿素、水混合溶液，制成 UF 预缩液，使用时再按配比补加尿素，避免甲醛在运输、贮存中的自聚现象。通常 UF 预缩液中甲醛、尿素、水三者比例为 50∶20∶30。

3. 脲醛树脂的合成工艺

脲醛树脂的合成可以根据使用目的和对树脂胶性能要求不同，采用不同配方和不同合成工艺路线。具体合成工艺依据 F/U 物质的量比、缩聚次数、缩聚程度、反应温度、反应各阶段 pH、浓缩与否等不同，生成树脂胶的化学结构与物理化学性能及使用性能各有不同。

（1）甲醛/尿素物质的量比

合成脲醛树脂胶所用原料量是根据 F/U 物质的量比计算。

$$m = M \cdot N \cdot \frac{p}{M'} \cdot \frac{m'}{Q}$$

式中：m 为甲醛用量（kg），M 为甲醛分子量，M'为尿素分子量，N 为 F/U 物质的量比；p 为尿素纯度（%）；m'为尿素量（kg）；Q 为甲醛的浓度（%）。

（2）控制反应程度

树脂化学构造和分子量大小及其分布决定脲醛树脂胶的理化性能、使用性能及胶接性能等，因此，必须严格控制缩聚反应程度。脲醛合成树脂的反应程度一般通过测定树脂水溶性或溶液黏度间接确定，也可根据树脂溶液的折光指数与其固含量之间关系，测定其固含量来确定反应终点。

① 水溶性测定。水溶性的判断指标有水稀释度、憎水温度和浊点三个。

a. 水稀释度：在室温下，使单位体积树脂液出现沉淀所加的水量，又称水数。具体测定方法:将试样快速冷却至室温,取 5 mL 于小烧杯内,加蒸馏水,至产生云雾状沉淀时,测得加水体积(mL),再除以 5,即得试样水数。水数与温度相关,故测试温度相对不变。

b. 憎水温度:树脂液滴入水中出现白云雾状不溶物时的水温即为憎水温度。具体测定方法:将 1~2 d 树脂液滴于不同温度(温度范围 0~70 ℃)的半盛水的试管中,观察并记录出现白云雾状不溶物时所对应的水温。一般采用 20 ℃ 水中树脂液出现白云雾状时作为反应终点。

c. 浊点:当反应混合物冷却时,出现混浊时的温度称为浊点。具体测试方法:将 10~15 mL 反应液放入带搅拌器和温度计的预热试管内,快速搅拌,冷却降温,观察出现浑浊时的温度。

② 黏度测定。采用改良奥氏黏度计、恩格拉黏度计、涂-4 杯黏度计、格氏管等测定黏度变化,确定反应终点。

(3) 工艺控制

① 缩聚次数。

尿素一次加入与甲醛进行一次性缩聚反应为一次缩聚,即先用蒸汽或少量水将尿素溶解后,缓缓加入,避免加成放热反应使体系温度急剧升高。二次缩聚则是将尿素分两次加入,与甲醛进行二次缩聚反应,减缓尿素加入后的反应放热,反应平稳。第二次加尿素缩聚时,相对降低了甲醛/尿素物质的量比,有利于形成二羟甲基脲及降低游离甲醛含量。为了降低树脂胶中的游离甲醛含量,一般采取三次及三次以上的多次缩聚工艺。

② 缩聚温度。

a. 低温缩聚:低于 45 ℃时,尿素与甲醛反应形成的胶外观为乳液,其反应速率与甲醛浓度有关,甲醛浓度低,缩聚速率慢;反之,缩聚速率快,但胶液贮存性能不佳,有分层现象,使用不便。

b. 高温缩聚:高于 90 ℃时,尿素与甲醛的缩聚反应形成黏稠状液体,其贮存期长,贮存中无分层现象,使用方便。

③ 反应不同阶段 pH。

a. 碱—酸—碱工艺:尿素与甲醛先在弱碱性介质(pH=7~9)中,羟甲基化中间产物形成,后转弱酸性介质(pH=4.3~5.0),反应终点后,pH 调至中性或弱碱性贮存。

b. 弱酸—碱工艺:尿素与甲醛在弱酸性介质中(pH=4.5~6.0)反应,反应终点后 pH 调至 7~8 贮存。

c. 强酸—碱工艺:尿素与甲醛在强酸性介质(pH=1~3)中反应,慢速加入尿素,否则反应难控制。注意反应体系的 pH 越低,甲醛/尿素物质的量比越高,如 pH=1 时,甲醛和尿素的物质的量比须大于 3,此时反应温度必须降低。反应终点后 pH 调至 7~8 贮存。

④ 树脂胶浓度。

缩聚达到反应终点后进行减压脱水得到浓缩树脂胶,其黏度大、固体含量高、游离甲醛含量低、胶合性能好。

缩聚达到反应终点后不经减压脱水,得到的树脂胶固体含量低、游离甲醛含量高、胶液黏度小、胶合性能一般,但生产成本低。

(4) 脲醛树脂合成实例

① 胶合板用脲醛树脂胶合成。

a. 配方。

原料	规格	用量 /kg
甲醛	37%	1 000
尿素	98%	503.4
六亚甲基四胺	工业级	3.9
PVA	工业级	11
NaOH	30%~40%	适量
甲酸	30%	适量

b. 合成工艺。

将甲醛和六亚甲基四胺加入反应釜,用 NaOH 调 pH 为 7.8~8.2。加入聚乙烯醇,并分三批加入尿素。第一批尿素加入量为 377.6 kg,并在 50 min 内升温至 88~92 ℃。用甲酸调 pH 至 5.2~5.4,保温 30 min。再用甲酸调 pH 至 4.7~4.9,反应约 20 min,当反应体系黏度(涂-4杯,30 ℃)达到 19~21s 后,再加入第二批尿素 66.6kg,并用氢氧化钠调 pH 至 4.9~5.1,85~87 ℃下反应至黏度为 25.5~28.5 mPa·s,用氢氧化钠调 pH=7.5~8.0,并降温到 80 ℃。最后加入第三批尿素 59.2 kg,65 ℃下反应 30 min。冷却并调 pH 至 7.0~7.6,低于 35 ℃放料。

c. 性能指标。

性能	指标
固含量	48%~50%
黏度(涂-4 杯,30 ℃)	25~28 mPa·s
pH	7.0~7.5
游离甲醛含量	≤1.3%
适用期(40 ℃)	20~45 min
贮存期	10 d

该树脂胶的初黏性好,可加入面粉 15%~18%填充,可用于胶合板生产。

② 低甲醛含量的刨花板脲醛树脂胶合成。

a. 配方。

原料	规格	用量/kg
甲醛	37%	1000
尿素	98%	581
NaOH	30%	适量
甲酸	30%	适量

b. 合成工艺。

用 NaOH 溶液将甲醛溶液的 pH 调至 7.0~7.5,加入 370 kg 尿素。升温至 90~92 ℃,并保温 30 min,再用甲酸将 pH 调至 4.2~4.5,继续反应 20~30 min,冷却至约 70 ℃,真空脱水,树脂液黏度为(涂-4 杯,20 ℃)16~18 s。再用 NaOH 溶液将体系 pH 调至 6.7~7.0,加入 211 kg 尿素,60 ℃条件下缩聚 30 min,冷却至 30 ℃放料。

c. 性能指标。

性能	指标
固含量	65%~67%
黏度(涂-4 杯,30 ℃)	30~50 mPa·s
pH	6.5~8.0
游离甲醛含量	0.1%~0.3%
适用期(40 ℃)	8~24 h
贮存期	60 d

该树脂最大特点是游离甲醛含量低,主要用于刨花板生产,也可以用于胶合板生产。

4. 脲醛树脂胶的调制

根据树脂本身特性及所配胶黏剂性能要求,确定树脂、固化促进剂、填料等,然后进行调制及测试胶接性能,直至满足黏接要求。除上述几种主要助剂之外,还可添加防水剂、防腐剂、阻燃剂、消泡剂、甲醛捕捉剂等,赋予脲醛树脂胶不同性能。

加入填料提高胶液黏度,细小的颗粒状填料可堵住黏接物木材的孔隙,防止胶渗入木材内部后引起黏接层缺胶,有效减少胶液在固化过程中水分蒸发造成的胶层收缩而产生的内应力,提高胶接强度;节约树脂用量,降低成本。

常用的有机填料包括淀粉、可溶性纤维素、醚化改性纤维素、蛋白质等。淀粉、纤维素添加剂可吸收胶中水分,提高胶层保水能力,提高胶的湿润性,当胶液渗进被黏物后形成机械啮合作用,胶接强度提高。而蛋白质可与甲醛发生缩合反应,胶液黏度变大,可有效防止热压时胶液黏度过低,避免胶液被过度吸收,减少施胶量,降低成本。

填料的加入量一般为树脂用量的 5%~30%。若添加量过多,则会延长树脂的固化时间,降低胶合强度及胶层的耐水性能。

例如,F2 级特种无臭胶合板用低毒性脲醛树脂胶的性能指标如下:

脲醛树脂:F/U 物质的量比为 1.3;固含量 50%±2%;黏度(25 ℃)0.08~0.12 Pa·s;游离甲醛含量(4 ℃)<0.3%;pH 7.0~7.5;固化时间<50 s;适用期>4 h;贮存期(20 ℃)>15 d。

调胶配方如下:

① 脲醛树脂 100 份,面粉 20 份,水 20 份,矿石粉 5 份,木粉 3 份。

② 脲醛树脂 100 份,面粉 20 份,水 20 份,木粉 3 份。

③ 脲醛树脂 100 份,面粉 10 份,水 10 份,矿石粉 20 份,木粉 3 份。

④ 脲醛树脂 100 份,面粉 20 份,水 15 份。

加入固化促进剂,胶液 pH 为 4.8 左右。调制的胶初黏性好,预压性能良好。

5. 脲醛树脂胶的固化

脲醛树脂胶的固化原理是加入酸或能释放出酸的盐类，使体系的 pH 降低，缩聚反应加速，形成三维体型结构而发生固化。固化促进剂种类很多，主要分为酸类、盐类和潜伏型三大类（见图 4.5）。

固化促进剂
- 酸类
  - 无机酸：盐酸、硫酸、磷酸、硝酸、硼酸等
  - 有机酸：草酸、硝基醋酸、苯磺酸、丙二酸等
- 盐类　氯化铵、硫酸铵、氯化锌、盐酸羟胺、磷酸铵等
- 潜伏型　酒石酸、柠檬酸、氨基磺酸铵、草酸二甲酯、有机酸盐等

图 4.5　固化促进剂种类

潜伏型固化促进剂常温下不显酸性，而加热升温时逐渐呈现酸性，可同时满足胶接过程中快速固化和调胶时具有较长的适用期。

常用盐类固化促进剂，如氯化铵、硫酸铵、氯化锌等，加热发生分解，或在水溶液中发生水解及与某种化合物相互作用产生游离酸，促进脲醛树脂固化。

氯化铵在受热条件下的分解：

$$NH_4Cl \rightleftharpoons NH_3+HCl$$

氯化铵、氯化锌在水溶液中产生水解：

$$H_2O+NH_4Cl \rightleftharpoons NH_4OH+HCl$$

$$2H_2O+ZnCl_2 \rightleftharpoons Zn(OH)_2+2HCl$$

特别是铵盐与树脂中的游离甲醛反应生成盐酸：

$$6CH_2O+4NH_4Cl \rightleftharpoons 6H_2O+4HCl+(CH_2)_6N_4$$

强酸性化合物如盐酸能迅速地促进树脂固化，适用期过短，并且木质类被黏物在酸性催化促进剂作用下易发生水解，导致黏接失败。因此，用于木材加工用的固化促进剂 pH 控制在 4～5，并在胶黏剂配制时添加碱性的矿石粉，使胶层固化后呈中性，可显著提高木质胶合板的湿强度。

使用迟缓剂可使树脂胶的适用期增长，固化时间缩短。常用的迟缓剂如氨、尿素、六亚甲基四胺、三聚氰胺等。这些迟缓剂在常温下能使上述氯化铵和甲醛的反应平衡向左移动，使生成酸的量减少，固化速度减慢，适用期延长。而在高温时上述反应平衡向右移动，生成酸的量迅速增加，固化速度加快。

脲醛树脂胶在热固化时，由于树脂中存在游离甲醛有利于链和链之间的交联，如两个分子链上的酰胺键（—NHCO—）和甲醛形成亚甲基键相互连接。

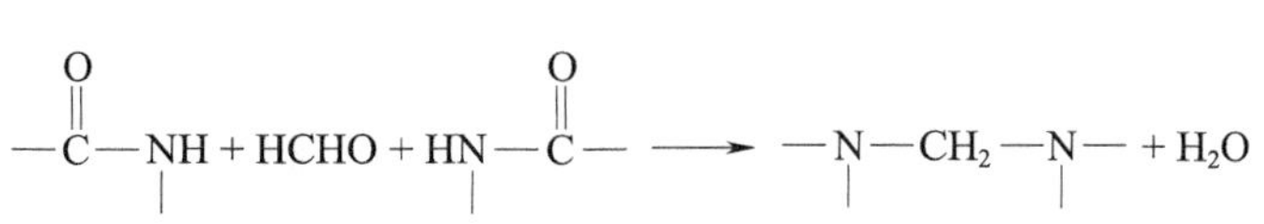

$$-\overset{\overset{\displaystyle O}{\|}}{C}-\underset{|}{N}H + HCHO + H\underset{|}{N}-\overset{\overset{\displaystyle O}{\|}}{C}- \longrightarrow -\underset{|}{N}-CH_2-\underset{|}{N}- + H_2O$$

对于游离甲醛含量很低的脲醛树脂，借助甲醛来形成亚甲基键的可能性就大大下降，若要形成交联必须借助两个分子以上的羟甲基相互作用形成醚键或亚甲基键。因此低游离甲醛含量的树脂其羟甲基含量应适当提高，以有利于快速固化。当然，羟甲基含量过高时，若固化不完

全则导致胶层的吸湿性大。

固化促进剂加入量取决于胶合工艺是室温固化还是高温固化、板的类型和厚度、填料的加入量及固化时间和适用期,脲醛树脂的凝胶受温度影响很大,尤其在冬季低温时,凝胶时间会显著地延长。在夏季则会由于气温高,树脂凝胶过快,影响涂胶工艺操作。所以,固化促进剂的用量需根据不同的气候条件来选定,通常固化促进剂的用量约占树脂液总量的 0.2%~1.5%,夏季加入量稍小,冬季适当增加,胶液的适用期不得少于 4 h。

6. 脲醛树脂胶黏剂的改性

脲醛树脂胶黏剂具有许多优良的性能,如无色透明或为乳白色混浊的黏稠状液体;50%以上的固含量,树脂胶初期具有水溶性;pH 5.0 左右时加入固化促进剂,在室温下凝胶而固化,属于热固性树脂,用于冷压或热压胶接,具有较高的胶接强度、较好的耐水性、耐稀酸和稀碱、防虫防霉,光稳定性好,成本低廉。因此,脲醛树脂胶黏剂被广泛用于人造板生产。

但是,脲醛树脂胶黏剂存在着对沸水抵抗力弱,胶膜易于老化,特别是胶接制品使用过程中游离甲醛污染空气等缺点,需要对脲醛树脂胶黏剂进行改性。

(1) 改善耐水性

用脲醛树脂胶黏剂制得的人造板或其他胶接制品,仅限于室内用。如用作室外,则在干湿循环条件下,特别是在高温、高湿的条件下,胶膜吸湿、干燥,胶接强度迅速下降,制品的使用寿命严重缩短。

在脲醛树脂缩聚过程中加入适量苯酚、间苯二酚或三聚氰胺等共聚,或将脲醛树脂与酚醛树脂或三聚氰胺树脂共混改性,提高脲醛树脂胶黏剂的耐水性能。其中,三聚氰胺改性脲醛树脂胶黏剂(UMF)已用于防潮、耐水和无臭人造板的生产。

利用合成乳胶对脲醛树脂进行改性,如丁苯乳胶、端羧基丁苯乳胶、丁腈乳胶、丁吡乳胶、氯丁乳胶和各种丙烯酸酯乳胶等,其中以丁苯乳胶、端羧基丁苯乳胶效果佳,成本低廉。改性胶黏剂的耐水、耐沸水及耐久性提高。利用异氰酸酯对脲醛树脂进行改性,制成的胶黏剂特别适合用于高含水率(30%~70%)的湿木材胶接。

利用木质素对脲醛树脂改性可提高其耐水性、降低成本。在脲醛树脂中添加少量的环氧树脂,其耐水性和胶接性能得到明显提高。另外,$Al_2(SO_4)_3$、白云石及矿渣棉等无机填料混入脲醛树脂胶黏剂,其耐水性明显提高。

(2) 改善老化性

脲醛树脂老化现象是指固化后的胶层随着时间的增长,产生龟裂及发生胶层脱落现象。胶层越厚,龟裂剥离现象越严重。引起老化的原因:

① 树脂固化后仍继续进行缩聚脱水反应。

② 固化物中仍存在着游离羟甲基,在干湿循环的情况下,胶层吸收或放出水分,出现收缩-膨胀应力作用,引起胶层的老化。

③ 在外界因子如大气中的水、热、光等的影响下,树脂分子断裂,导致胶层老化。此外,固化促进剂的浓度、加压压力、木材表面的粗糙度等都是导致老化的因素。

改善胶层老化性能的方法:

① 被胶接木材表面平整光滑,以免胶液分布不均而形成过厚的胶层,形成预应力导致开裂。

② 加入热塑性树脂对脲醛树脂进行改性,降低交联度,脆性下降,柔性增加,如加入聚乙烯醇与甲醛反应形成聚乙烯醇缩甲醛,提高胶层韧性。或与聚醋酸乙烯酯树脂共混,提高耐水性、韧性和黏性,并改善了脲醛树脂胶黏剂的耐老化性能,如用20%~30%的聚醋酸乙烯酯乳液与脲醛树脂胶共混后用于人造板表面装饰的微薄木湿贴,既可防止透胶,又可以实现快速胶贴。另外,在树脂中加入适量的醇类物质,使树脂醚化,可以提高树脂的柔韧性。

③ 加入填料,如豆粉、小麦粉、木粉、石膏粉等防止胶层预应力而引起的龟裂。

④ 适当使用固化促进剂。固化促进剂的酸性越强,胶固化时间越短,但胶老化加速。选用氯化锌或氯化铁等,效果较好。

(3) 降低游离甲醛含量

降低游离甲醛含量的方法包括:

① 降低 F/U 物质的量比。

② 添加甲醛捕捉剂。

③ 对木材胶接制品用氨或尿素溶液进行后处理。

胶接制品的甲醛释放量不仅受胶中的游离甲醛含量控制,也与胶固化时所放出的游离甲醛有关。

加入固化促进剂后,树脂液的酸性增大,固化时放出游离甲醛的反应如下:

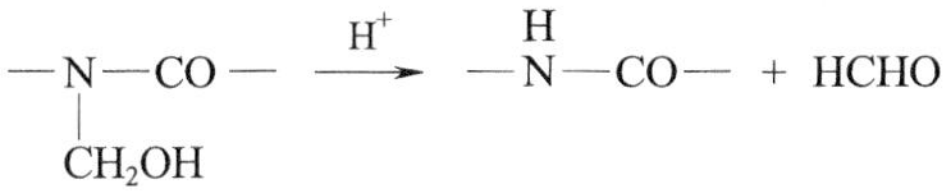

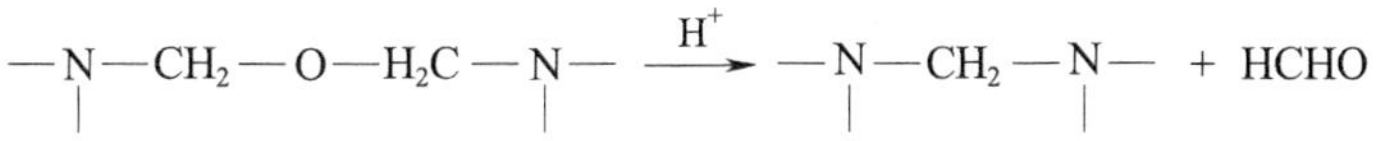

$$-\underset{\substack{|\\ CH_2OH}}{N}-CO- \xrightarrow{H^+} -\overset{H}{N}-CO- + HCHO$$

$$-\underset{|}{N}-CH_2-O-H_2C-\underset{|}{N}- \xrightarrow{H^+} -\underset{|}{N}-CH_2-\underset{|}{N}- + HCHO$$

提高固化温度、延长固化时间及降低被粘材料含水率,均能降低游离甲醛含量。

4.3.3 三聚氰胺树脂胶黏剂

三聚氰胺树脂是由三聚氰胺与甲醛在催化剂作用下经缩聚而成的,低温固化能力较强,固化速度快,胶接强度高,硬度高,耐磨性优异,热稳定性高,能经受较长时间沸水煮,具有高温下保持颜色和光泽的能力,以及较强耐污染能力,常用于塑料贴面的装饰纸与木材粘贴。但由于其硬度和脆性高,因此易产生裂纹。

1. 合成三聚氰胺树脂的原料

三聚氰胺分子式 $C_3H_6N_6$,结构式如下:

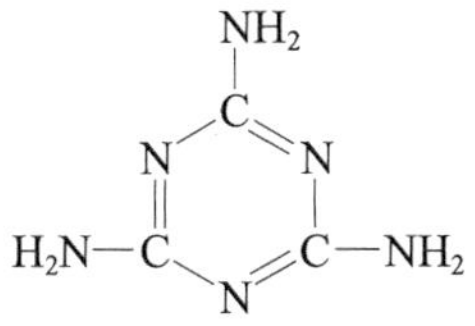

(三聚氰胺结构式:1,3,5-三嗪环,三个碳原子上各连一个 NH_2)

熔点 354 ℃,密度 1.573 g/cm^3。三聚氰胺易水解,形成一系列水解产物,酸性逐步上升,最后变成三聚氰酸,这对三聚氰胺树脂的合成非常不利,往往用碱水洗或重结晶精制,使三聚氰酸的含量不超过 1%。

2. 三聚氰胺树脂的合成原理

三聚氰胺与甲醛反应过程分为加成与逐步缩聚两个阶段,加成形成多羟甲基三聚氰胺,缩聚形成不溶不熔的体型热固性树脂。

(1) 加成反应

在中性或弱碱性介质中,三聚氰胺与甲醛进行加成反应形成羟甲基三聚氰胺。三聚氰胺分子中的羟甲基越多树脂稳定性越高。如 1 mol 的三聚氰胺与 3 mol 的甲醛在 pH = 7~9,70~80 ℃下反应,形成三羟甲基三聚氰胺。

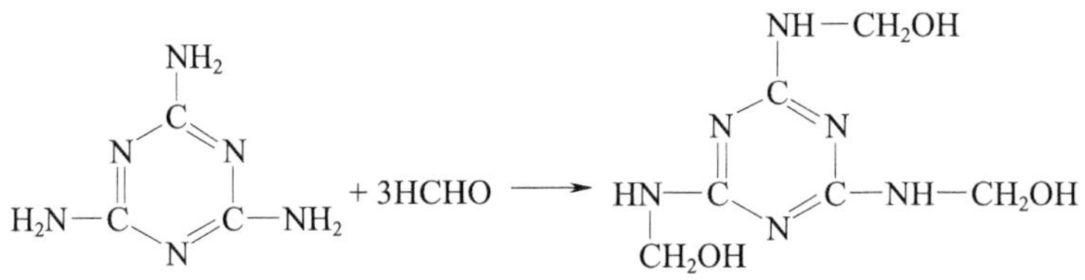

$$C_3N_3(NH_2)_3 + 3HCHO \longrightarrow C_3N_3(NH-CH_2OH)_3$$

甲醛为 6 mol 时形成六羟甲基三聚氰胺。

$$C_3N_3(NH_2)_3 + 6HCHO \longrightarrow C_3N_3[N(CH_2OH)_2]_3$$

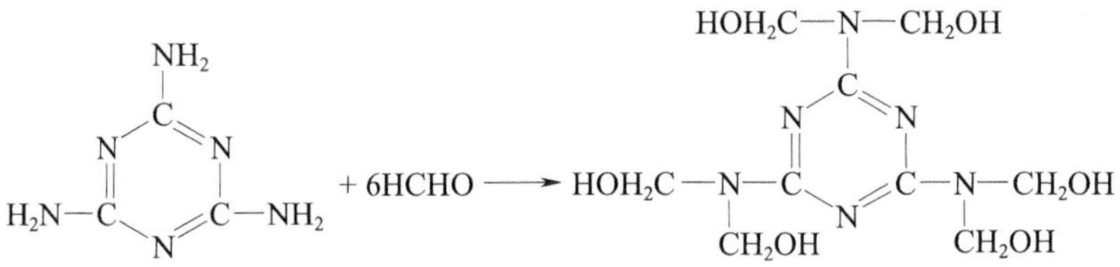

(2) 缩聚反应

三聚氰胺树脂缩聚及固化反应可在酸性、中性甚至弱碱性条件下进行。羟甲基三聚氰胺在中性、80~85 ℃条件下进行树脂化反应,其反应为分子之间羟甲基缩合成键并有水分子放出。羟甲基三聚氰胺在缩聚反应过程中可同时形成亚甲基键和醚键,三聚氰胺与甲醛的物质的量比为 1∶2 时,形成的亚甲基键占优势,三聚氰胺与甲醛的物质的量比为 1∶6 时树脂分子间几乎由醚键连接。再进一步缩聚,最终形成不溶不熔的体型结构的高聚物。由于多羟甲基三聚氰胺的羟甲基数量不同,生成的树脂乙醇溶解度、适用期、固化速度均不同。

与脲醛树脂相比,三聚氰胺树脂交联时交联程度更高,同时三聚氰胺本身又是环状结构,因此,三聚氰胺-甲醛树脂具有良好的耐水性、耐热性、光泽和抗压强度及较高的硬度。

三聚氰胺与甲醛形成初期缩聚物之后,结构比较复杂,其分子结构示意图如图 4.6 所示。

3. 三聚氰胺-甲醛反应的影响因素

在三聚氰胺树脂形成过程中,原料配比、pH、反应温度和时间,以及原材料质量、反应终点的控制等都会影响树脂质量及固化物的性能。

(1) 三聚氰胺与甲醛的物质的量比

当三聚氰胺与甲醛的物质的量比为 1∶12,pH 为 7~7.5,温度 60~80 ℃时,形成六羟甲基三聚氰胺。当物质的量比为 1∶8 时,则形成五羟甲基三聚氰胺。三聚氰胺与甲醛反应速率除受

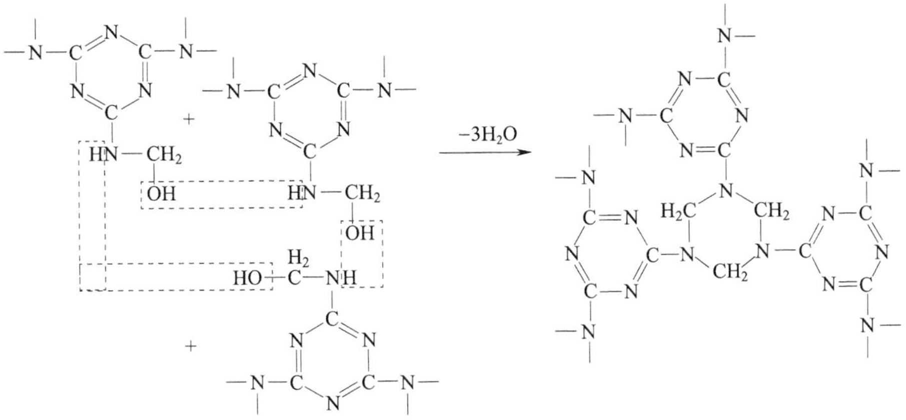

(a) 亚甲基键生成式

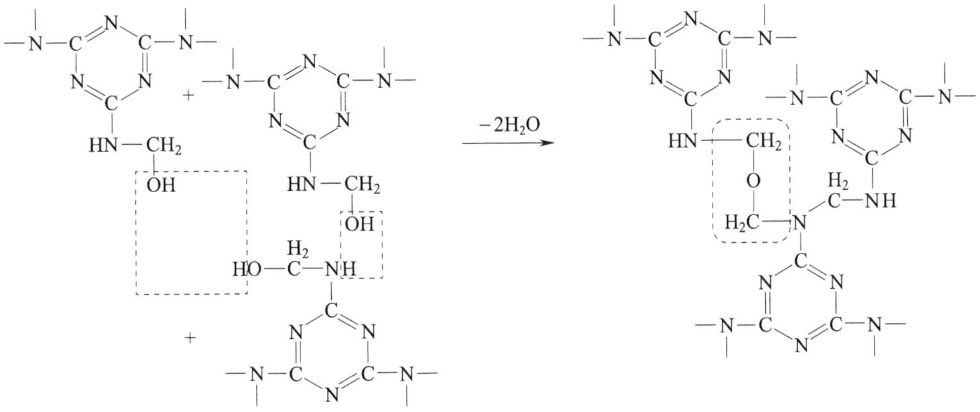

(b) 醚键生成式

图 4.6 缩聚物分子结构示意图

温度影响外，还与三聚氰胺被取代程度即空间位阻有关。三羟甲基三聚氰胺较易形成，其反应迅速，并在反应过程中放出大量反应热。三羟甲基三聚氰胺与甲醛的反应速率则比较慢，生成四至六羟甲基三聚氰胺时需吸收热量。

三聚氰胺与甲醛的物质的量比影响胶接强度。物质的量比在 1∶2 以下时，胶合板的干强度下降，而湿强度却有上升的趋势。物质的量比在 1∶3 以上时，胶合板的湿强度下降。木材胶接用的三聚氰胺与甲醛物质的量比以 1∶(2～3) 为宜，pH 8.0～9.0，温度控制在沸点附近。

(2) 反应介质的 pH

在中性或弱碱性介质中形成羟甲基衍生物，而在酸性介质中快速形成树脂。为了避免快速树脂化，反应初期宜在中性或弱碱性介质中进行，甲醛的浓度控制在 20%～30%。随着反应进行，部分甲醛被氧化成甲酸，pH 下降、酸度提高，有利于三聚氰胺树脂合成。

pH 过高或过低，树脂的贮存稳定性均不佳；只有在弱碱性介质中(pH 8.5～10)形成的树脂,贮存中黏度上升慢,贮存稳定性高。

(3) 反应温度

反应温度影响三聚氰胺在甲醛中的溶解性,进而影响合成反应速率。反应液的温度在60 ℃以上时,三聚氰胺被甲醛溶解,反应速率快。反应温度越高,三聚氰胺分子中结合甲醛的分子数目也越多。在三聚氰胺树脂生产中,温度以 75~85 ℃为宜。

三聚氰胺树脂一般在高温下不用固化促进剂即可以很好固化,如在 100 ℃时不加酸性固化促进剂也能固化,但低于 70 ℃时则要加入强酸性盐作固化促进剂才能固化完全。如果 pH 很低时,三聚氰胺树脂胶也能在较低的温度下固化,但固化不完全,产品胶接强度低。

4. 三聚氰胺树脂的合成工艺

合成三聚氰胺树脂时控制较低的反应速率很重要,通常是在弱碱性和温度为 85 ℃的条件下合成,但由于所用改性剂不同,导致树脂的合成工艺不同。

(1) 塑料装饰板的装饰纸及表层纸的浸渍用胶

① 原料配方。

原料	纯度	物质的量比	质量/份
三聚氰胺	工业级	1	126
甲醛	37%	3	243. 2
水	去离子水		56. 8
对甲苯磺酰胺	工业级		17. 2
乙醇	工业级		19. 3
NaOH	30%		适量

② 合成工艺。

将甲醛与水加入反应釜,用 30% NaOH 溶液调 pH 至 9. 0。加入三聚氰胺,在 20~30 min 内升温到 85 ℃并保持 30 min,然后测定憎水温度,当反应液的憎水温度达到 29 ℃(32 ℃)时(夏季 29 ℃,冬季 32 ℃),立即加入乙醇和对甲苯磺酰胺(乙醇与三聚氰胺的物质的量比为 1 : 1),并迅速降温至 65 ℃,并保持 30 min,冷却至 40 ℃,用 30% NaOH 溶液调 pH 至 9. 0 即可放料。

③ 性能指标。

性能	指标
固含量	46%~48%
黏度(20 ℃)	30~50 mPa · s
pH	9. 0
游离甲醛含量	0. 6%~0. 9%
外观	无色透明液体

(2) 刨花板贴面用装饰纸的浸渍用胶

① 原料配方。

原料	纯度	物质的量比	质量/份
三聚氰胺	工业级	1	100
甲醛	37%	2.8	180
水	去离子水		67
聚乙烯醇	工业级		2.5
乙醇	75%		12.5
水(稀释用)	去离子水		32
氢氧化钠	30%		适量

② 合成工艺。

将甲醛与水加入反应釜,用30% NaOH溶液调pH至8.5~9.0,加入三聚氰胺和聚乙烯醇。在30~40 min内升温至92 ℃并保持30 min,取样测定浑浊度(反应时间一般为60~90 min)。当浑浊度达到24~25 ℃时立即降温至40 ℃加乙醇。之后用NaOH溶液调pH为8.0~8.5,然后升温至80 ℃并保持,取样测定浑浊度(pH为7.5~8.0)。当浑浊度达到23~24 ℃时立即降温,并加入稀释用乙醇和水。降温至40 ℃时,调pH为7.5~8.0后放料。

③ 树脂性能指标。

性能	指标
固含量	31%~36%
黏度(20 ℃)	16~23 mPa·s
pH	7.5~8.0
游离甲醛含量	≤0.5%
外观	无色透明液体

5. 三聚氰胺树脂的改性

三聚氰胺树脂溶液贮存时间短,一般不超过两周,其贮存稳定性远不如脲醛树脂。为此有的生产厂家将其喷雾干燥制成粉末状的三聚氰胺树脂胶,其保存期在1年以上,使用时只要将粉末状胶重新用水溶解即可。也有用双氰胺改性提高贮存稳定性的方法。

固化后的树脂具有高度的三维交联结构,导致三聚氰胺树脂胶膜性脆。另外,在固化的树脂中存在未参加反应的羟甲基,致使树脂具某种程度的吸湿性。在湿度经常变化的大气环境中,树脂因吸湿、解吸而产生应力,最终也会导致脆性树脂发生裂纹。其改性方法一般是减少树脂的交联度增加其柔韧性。如用醇类(乙醇)对树脂进行醚化;加入蔗糖、对甲苯磺酰胺、硫脲、氨基甲酸乙酯、己内酰胺及热塑性树脂(如聚醚、聚酰胺等)进行改性。

三聚氰胺中的一个氨基被甲基或苯基所置换的甲基鸟粪胺或苯基鸟粪胺与甲醛反应得到的甲基/苯基)鸟粪胺甲醛树脂溶液储存稳定性好,其胶膜柔顺良好。另外,在合成三聚氰胺树脂过程中，加入聚乙烯醇使三聚氰胺、聚乙烯醇和甲醛进行共聚，也可以增加树脂的韧性。

4.3.4 三聚氰胺-尿素-甲醛(MUF)共缩聚树脂胶黏剂

1. MUF 共缩聚树脂的性能及应用

三聚氰胺树脂胶的耐水性不如酚醛树脂胶，但好于脲醛树脂胶。三聚氰胺/尿素/甲醛物质的量比影响三聚氰胺-尿素-甲醛树脂胶的耐水性。当甲醛适量，三聚氰胺/尿素物质的量比越大，树脂胶的耐水性越好。三聚氰胺-尿素-甲醛共缩聚树脂胶通常以氯化铵作为固化促进剂，用杂酚油改性树脂后，不仅具有防腐效果，还赋予其隔水性和疏水性，其胶接耐久性提高。可用于制造耐水胶合板、刨花板、集成材、单板层压材等。

2. MUF 共缩聚树脂的合成

MUF 共缩聚树脂的合成方法有两种，一种是三聚氰胺、尿素与甲醛的共缩聚合成；另一种是将三聚氰胺和尿素分别与甲醛反应合成三聚氰胺-甲醛树脂和脲醛-甲醛树脂，再将两种树脂共混。两种方法所得树脂是一种复合型的树脂，其合成原理与脲醛及三聚氰胺-甲醛树脂基本相同。固化后树脂的结构示意图如图 4.7 所示。

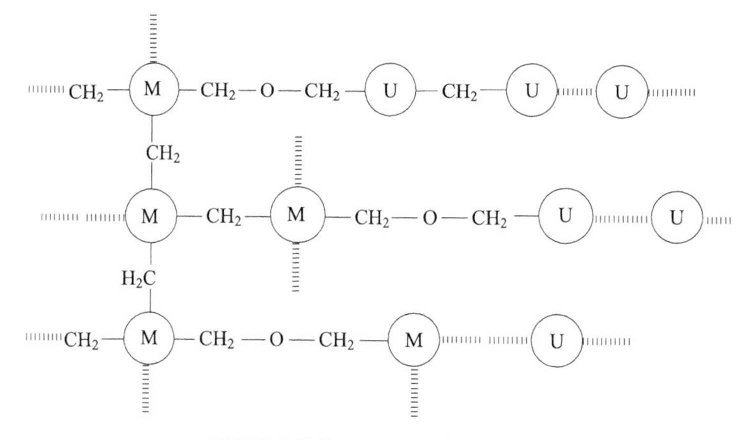

M—三聚氰胺结构单元；U—尿素结构单元

图 4.7 MUF 共缩聚树脂的结构示意图

3. MUF 共缩聚树脂的合成典型工艺

(1) 原料配方

原料	纯度	质量/份
三聚氰胺	工业级	100
甲醛	30%	360
尿素	工业级	48
氢氧化钠	10%	适量

注：尿素分两批投加，第一批投加 38.4 kg，第二批投加 9.6 kg。

（2）合成工艺

将甲醛水溶液加入反应釜，投加 38.4 kg 尿素和 100 kg 三聚氰胺。加热至 80～85 ℃，用 10%NaOH 水溶液将体系的 pH 调至 9.0，反应 45 min；用 10%盐酸将体系的 pH 调至 7.7～7.8，继续反应至水数为 5～6。将体系的 pH 调至 9.0，加入剩余 9.6 kg 尿素，再继续反应至水数为 3～4，得到无色透明树脂，冷却至 35 ℃放料。主要用于胶合板、细木工板等黏接。

（3）性能指标

性能	指标
固含量	70%
黏度（20 ℃）	330～490 mPa · s
pH	7～8
游离甲醛含量	0.35%
贮存期	60 d

4.4 丙烯酸酯胶黏剂

丙烯酸酯胶黏剂是合成胶黏剂中发展最快的品种之一，主要由甲基丙烯酸酯、丙烯酸酯、α-氰基丙烯酸酯等单体为基料配成的反应型胶。丙烯酸酯含有活性很强的丙烯基和强极性的酯基，能黏接多种材料，如金属、非金属及人体组织等。

4.4.1 丙烯酸酯胶黏剂的分类与性能

丙烯酸酯胶黏剂是以聚丙烯酸酯为黏料的一类胶黏剂，按胶接时胶层硬化机理可分为非反应型丙烯酸酯胶黏剂、反应型丙烯酸酯胶黏剂两类。非反应型丙烯酸酯胶黏剂是以热塑性聚丙烯酸酯或丙烯酸酯与其他单体的共聚物为黏料，制成压敏型胶、热熔胶和接触型乳液胶等，胶接时依靠溶剂或介质挥发使胶层硬化。而反应型丙烯酸酯胶黏剂以丙烯酸酯分子或末端带有丙烯酸酯基的聚合物作为主体，胶接时依靠化学反应而使胶层硬化。丙烯酸酯及其衍生品种很多，而且能与多种单体共聚改性，丙烯酸酯胶黏剂品种很多，能黏接金属、非金属等。丙烯酸酯胶黏剂具有如下特点：

① 黏度低，便于涂布，易浸润黏接材料表面。

② 丙烯酸酯胶黏剂不需计量混合，使用方便，室温固化，固化速度快，强度较高。

③ 耐热、耐油、耐老化、耐候、耐溶剂等，安全（基本无毒、无污染、无着火危险）等，残胶容易清洗，固化后可拆卸。

④ 丙烯酸酯能溶解油脂，起到脱脂作用，对被粘物表面处理要求不严格，聚合完成后可实现油面黏接。

⑤ 可制成瞬干胶、厌氧胶、光敏胶和结构胶等，可黏接多种材料，胶层无色透明，电气性能好。

丙烯酸酯胶黏剂优点突出，但价格较高。丙烯酸酯胶黏剂按合成单体性质分为反应型丙烯酸酯胶黏剂［第一代丙烯酸酯胶黏剂（first generation adhesive，FGA）、第二代丙烯酸酯胶黏剂（second generation adhesive，SGA）、第三代丙烯酸酯胶黏剂（third generation adhesive，TGA）］、α-

氰基丙烯酸酯胶黏剂、厌氧胶黏剂、压敏胶黏剂等。

1. 反应型丙烯酸酯胶黏剂

丙烯酸酯单体合成得到的胶黏剂为热塑性聚合物，受热软化，不耐溶剂，抗冲击性能很差，需要增韧改性。由此，开发了第一代丙烯酸酯胶黏剂（FGA）、第二代丙烯酸酯胶黏剂（SGA）、第三代丙烯酸酯胶黏剂（TGA）即紫外线固化或电子束固化的丙烯酸酯胶黏剂，统称为反应型丙烯酸酯胶黏剂。

（1）第一代丙烯酸酯胶黏剂（FGA）

1955 年，美国 Eastman 公司开发出第一代丙烯酸酯胶黏剂（FGA）。FGA 具有高的剪切强度，但剥离强度、弯曲强度及耐水、耐溶剂、耐热、抗冲击等性能较差，固化速度慢，应用受限。

FGA 的黏接强度比不饱和聚酯胶黏剂高，可达 30 MPa 以上，可以黏接钢、黄铜、铝合金等多种金属材料，以及玻璃、陶瓷、无纺布等非金属材料。FGA 的固化温度比环氧树脂胶黏剂的低，随固化温度升高，固化时间缩短，可在 100 ℃以下长期使用。

第一代丙烯酸酯胶黏剂由丙烯酸酯系单体、引发剂、增塑剂、稀释剂等组成。丙烯酸酯小分子单体具有很高的反应活性，在自由基氧化还原引发体系存在下，室温聚合而硬化。为了调节胶的分子结构，常用多种丙烯酸酯单体共聚作为基材，并添加烯类单体如苯乙烯、二乙烯基苯等活性稀释剂来调解黏度。典型 FGA 配方见表 4.19。

表 4.19　第一代丙烯酸酯胶黏剂的典型配方

配方组成	质量/份	各组分作用分析
乙二醇双甲基丙烯酸酯	6.67	单体基材
甲基丙烯酸甲酯	51.0	同上
甲基丙烯酸丁酯	10.0	同上
乙二醇-顺酐不饱和聚酯	1.0	同上
50%邻苯二甲酸二辛酯	适量	增塑剂
苯乙烯	33.0	稀释剂
气相白炭黑	0.67	触变剂
氯丁橡胶	2.95	增韧剂
N,*N*-双异羟丙基对甲苯胺	0.54	促进剂
过氧化苯甲酰糊	0.1	引发剂
对苯二酚	适量	稳定剂
石蜡	0.1	防老剂

固化工艺：室温 24 h；剪切强度：铝合金 30 MPa，钢 32 MPa。

（2）第二代丙烯酸酯胶黏剂（SGA）

由于 FGA 存在固化速度慢、剥离强度低、抗冲击差等缺点，在其基础上加入橡胶，实现接枝改性，开发出第二代丙烯酸酯胶黏剂（SGA）。SGA 从组成上与 FGA 基本相同，只是单体在聚合过程中与弹性体发生接枝共聚，其胶接的剥离强度、弯曲强度和抗冲强度等性能得到了极大改善（表 4.20）。

表 4.20　SGA 对材料的黏接性能

金属	剪切强度/(10 MPa)	塑料	剪切强度/(10 MPa)
铝	210	聚碳酸酯	49
软钢	365	酚醛树脂	129
铜	210	聚酯	123
黄铜	295	环氧树脂	124
镀锌钢板	137	聚氯乙烯	67
镀镍钢板	143	尼龙	34
镀银钢板	144	ABS 塑料	58
锌镍铬合金	130	有机玻璃	76

SGA 由主剂和底剂组成，主剂包含弹性体、丙烯酸酯单体。底剂由促进剂、助促进剂(环烷酸钴等)及溶剂组成。其典型配方见表 4.21。

表 4.21　第二代丙烯酸酯胶黏剂的典型配方

配方组成	质量/份	作用
甲基丙烯酸甲酯	60~70	基体材料
甲基丙烯酸	3~10	基体材料
丁腈橡胶-40	0~20	增韧剂
ABS 树脂	10~90	调节黏度
过氧化羟基异丙苯	3~6	引发剂
二苯基脲	1~5	促进剂

固化工艺：25 ℃，10~15 min 凝胶，24 h 达最高强度。

主剂中丙烯酸酯单体由多种单体组成，如甲基丙烯酸-β-羟乙(丙)酯、甲基丙烯酸缩水甘油酯、甲基丙烯酸甲酯、甲基丙烯酸乙酯、甲基丙烯酸丁酯、甲基丙烯酸等一种或多种。弹性体则要求分子链上带有活性的不饱和双键等反应基团，参与共聚，形成接枝共聚物增加韧性，常用弹性体有氯磺化聚乙烯、丁二烯橡胶、异戊二烯橡胶、丁腈橡胶、丁苯橡胶、SBS 等。为提高主剂的稳定性，常加入对苯二酚、对苯二酚甲醚等阻聚剂。

底剂中的促进剂为油溶性氧化还原体系，如过氧化二苯甲酰、异丙苯过氧化氢、过氧化酮类、过氧化酯类等与二苯基脲、*N*,*N*-双异羟丙基对甲苯胺等。助促进剂常用环烷酸钴等。促进剂与助促进剂引发活性高，可在室温快速引发聚合。

目前，国产 SGA 胶黏剂的品种有 SA-101，SA-102，SA-202，SA-401，J-39，J-56，WH901-2，BS-2 等。

SGA 为双组分胶黏剂，但配比无严格要求，固化速度可快可慢，贴合即可实现黏接。但存在稳定性差、贮存期短、单体挥发气味大、耐湿热较差、易燃、有毒等问题，常用的改进方法如下：

① 加入锌、镍、钴的乙酸盐或丙酸盐，甲酸、乙酸、甲基丙酸的铵盐，改进贮存稳定性。加

2,6-二叔丁基-4-甲基苯酚等也可改进其贮存性能而不影响固化速度。

② 用高沸点的丙烯酸高级酯或低聚物的高级醇单酯为原料，提高挥发点、强度和耐热性，如采用丙烯酸十八烷酯、(甲基)丙烯酸异辛醇酯、丙烯酸四氢呋喃甲醇酯等代替甲基丙烯酸甲酯等挥发性大的单体。

③ 添加硅烷偶联剂改进耐水性，如γ-氨丙基三乙氧基硅烷、γ-(2,3-环氧丙氧基)丙基三甲氧基硅烷、乙烯基三氯硅烷等。

(3) 第三代丙烯酸酯胶黏剂(TGA)

使用光敏引发剂、光敏增感剂替代过氧化物引发剂及促进剂，制备出紫外线或电子束固化的单组分胶 TGA，固化速度很快，贮存稳定性能好。

TGA 由丙烯酸酯单体或低黏度的丙烯酸酯低聚物、促进剂、弹性体组成，经紫外线照射几秒钟即固化。紫外线固化胶黏剂按结构可分为环氧丙烯酸酯、氨基甲酸酯、丙烯酸酯、聚醚丙烯酸酯、聚酯丙烯酸酯等，以及耐候的带螺环烯烃结构的丙烯酸酯胶黏剂。其中，丙烯酸酯系低聚物比甲基丙烯酸酯低聚物固化速度快。采用紫外线激发固化的 TGA，紫外线的穿透能力有限，要求被粘材料透明且厚度较小。但采用电子束辐照固化，被粘材料可以不透明，厚度可为几毫米。添加安息香醚、苄基化合物等光敏剂进一步提高固化速度。

TGA 主要用于玻璃、透明塑料与金属、陶瓷等的黏接。TGA 的品牌主要有 UV-400，UV-500，UV-580，UV-570，铁锚 301，铁锚 353，GBN-501，KH-820 等。

2. α-氰基丙烯酸酯胶黏剂

1959 年，美国 Eastman 公司发明了 910 胶黏剂，又称瞬干胶，是目前在室温下固化时间最短的一种胶黏剂。α-氰基丙烯酸酯胶黏剂的主要成分为 α-氰基丙烯酸酯，分子上具有强吸电子的氰基和酯基，在水或弱碱的催化剂作用下易发生阴离子聚合，形成固态聚合物产生黏合作用。α-氰基丙烯酸酯单体上的酯基结构会影响黏接层性能，随着酯基的碳链长度增加，胶层的柔韧性增加，耐水性也变好，但黏接强度变差。

典型的 α-氰基丙烯酸酯胶黏剂(表 4.22)为单组分、透明的液状胶黏剂，具有遇潮气瞬间固化、被黏接材料表面不必进行特殊预处理、几乎无毒等优点，使用方便，广泛用于金属、橡胶、玻璃、塑料、生物体组织等材料的快速黏接，特别是用于止血、皮肤黏接和骨骼及血管连接等医疗方面。黏接材料的极性越大，其黏接强度越高。通常，黏接金属的强度最高，玻璃和橡胶次之，塑料最差，而未经表面处理的聚四氟乙烯、聚乙烯、聚丙烯等不能黏接。此外，该类胶黏剂适于致密材料的黏接，而不适于多孔性疏松材料的黏接，主要用于临时性黏接(如定位)和非结构黏接。

α-氰基丙烯酸酯胶黏剂聚合硬化反应机理如下：

$$CH_2=\overset{CN}{\overset{|}{C}}-COOR \overset{A^-}{\rightleftharpoons} \underset{\delta+}{CH_2}-\underset{\delta-}{\overset{CN}{\overset{|}{C}}}-COOR \xrightarrow{A^-} A-CH_2-\overset{CN}{\overset{|}{\underline{C}}}-COOR$$

$$\xrightarrow{CH_2=\overset{CN}{\overset{|}{C}}-COOR} A-CH_2-\underset{\underset{COOR}{|}}{\overset{CN}{\overset{|}{C}}}-CH_2-\overset{CN}{\overset{|}{\underline{C}}}-CH_2OOR \xrightarrow{CH_2=\overset{CN}{\overset{|}{C}}-COOR} \text{聚合物}$$

表 4.22 α -氰基丙烯酸酯特性及黏接强度

胶种类型	沸点/ ℃	表面张力/($mN \cdot m^{-1}$)	黏接强度(钢)/MPa	
			拉伸强度	剪切强度
α-氰基丙烯酸甲酯	55(533 Pa)	37.4	33.3	22.6
α-氰基丙烯酸乙酯	60(400 Pa)	34.3	25.5	13.7
α-氰基丙烯酸丙酯	80(800 Pa)	32.8	18.6	10.8
α-氰基丙烯酸异丙酯	—	—	30.4	14.7
α-氰基丙烯酸丁酯	68(240 Pa)	31.1	16.7	4.0
α-氰基丙烯酸异丁酯	—	—	17.7	12.3

(1) α-氰基丙烯酸酯胶黏剂的性能特点

① 室温下以接触压力实现快速胶结,为无溶剂的单液型胶,使用方便,便于流水作业,但价格较高。

② 黏度低,单位面积耗胶量少,但对多孔性材料胶接效果不佳。

③ 固化放热速度快,不宜大面积胶接;固化后为热塑性高分子,耐热性差,使用温度一般低于 100 ℃,其中 α-氰基丙烯酸乙酯仅为 70~80 ℃。

④ 电气绝缘性好,与酚醛塑料相当,但胶接刚性材料时胶层较脆,不耐冲击。

⑤ 无毒,能用于人体组织的快速胶接,但贮存期较短,只能在无亲核试剂(如水)条件下贮存。

⑥ 胶层无色透明,耐油性、气密性好,但耐水、耐湿、耐极性溶剂和耐大气老化等性能较差。

(2) α-氰基丙烯酸酯胶黏剂改性

国产改性氰基丙烯酸酯胶黏剂有 KH-501,502,504,661 等,其中前三种胶黏剂对多数材料有良好的黏接强度。

① 改善耐热性和耐水性。

a. 加交联剂使其变成热固性胶。通常加入的交联单体有乙二醇的双氰基丙烯酸酯、氰基丙烯酸烯丙基酯、氰基戊二烯酸的单酯或双酯等;

b. 加耐热黏附剂如一元或多元羧酸、酸酐、硅烷偶联剂等,提高受热条件下胶接强度,同时改善了耐水性;

c. 采用有机硅偶联剂处理黏接材料表面,耐水性明显提高。

② 改善耐冲击性。

a. 引入内增塑单体共聚,如 α-氰基-2,4-戊二烯酸酯等;

b. 加入增塑剂,如 DOP、DBP、磷酸三甲酚酯、多羟基苯甲酸及其衍生物、脂肪族多元醇、聚醚及其衍生物等;

c. 添加高分子量弹性体,如聚氨酯橡胶、聚乙烯醇缩醛、丙烯酸酯橡胶及接枝共聚物等。

(3) α-氰基丙烯酸酯胶黏剂配方设计

工业上,氰乙酸酯和甲醛在碱性介质中缩合成低聚物,经加热裂解成单体,加入添加剂得到 α-氰基丙烯酸酯胶黏剂(表 4.23)。单体制备机理如下:

$$nCH_2O + nCH_2(CN)COOR \xrightarrow{\text{碱性催化剂}} \left[CH_2-\underset{\substack{|\\COOR}}{\overset{\substack{CN\\|}}{C}} \right]_n + nH_2O$$

$$\left[CH_2-\underset{\substack{|\\COOR}}{\overset{\substack{CN\\|}}{C}} \right]_n \xrightarrow{\text{加热裂解}} nCH_2=\underset{\substack{|\\COOR}}{\overset{\substack{CN\\|}}{C}}$$

① 单体:α-氰基丙烯酸酯(甲酯、乙酯等)。

② 增稠剂:聚甲基丙烯酸酯、聚丙烯酸酯、聚氰基丙烯酸酯、纤维素衍生物等。

③ 增塑剂:邻苯二甲酸二丁酯、邻苯二甲酸二辛酯等。

④ 阻聚剂:二氧化硫、对苯二酚等。

表 4.23 α -氰基丙烯酸酯胶黏剂的典型配方分析

配方组成	质量/份	作用分析
α-氰基丙烯酸甲酯	100	基体材料
聚 α-氰基丙烯酸甲酯	3	增稠剂,提高胶液黏度
对苯二酚	1	阻聚剂,延长贮存期
DBP	3	增塑剂,改善胶层脆性
二氧化硫	0.1	阻聚剂,提高贮存稳定性
KH-550	0.5	偶联剂,提高黏接强度

(4) 应用

以 α-氰基丙烯酸乙酯为主要成分的 502 胶(瞬干胶),室温快速固化(表 4.24)。

表 4.24 502 胶的固化速度

被粘材料	固化时间/s	被粘材料	固化时间 /s
玻璃	3~10	聚酯	10~15
丁基橡胶	5~15	酚醛塑料	10~15
天然橡胶	10~15	聚碳酸酯	10~15
氯丁橡胶	10~15	三聚氰胺甲醛塑料	10~30
丁腈橡胶	10~15	尼龙	20~30
ABS	7~10	钢	30~60
硬质聚氯乙烯	10~15	铝	45~60
有机玻璃	10~15	铝合金	90~180
聚苯乙烯	10~15	铬	120~180

使用注意事项：

① 黏接件预热至 60 ℃时黏接强度最佳。

② 胶层越薄强度越高，0.02 g/滴的胶液涂敷 8～10 cm^2时效果良好。

③ 环境湿度以 50%为佳，切忌过于干燥或潮湿；涂胶后晾置几秒，让胶层吸收微量水分。

④ 施加一定压力，合拢 10 min 后强度可达 50%，完全硬化需要 24 h。

⑤ 使用温度为 −50～70 ℃，黏接件不宜用于潮湿环境。室温浸水 6～11 个月黏接钢材自行脱落；室温浸水 12 个月黏接铜材强度降至初始强度的 1/3～1/2。

⑥ 适于应急修补及装配定位等，被粘物表面出现的白化物用二甲基甲酰胺（DMF）清除，拆胶时用丙酮。

3. 丙烯酸酯厌氧胶黏剂

1955 年，美国 GE 公司发现了丙烯酸双酯的厌氧性，后由 Loctite 公司制成厌氧胶黏剂。厌氧胶黏剂是一种单组分、无溶剂、室温固化液体胶黏剂，其黏接力强、密封效果好、使用方便，适合生产线使用。

（1）厌氧胶黏剂种类

厌氧胶黏剂可分为非结构型和结构型两类。非结构型厌氧胶黏剂包括锁固厌氧胶黏剂、密封厌氧胶黏剂，主要用于金属件的紧固密封。结构型厌氧胶黏剂用于金属结构件的黏接或装配。

① 锁固厌氧胶黏剂。由于金属机械零件表面凹凸不平，紧固时，零件间实际接触面积较小，而采用厌氧胶黏剂填充，可提高到 70%，防止螺纹松动和锁紧双头螺栓。因此，机械工业上常采用厌氧胶黏剂锁固来提高组装效率和装配质量。

② 密封厌氧胶黏剂。密封厌氧胶黏剂的黏度低，在空气中保持液状，绝氧即快速固化，固化时体积不收缩，可用于管线密封、多孔压铸片及粉末冶金制片的浸渗密封等。如粉末冶金锌、铝和镁的压铸件，钢构焊接处及铸铁翻砂件等，低黏度厌氧胶黏剂浸渗密封可提高制件的加工性和成品率。黏度稍大的厌氧胶黏剂用于轴套及圆柱、圆锥形螺纹的密封。具有触变型的厌氧胶黏剂用作万能垫片，可替代机械冲压垫片。

③ 结构型厌氧胶黏剂。具有黏接强度高、拉伸和剪切强度大，黏度适当，既能充满胶缝，又不致过多溢出，使用方便，广泛用于黏接齿轮、转子、带轮、电动机轴、轴承和轴套等。

（2）厌氧胶黏剂原料及固化机理

厌氧胶黏剂是一种引发和阻聚共存的平衡体系，能够在氧气存在时以液体状态长期贮存，一旦隔绝空气，失去了氧的阻聚作用，引发和阻聚平衡就被打破，在室温下即可硬化。

厌氧胶黏剂固化机理是胶中引发剂分解产生自由基引发单体继续聚合，实现硬化。但有氧存在时，引发剂分解产生自由基与氧结合，形成过氧自由基，其性能稳定，不能引发单体继续聚合，即氧存在起到了阻聚作用。

金属阳离子存在影响自由基聚合反应速率，厌氧胶黏剂硬化受被粘物表面性质的影响如下：

① 活性表面如钢、铁、铜、锰、铝合金等的表面，能促进厌氧胶黏剂的固化。

② 惰性表面如纯铝、不锈钢、锌、镉、钛、银、金等的表面，固化速度减慢，需涂表面活性剂。

③ 滞性表面，如阳极氧化及电镀的表面，抑制厌氧胶黏剂硬化，应加涂促进剂。

(3) 丙烯酸酯厌氧胶黏剂配方设计

甲基丙烯酸酯类单体,配以引发剂、促进剂、阻聚剂、适量增稠剂等。典型厌氧结构胶配方见表 4.25。

① 单体:多缩乙二醇二甲基丙烯酸酯、甲基丙烯酸乙酯或羟丙酯、环氧树脂甲基丙烯酸酯、多元醇甲基丙烯酸酯及低分子量的聚氨酯-丙烯酸酯等。高强度结构型厌氧胶黏剂则采用含有强极性的单体,如环氧-甲基丙烯酸酯、聚氨酯-甲基丙烯酸酯等。

② 引发剂:过氧化二异丙苯、过氧化苯甲酰、过氧化羟基二异丙苯等。

③ 促进剂:引入还原剂与过氧化物组成氧化还原引发体系,促进过氧化物的分解,如胺类、有机硫化物、有机金属化合物或邻磺酰苯甲酰亚胺(即糖精)等。

④ 增稠剂:非活性增稠剂有聚丙烯酸酯、甘醇二甲基丙烯酸酯、纤维素衍生物等。活性增稠剂有末端带多个甲基丙烯酸或丙烯酸的聚酯、聚醚、环氧等官能化聚合物。

⑤ 阻聚剂:醌、酚、草酸等。

要求快速固化时需用底胶来处理基材。底胶由助促进剂组成,如噻唑类、丁醛-苯胺加成物和硫脲等。底胶喷涂或刷涂于基材上,或将助促进剂采用微胶囊包覆,紧固时微胶囊壁受压破坏,组分渗出,实现快速硬化。

表 4.25 典型厌氧结构胶配方

配方组成	质量/份	作用
环氧丙烯酸双酯	100	基材
丙烯酸	2	改性单体
过氧化羟基二异丙苯	5	引发剂
三乙胺	2	促进剂
糖精	0.3	促进剂
气相白炭黑	0.5	触变剂

(4) 丙烯酸酯厌氧胶黏剂的性能

丙烯酸酯厌氧胶黏剂是以丙烯酸酯单体为基材的单液型多组分室温固化的胶黏剂。在氧气存在时以液体状态长期存在,隔绝空气后可在室温固化成不熔不溶的固体。厌氧胶黏剂黏度低、胶缝外漏胶料易除去,室温固化速度快,具有良好的耐水、油、醇、酸、碱和盐介质等性能特点,广泛用于金属结构件的嵌缝、螺栓纹的紧固、零部件的黏接和密封等,用于室温密封时,抗扭转力较高。

(5) 丙烯酸酯厌氧胶黏剂改性

丙烯酸酯厌氧胶黏剂改性方法:

① 用环氧树脂、聚氨酯等改性甲基丙烯酸双酯,使之具有环氧树脂黏接强度高、聚氨酯耐低温等多重优点。

② 加入金属螯合剂、硝基芳烃、卤代羧酸等改善胶液贮藏稳定性,如乙二胺四乙酸钠、2,4,6-三硝基苯甲酸、五氯硝基苯和对氯硝基苯、三氯乙酸、三溴乙酸等。

③ 添加助促进剂缩短固化时间和提高黏接强度,如 1,2,3,4-四氢喹啉盐、马来酸、α-羟基

苄基对甲苯砜等。

④ 增加甲基丙烯酸双酯上酯基的碳链长度提高耐水性。

⑤ 分子链引入苯环或提高交联度提高耐热性，如双羟乙基化双酚 A 双甲基丙烯酸酯/马来酰亚胺为基料，过氧化物-糖精-取代芳胺为引发体系，硬化胶层的耐热温度达 230～260 ℃。

4. 丙烯酸酯压敏胶黏剂

压敏胶黏剂是指不需要添加固化剂，也不需要加热，只需稍微施加点接触压力，就能够将基材黏接起来的胶黏剂。按化学组成分为丙烯酸酯胶、聚氨酯胶、橡胶型胶、热塑性聚合物胶等；按其生产方法分为溶剂型、水溶液型、乳液型、热熔型、压延型和反应型六大类。丙烯酸酯压敏胶黏剂具有原料易得、生产工艺简单、设备投资少、成本低等优点，应用广泛。

丙烯酸酯压敏胶黏剂主要是由丙烯酸酯和丙烯酸等共聚而得的。共聚单体为丙烯酰胺、丙烯腈或衣康酸等，分交联型和非交联型。对于非交联型压敏胶黏剂，通常添加烷基酚醛树脂改善内聚强度和黏接力。交联型压敏胶黏剂通过加入交联单体来提高内聚强度，并改善其耐热性。丙烯酸酯压敏胶黏剂常用于双面胶带、装饰薄膜、层压薄膜等压敏胶黏剂。

溶剂型丙烯酸酯压敏胶黏剂耐水性较好，但所用溶剂有甲苯、二甲苯等芳香烃及三氯甲烷、三氯乙烯等卤代烃，有较强毒性，污染环境。而乳液型具有无溶剂、耐老化、受压敏感及黏接性能优良等优点，其应用不断扩大。目前，我国常见的丙烯酸酯乳液压敏胶黏剂见表 4.26。

表 4.26　国产乳液型丙烯酸酯压敏胶黏剂

研制或生产单位	牌号	用途
上海合成树脂研究所	PS-3 压敏胶	绘图透明标记与聚酯膜黏接
天津有机化工实验厂	BCY-401 压敏乳液	自粘商标纸
	PSA-371 乳液	自粘商标纸
	PSA-402 乳液	BOPP 膜胶黏带
北京东方化工厂	PSA-374 乳液	胶黏相册
	PSA401/421 乳液	钢门窗密封胶带

热熔型丙烯酸酯类压敏胶粘剂为溶液型和乳液型压敏胶黏剂之后的第三代压敏胶黏剂。该类压敏胶黏剂在熔融状态下进行涂布，冷却硬化后施加轻压便能快速黏接。热熔型丙烯酸酯类压敏胶黏剂在生产中不使用溶剂，故具有无毒、无废液、制备简单、使用方便且用途广泛等诸多优点，但对温度变化的适应性较差。

水溶型丙烯酸酯类压敏胶黏剂的分子结构中带有羧基，能胺化或皂化，溶于水，兼有溶液型压敏胶黏剂和乳液型压敏胶黏剂的特性。水溶型丙烯酸酯类压敏胶黏剂以水为介质，避免了溶液型压敏胶黏剂使用有机溶剂、污染环境等缺点。另外，其优点还有不使用乳化剂，聚合物与添加剂混合均匀，其耐水性、黏接强度等优于乳液型压敏胶黏剂。

4.4.2　丙烯酸酯胶黏剂的应用

第二代丙烯酸酯胶黏剂除了不能黏接铜、铬、锌、赛璐珞、聚乙烯、聚丙烯、聚四氟乙烯等材料外，对于其他的金属和非金属材料均能进行自粘或互粘，广泛应用于应急修补、装配定位、堵漏等场合。反应型丙烯酸酯胶黏剂的缺点是单体丙烯酸酯带来特殊臭味，操作者难以忍受。反应型丙烯酸酯胶黏剂主要用在工业组装上，如汽车、轮船、电动机、机械框架的组装，路牌、标志的粘贴，金属件与玻璃、ABS 塑料、FRP 塑料的黏接等，应用非常广泛。

α-氰基丙烯酸酯胶黏剂用于金属、橡胶、塑料和玻璃等同类材料或异类材料的黏接，对于聚四氟乙烯、聚乙烯、聚丙烯和增塑性氯乙烯等塑料不能黏接，也不能用于木材、纸张、织物等多孔材料黏接。厌氧胶黏剂用途广泛，可用于密封、黏接、紧固、防松等场合，如管道螺纹、法兰面、机械设备箱体与盖的密封，螺栓的紧固防松，轴承与轴套、齿轮与轴、键与键槽等装配时的固定；铸件或焊件的砂眼和气孔的渗入填塞；以及黏接活性金属，如铜、铁、钢、铝等材料。

压敏胶黏剂大多制成各种胶黏带、胶膜等制品应用。压敏胶黏剂具有黏接、捆扎、装饰、增强、固定、保护、绝缘和识别八大使用功能，在包装、印刷、建筑装潢、制造业、家电业、医疗卫生等方面得到越来越广泛的应用。

1. 丙烯酸酯乳液胶黏剂在纺织行业的应用

在纺织行业中，乳液型丙烯酸酯胶黏剂主要用于经纱上浆、涂料印花、静电植绒、无纺织物、羊毛防缩、织物涂层整理、织物粘贴等。

（1）经纱上浆

由于高速织机出现，经纱上浆常用的淀粉、海藻类（海藻酸钠等）、植物性胶（槐角胶等）、纤维素衍生物等天然高分子上浆剂不能满足要求，合成高分子浆料开始得到应用，其主要产品为聚乙烯醇与丙烯酸酯树脂。

浆料拉伸强度：聚乙烯醇>羧甲基纤维素>丙烯酸酯类>淀粉≈海藻酸钠；

丙烯酸酯浆料伸长率：丙烯酸酯类>聚乙烯醇>羧甲基纤维素≥海藻酸钠≥淀粉；

黏接力与柔软性：丙烯酸酯类>聚乙烯醇>羧甲基纤维素>海藻酸钠>淀粉。

聚丙烯酸酯浆料具有黏接力大、胶膜柔软、对憎水性纤维黏接力好，能有效地防止断丝，织布效率高，不足之处是价格稍贵，且退浆困难。

（2）涂料印花

涂料印花胶黏剂主要有聚醋酸乙烯酯、聚丙烯酸酯和合成乳胶等乳液型品种。其中，聚醋酸乙烯酯乳液的加工制品手感较硬，橡胶类手感软，但耐老化性、耐溶剂性差，黏接力低，温度升高易发黏。聚丙烯酸酯乳液手感柔软，牢度好，使用广泛。尤其是自交联型丙烯酸酯乳液耐水洗、耐干洗、耐老化，是当前涂料印花胶最重要品种。

涂料印花胶除胶黏剂、颜料外，还添加适量填料、促进剂、增黏剂、消泡剂等。典型配方：色浆 5~10 份，自交联型聚丙烯酸酯乳液 15~30 份，填充剂 55~65 份，交联单体 1~2 份，促进剂 0.1~0.2 份，水适量。织物涂料印花时，先将乳化剂（3~5 份）、水（20~22 份）、溶剂油（$200^{\#}$，75 份）等预制成水包油型乳液，再将涂料印花胶稀释待用。

（3）静电植绒

纺织行业中静电植绒产量大、应用面广，所用的植绒胶黏剂是聚醋酸乙烯酯树脂乳液或合成橡胶乳液。聚醋酸乙烯酯树脂乳液耐水性差、手感不好，而合成橡胶乳液易老化和变色。

自交联型丙烯酸酯类乳液与三聚氰胺等交联剂并用，成为静电植绒用的主要胶黏剂。在基布上涂胶时，要求胶黏剂有适当的黏度，通常采用氨水增稠。自交联型丙烯酸酯静电植绒胶在外衣、工作服、女短大衣等的料子中使用时，三聚氰胺树脂的用量尽可能少以改善手感。用于地毯植绒时,往往聚醋酸乙烯酯乳液与自交联型丙烯酸酯乳液混合使用,以增大胶层的拉伸强度和降低植绒胶的成本。

(4) 无纺织物

无纺布主要采用合成橡胶乳胶和聚醋酸乙烯酯系乳液黏接。合成橡胶类乳胶制成的无纺布,其弹性、柔软性、耐洗性、耐干洗性等优良,但在受热和曝光条件下,容易出现老化,而聚醋酸乙烯系乳液耐老化性良好,但缺乏弹性且手感硬。自交联型热固性丙烯酸乳液的弹性稍次于合成橡胶类乳液,胶层的柔软性、机械稳定性、耐干洗性、耐老化性等优良,已成为无纺织物领域中最重要的胶种,特别是用于涤纶纤维服装衬布上的无纺布,自交联型聚丙烯酸酯效果优良。

(5) 羊毛防缩

常用加氧化剂、氯等处理方式防止羊毛的毡缩,但毛织物的耐磨强度显著下降。而采用自交联型丙烯酸酯乳液处理羊毛,羊毛表面形成被覆层,不降低其耐磨性的情况下防止毡缩。用于纯羊毛法兰绒的自交联型丙烯酸酯乳液防缩配方:丙烯酰胺 0.8 份,*N*-羟甲基丙烯酰胺 1.2 份,丙烯酸乙酯 98 份,乳液共聚成固含量 45%的乳液,稀释至 5%,并加入 0.5%氯化铵,预浸羊毛,115 ℃干燥 10 min,并在 149 ℃固化 10 min。

(6) 织物涂层整理

织物整理包括防皱、防污、防水、阻燃等。使用三聚氰胺、尿素等与醛合成的织物处理剂造成织物柔韧性的降低,而用聚丙烯酸酯乳液处理棉、黏胶纤维等,防皱、防缩、柔韧性保持好。

随着聚酰胺、聚酯、聚丙烯腈类合成纤维的大量使用,织物的涂层整理由简单的防皱、防缩、防水等扩展到还要增硬、增柔、防变形、增加丰满度等,自交联型聚丙烯酸酯乳液胶黏剂成为处理所用的主要产品。另外,聚丙烯酸酯乳液胶黏剂在纤维上成膜后起到防污整理作用。织物涂层整理一般采用玻璃化温度为-20~0 ℃的自交联的聚丙烯酸酯乳胶,常用配方:自交联型聚丙烯酸酯乳液 78 份,羧丁基橡胶 20 份,稳定剂 3 份,三聚氰胺甲醛甲阶树脂 1.0 份,缩合催化剂 0.1 份。应用于加工防水雨衣、帐篷等布料时,涂布 20~100 g/m^2,预固化后于 130 ℃固化。

(7) 织物粘贴

粘贴织物时要求贴合衣料手感好,黏接性高、耐洗涤、没有污斑等,所用胶黏剂主要为交联型聚丙烯酸酯类乳液。通常需要对乳液进行增稠处理,以提高初黏力、抑制乳液渗出、增加有效涂布量和改良手感。可采用氨增稠与预增稠两种方法。氨增稠时,控制氨的用量制成不同稠度的乳液,适用于不同的织物。该乳液初期黏度低,带入气泡少,生产合格率高。预增稠即加入羧甲基纤维素等增稠剂,增稠过程比氨增稠快,但预增稠聚丙烯酸酯乳液初期黏度高,操作时带进去的空气也难脱除,容易形成不良黏接。

交联型聚丙烯酸酯乳液胶黏剂制备:*N*-羟甲基丙烯酰胺 6 份、乙酸钠 0.9 份、水 94 份及 10%过硫酸铵溶液 2 份,70 ℃条件下聚合 1~2 h;然后加入 84 份丙烯酸乙酯、3 份丙烯酸、3 份 *N*-羟甲基丙烯酰胺、10 份丙烯腈及 3 份 10%过硫酸铵溶液,70 ℃下聚合 4~5 h。所得乳液固含量 52%,室温下可贮存 1 年。

取乳液 100 份,加 1.5 份草酸,用辊涂(涂胶 30 g/m^2),将开司米运动衫与尼龙波纹绸粘贴,130 ℃烘烤 5 min,具有优异的黏接力和耐干洗性,布料手感不受影响。

2. 丙烯酸酯压敏胶黏剂在汽车业的应用

汽车用压敏胶黏剂,特别是车面标牌、饰条、侧条等永久固定的双面发泡压敏胶黏带,具有高剥离强度、高内聚力和优异的耐水、耐寒、耐热、耐老化及耐溶剂等性能，代替传统的钉、铆、焊等。

目前，国外汽车用压敏胶多为溶剂型丙烯酸酯系列，少数是光引发本体共聚和交联，如美国3M公司车面用压敏胶黏剂（带）的制备：

（1）丙烯酸酯+极性共聚单体

丙烯酸酯一般为丙烯酸丁酯、丙烯酸壬酯、丙烯酸癸酯。极性共聚单体一般为丙烯酸、*N*-乙烯基吡咯烷酮。采用紫外光敏自由基聚合工艺，聚合与涂布一次完成，胶黏剂的分子量高，性能良好，但对高固含量汽车漆面黏接性较差。

（2）丙烯酸酯+极性共聚单体+增黏树脂

加入聚叔丁基苯乙烯增黏剂，经光聚合、交联的丙烯酸酯双面胶带，对高固含量汽车漆面防护物品或装饰物品的黏接性能良好，但不利于压敏胶黏剂的低温黏接性能，在使用过程中增黏树脂会向胶膜的表面迁移，不利于黏接的持久性。

（3）丙烯酸酯+极性共聚单体+橡胶弹性体+多双键交联单体+增黏树脂

加入橡胶弹性体提高了胶的柔韧性，多双键单体交联提高了胶膜内聚强度，其综合黏接性能优良。

我国的汽车车面用胶主要是通过溶液聚合后再交联的技术路线，以聚乙烯发泡体为基材制备，采用转移涂布工艺，其主要性能接近美国3M公司的Y4247和Y4246汽车车面用压敏胶产品。

3. 氰基丙烯酸酯胶黏剂在医学上的应用

氰基丙烯酸酯胶黏剂的优点是单组分、无溶剂、流动性好、室温快速固化，化学性能稳定，降解不释放有害物质，优良的力学相容性和生物组织相容性。因此，氰基丙烯酸酯医用胶黏剂在近几十年来得到了迅速的发展和广泛的临床应用。目前，临床上用的主要是氰基丙烯酸丁酯和氰基丙烯酸辛酯，代替缝线、黏接固定、迅速止血、填塞堵漏等。

（1）代替手术缝线

氰基丙烯酸正辛酯胶黏剂代替手术缝合线，短期内黏合力比缝线的点缝合更牢固，操作简单，手术时间缩短，为组织修复提供了一种新方法。如在小梁切除术中，将医用氰基丙烯酸酯胶黏剂用于虹膜缝线，消除传统缝合引起的术后散光。在清创手术中，利用医用氰基丙烯酸酯胶黏剂的抗菌作用，感染率低、不需拆线、术后疤痕小，并有效避免术后缝线排斥反应。眼烧伤治疗中黏合羊膜手术时，因烧伤眼皮表面高度充血水肿甚至出现缺血坏死，导致缝线操作困难，而用胶黏剂可以防止羊膜早期脱落，迅速恢复眼表完整性，有效防止多种并发症发生。腹腔镜手术后期，用医用氰基丙烯酸酯胶黏剂修补手术戳孔比手术缝线节省时间和费用，降低术后出现并发症的概率。

但由于氰基丙烯酸酯胶黏剂的黏接强度随时间延长而下降，尤其是28天后的强度要比缝线低，故并不能完全代替手术缝线，尤其在高强度的切口中不能单独使用，只能配合手术缝线使用。

（2）黏接固定

手术中用于黏接固定，同时还抑制感染、加速伤口愈合。如用于腭裂修复术中，用氰基丙烯酸酯胶黏剂粘贴代替传统的碘仿纱条填塞，不需要抽出松弛切口内填塞的碘仿纱条，从而避免引起继发性出血，减少张力和腭瓣后退、防止食物嵌塞、减少感染发生，异味刺激小，不妨碍进食。

(3) 迅速止血

氰基丙烯酸酯具有快速凝固的特性，临床上可用于快速止血。与传统烧灼止血法相比，具有快速、高效、安全、方便等优点。

(4) 栓塞堵漏

氰基丙烯酸酯胶黏剂接触血液和组织液迅速凝固，因此常用作各种漏口的栓塞剂。氰基丙烯酸正丁酯胶黏剂可以选择性地栓塞静脉各级分支并造成其永久性的栓塞，疗效稳定、安全可靠、毒副作用小。氰基丙烯酸正丁酯胶黏剂也可作为治疗肝癌动静脉瘘的栓塞剂。用氰基丙烯酸正丁酯和碘化油构成的乳胶气囊进行分流栓塞术，进行肝经导管动脉栓塞应用，安全有效，副作用小，为肝癌Ⅰ期和Ⅱ期的治疗提供了新的方法。

4.5 不饱和聚酯胶黏剂

不饱和聚酯树脂(UPR)是由不饱和二元酸或酸酐与二元醇，饱和二元酸或酸酐与不饱和二元醇缩聚而成的含有重复不饱和双键和酯键的线型聚合物。UPR 是一种固体或半固体状态的树脂，需要加入苯乙烯单体稀释成具有一定黏度的树脂溶液，使用时加入引发剂等引发苯乙烯单体和不饱和聚酯分子中双键发生自由基共聚反应，最终交联成为体型结构。

不饱和聚酯胶黏剂具有黏度小、湿润速度快、室温(不低于 15 ℃)快速固化、固化不释放出副产物、使用方便、价格低廉等，对多种金属和非金属材料具有良好的黏接强度。其固化物具有耐酸、耐碱、耐候、耐水、耐油，以及硬度高、光泽好、电气绝缘性优良，但其收缩性大、有脆性，一般加入填料改善收缩性和加入热塑性高聚物来增韧。

4.5.1 不饱和聚酯胶黏剂的组成

不饱和聚酯胶黏剂由不饱和聚酯、交联单体、引发剂、促进剂、阻聚剂、填料和偶联剂等组成。

1. 不饱和聚酯

不饱和聚酯是由不饱和多元酸或酸酐与饱和二元醇缩聚制备。通常加入饱和二元酸或酸酐如邻苯二甲酸酐改性，并将不饱和聚酯溶解在交联烯类单体如苯乙烯或甲基丙烯酸甲酯中，制成黏稠状树脂液。

(1) 不饱和二元酸

为改进树脂固化物性能，一般不饱和二元酸和饱和二元酸混合使用。由于酸酐熔点较低，聚合反应时可少缩合出一分子水，常采用二元酸酐。常用的不饱和二元酸酐有顺丁烯二酸酐，常用的饱和酸酐有邻苯二甲酸酐。

(2) 二元醇

常用二元醇有乙二醇和 1,2-丙二醇。乙二醇结构对称，合成的不饱和聚酯树脂具有明显的结晶性，与苯乙烯的相容性差，需要与其他二元醇共聚，如 60%乙二醇和 40%丙二醇混合使用。由于 1,2-丙二醇结构上的非对称性，可得到非结晶不饱和聚酯树脂，与苯乙烯相容，且价格相对较低，是目前应用较广泛的二元醇。

（3）不饱和聚酯制备

通用型的不饱和聚酯是由1,2-丙二醇、邻苯二甲酸酐，外加一定量的顺丁烯二酸酐合成的。其反应机理如下：

$$HO-CH_2-\underset{}{CH}(CH_3)-OH + C_6H_4(CO)_2O \longrightarrow HO-CH_2-CH(CH_3)-O-\overset{O}{\overset{\|}{C}}-C_6H_4-\overset{O}{\overset{\|}{C}}-OH$$

$$2HO-CH_2-CH(CH_3)-O-\overset{O}{\overset{\|}{C}}-C_6H_4-\overset{O}{\overset{\|}{C}}-OH \underset{H_2O}{\overset{-H_2O}{\rightleftharpoons}} HO-CH_2-CH(CH_3)-O-\overset{O}{\overset{\|}{C}}-C_6H_4-\overset{O}{\overset{\|}{C}}-O-CH_2-CH(CH_3)-O-\overset{O}{\overset{\|}{C}}-C_6H_4-\overset{O}{\overset{\|}{C}}-OH$$

$$HO-CH_2-CH(CH_3)-O-\overset{O}{\overset{\|}{C}}-C_6H_4-\overset{O}{\overset{\|}{C}}-OH + HO-CH_2-CH(CH_3)-OH \longrightarrow HO-CH_2-CH(CH_3)-O-\overset{O}{\overset{\|}{C}}-C_6H_4-\overset{O}{\overset{\|}{C}}-O-CH_2-CH(CH_3)-OH + H_2O$$

典型不饱和聚酯合成配方见表4.27。反应釜中加入二元醇（OH/COOH为1∶1）、带水剂（如甲苯、二甲苯），升温至100 ℃时，加入二元酸酐，通入二氧化碳或氮气，升温至150 ℃，控制水分离速度，缓慢升温至190～210 ℃，控制酸值（40～50 mg KOH/g）、羟值、黏度，真空除去残余水和带水剂。降温至80 ℃以下，缓缓加入苯乙烯和对苯二酚，搅拌均匀即成产品。

表4.27 典型不饱和聚酯合成配方

原料名称	物质的量比	质量/份
丙二醇	2.20	167.5
顺丁烯二酸酐	1.00	98
苯酐	1.00	148
理论缩水量	2.00	36
不饱和聚酯产量		377.5
苯乙烯	2.00	208
对苯二酚		适量

改变二元酸酐、二元醇、交联剂的种类、配比，可制得不同性能的不饱和聚酯树脂产品。可分为通用型、韧性型、弹性型、耐化学药品型、阻燃型、耐热型、光稳定型和耐气候型、空气干燥型、低收缩型、低放热型和特殊用途树脂等。国产不饱和聚酯树脂常见牌号及性能指标见表4.28。

表 4.28 国产不饱和聚酯树脂常见牌号及性能指标

类型	牌号	组成	酸值/(mg KOH·g^{-1})	黏度[1]/(Pa·s)	特性
通用型	191	苯酐、顺酐、丙二醇	<16		较柔韧,透明性好
	303	苯酐、顺酐、乙二醇、一缩二乙二醇	40~50		较柔韧,透明性较差
	306	苯酐、顺酐、乙二醇、环己醇	30~50	0.13~0.18	刚性较大,耐水性较好
	307	苯酐、顺酐、丙二醇	30~50	0.15~0.18	透明度好,坚硬,耐水性好
	314	苯酐、顺酐、乙二醇	≤20		电气性能和耐水性好
	318	顺酐、丙二醇、二甲苯甲醛树脂	30~50		邻苯二甲酸二丙烯酯并用,耐热性好
	7541	苯酐、顺酐、乙二醇、环氧丙烷		2	综合性能好,耐水性优异
韧性型	182	苯酐、顺酐、一缩二乙二醇	16~30	30~90 s	韧性好,多与其他树脂混用
	196	苯酐、丙二醇、一缩二乙二醇	17~25	60~120 s	韧性好
	304	苯酐、顺酐、乙二醇、蓖麻油	20~25		韧性较好,色泽较深
	712	苯酐、顺酐、乙二醇、癸二酸	20~40	60~120 s	黏度低,韧性较好
	309	苯酐、甲基丙烯酸、二缩三乙二醇	≤5	0.1~0.3	韧性较好,强度高,耐热好
	3193	苯酐、顺酐、乙二酸、己二醇	<410	0.09~0.1	韧性好,多与其他树脂混用
耐热型	198	苯酐、顺酐、丙二醇	20~40	60~240 s	最高耐热可达 250 ℃
	311	苯酐、甲基丙烯酸、甘油	<15	0.4~2.1	耐热好,强度高
	313	甲基丙烯酸、二缩三乙二醇	≈5	0.005~0.02	耐热好,强度高
耐腐蚀型	189	苯酐、顺酐、乙酰化乙二醇	20~30	2.5~4.5	耐水、耐化学腐蚀
	199	间苯二甲酸、反丁烯二酸、丙二醇	35~454	90~240 s	
	3301	顺酐、双酚 A、丙二醇、环氧丙烷		60~180 s	耐化学腐蚀、耐热好
	339	顺酐、33 单体、丙二醇	16~27	60~240 s	耐酸性好,有一定的耐碱性
光稳定型	191	苯酐、顺酐、丙二醇、紫外线吸收剂	35~46	60~180 s	耐光老化
	193	苯酐、顺酐、丙二醇、一缩二乙二醇、光稳定剂			耐光、耐紫外线性能较好
	195	苯酐、顺酐、丙二醇、光稳定剂			耐光性好,透光度高(>82%)
阻燃型	317	顺酐、氯菌酸酐、乙二醇	24~28	0.15~0.25	不燃烧
	320	顺酐、乙二醇、二氯乙基磷酸酯	<20		不燃烧
	7901	苯酐、顺酐、环氧氯丙烷		60~180 s	具有自熄性、难燃性
	734				耐光自熄聚酯,半透明
	735				自熄聚酯,耐火性好

① 数值中标有“s”时,为涂-4 杯黏度。

2. 交联单体

选择交联单体需考虑以下因素：

① 能溶解和稀释不饱和聚酯，参与共聚交联反应，且速率快。

② 改善固化树脂物理性能。

③ 挥发性低，无毒或低毒。

④ 原料丰富，成本低。

混溶的乙烯类单体是不饱和聚酯树脂的交联单体，如苯乙烯、α-甲基苯乙烯、丙烯酸及其甲酯或丁酯、甲基丙烯酸及其甲酯、邻苯二甲酸二烯丙酯等。苯乙烯与不饱和聚酯的共聚性好，固化速度快，混合黏度小，固化物物理性能和电绝缘性能良好，价格低廉，常用作共聚交联单体，占总用量的95%。

不饱和聚酯树脂在自由基引发剂作用下共聚，形成性能稳定的体型交联结构，其共聚固化产物结构如下：

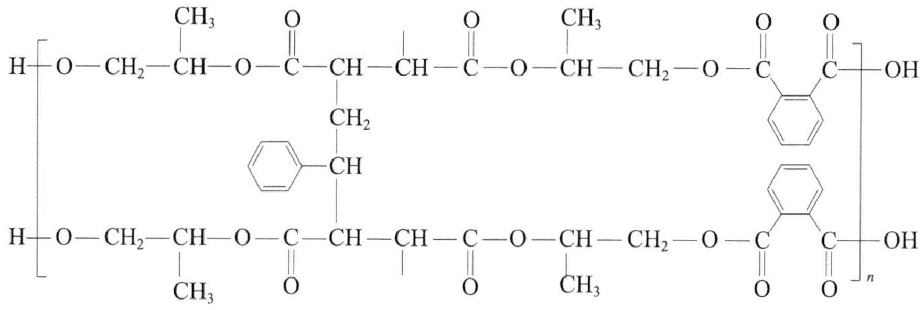

$$H\!-\!\left[O-CH_2-\underset{}{\overset{CH_3}{\overset{|}{C}H}}-O-\overset{O}{\overset{\|}{C}}-CH-CH-\overset{O}{\overset{\|}{C}}-O-\overset{CH_3}{\overset{|}{C}H}-CH_2-O-\overset{O}{\overset{\|}{C}}-C_6H_4-\overset{O}{\overset{\|}{C}}\right]\!-OH$$

$$H\!-\!\left[O-CH_2-\underset{CH_3}{\underset{|}{C}H}-O-\underset{O}{\underset{\|}{C}}-CH(-CH(C_6H_5)-CH_2-)-CH-\underset{O}{\underset{\|}{C}}-O-\underset{CH_3}{\underset{|}{C}H}-CH_2-O-\underset{O}{\underset{\|}{C}}-C_6H_4-\underset{O}{\underset{\|}{C}}\right]_n\!-OH$$

3. 引发剂

引发剂在一定条件下产生自由基引发不饱和聚酯树脂中的双键与交联剂发生共聚、交联，大多数采用过氧化物，常用过氧化物引发剂种类与引发温度见表4.29。

表4.29　常用过氧化物引发剂种类与引发温度

引发剂种类	引发温度/℃
过氧化丁酮	20~60(低温)
异丙苯过氧化氢	
叔丁基过氧化氢	
过氧化苯甲酰	
过氧化二异丙苯	60~120(中温)
过氧化丁酮	
过氧化苯甲酸叔丁基	120~150(高温)
二叔丁基过氧化物	

为了防止过氧化物爆炸，一般将过氧化物与稀释剂配成糊状液使用，常用的过氧化物引发剂的种类及特点见表4.30。其中，常温固化时2#引发剂最常用。

表 4.30 常用的过氧化物引发剂的种类及特点

名称	组成	用量 /份	适用条件
1#引发剂	过氧化苯甲酰/稀释剂糊状液	2～3	100～140 ℃
2#引发剂	过氧化环己酮/稀释剂糊状液	4	室温
3#引发剂	过氧化甲乙酮/稀释剂糊状液	4	室温

注:稀释剂为邻苯二甲酸酯类;引发剂用量以 100 份质量的树脂为基础。

紫外线引发不饱和聚酯固化,紫外线光能量能使树脂的 C—C 键断裂,产生自由基,使树脂交联固化。如在 0 ℃下,日光照射树脂,一天内发生交联固化。另外,加入光敏剂后,用紫外线或可见光作引发源,不饱和聚酯快速交联而固化。

4. 促进剂

过氧化物分解的活化能一般较高,加入促进剂,与过氧化物构成氧化还原体系,降低过氧化物的分解活化能,用于室温固化不饱和聚酯胶。

促进剂有三种类型:有机金属化合物、叔胺和硫醇类化合物,常用的促进剂为有机金属化合物环烷酸钴(萘酸钴)。通常加入第二种促进剂强化有机金属化合物的促进作用。例如,*N*,*N*-二甲基苯胺(1#促进剂)与环烷酸钴(2#促进剂)配合,可与钴盐形成配合物,在室温下快速引发不饱和聚酯胶固化。

5. 阻聚剂

为了防止不饱和聚酯胶中乙烯基单体(如苯乙烯、甲基丙烯酸甲酯)在合成、稀释、贮存或运输中发生聚合,加入阻聚剂。阻聚剂可分为下列几类:

① 无机物:硫黄、铜盐、亚硝酸盐。

② 多元酚:对苯二酚、邻苯二酚、对叔丁基邻苯二酚、联苯三酚。

③ 醌:萘醌、1,4-苯醌、菲醌。

④ 芳香族硝基化合物:二硝基苯、三硝基甲苯、苦味酸。

⑤ 胺类:吡啶、*N*-苯基-*p*-萘胺、吩噻嗪。

为了提高阻聚效率,常将几种阻聚剂配合使用,如加入对苯二酚、叔丁基邻苯二酚和环烷酸铜组合成复合阻聚剂。对苯二酚在 130 ℃高温下 1 min 内阻聚效率 100%,叔丁基邻苯二酚在高温下阻聚效果差,而低于 60 ℃时阻聚效率为对苯二酚的 25 倍,环烷酸铜在室温起阻聚作用,高温能起促进作用。

6. 填料

不饱和聚酯胶固化时,体积收缩大(10%～15%),比环氧树脂高 1～4 倍,产生很大的内应力,导致黏接强度下降、易开裂。加入热塑性聚合物和无机填料,有效降低收缩率并提高黏接强度,也可以降低成本、抑制反应热、提高触变性或耐热性等。

常用的聚合物有聚乙烯醇缩醛、聚醋酸乙烯酯、聚酯等。常用的无机填料有铝粉、铜粉、石墨、氧化铁、氧化锌、氧化铝、石英粉、二氧化钛粉、云母粉和石棉粉等。

7. 偶联剂

加入少量有机硅烷偶联剂如 A-151,KH-570 等,使胶黏剂的黏接强度大大提高,并改善其耐热、耐水和耐湿热老化性能。

4.5.2 不饱和聚酯胶黏剂的性能

1. 不饱和聚酯胶黏剂的性能特点

不饱和聚酯胶黏剂具有以下优点：

① 黏度低，易浸润黏接材料的表面。

② 黏接强度较高，胶层硬度大。

③ 颜色较浅，透明性好。

④ 电绝缘性好，耐磨性、耐热性较好。

⑤ 工艺性好，操作方便，室温或加温固化。

⑥ 配制容易，价格低廉。

⑦ 固化时不产生副产物，只需接触压力。

不饱和聚酯胶黏剂也存在以下缺点：

① 胶层脆性大，抗冲击性差。

② 固化时收缩率大，容易开裂。

③ 耐湿热老化性差。

2. 不饱和聚酯胶黏剂改性

由于不饱和聚酯胶黏剂胶层的收缩率大，黏接接头产生内应力，导致黏接强度下降、易开裂，而且固化物抗冲击性能差，因此，需对其改性，改性方法如下：

① 通过共聚以降低树脂中不饱和双键的含量，如引入长链醇与长链酸单体。常用长链醇有一缩二乙二醇、二缩三乙二醇、聚乙二醇，常用长链二元酸有己二酸等。不饱和聚酯胶黏剂改性后柔韧性提高，但强度降低。如用己二酸与一缩二乙二醇同时增韧不饱和聚酯树脂，具有更好的增韧效果，但长链醇价格比长链酸高，更常用己二酸共聚。

② 采用在固化反应时收缩率低的交联单体，如间苯二甲酸。降低不饱和聚酯胶黏剂固化收缩率，提高其冲击强度。

③ 加入与黏接材料线胀系数相近的填充剂，如加入聚乙烯醇缩醛、聚醋酸乙烯酯、聚酯等。

④ 加入弹性体齐聚物液体，如液体橡胶、液体聚氨酯等。弹性体齐聚物液体易均匀分散于不饱和聚酯胶黏剂中，其活性端基与不饱和聚酯胶黏剂分子主链发生反应，极大地提高橡胶与聚酯相之间作用，明显提高胶黏剂的冲击强度。

4.5.3 不饱和聚酯胶黏剂的应用

不饱和聚酯胶黏剂广泛应用于建筑、化工防腐、交通运输、电气绝缘、工艺雕塑、文体用品、宇航等领域，如制造玻璃钢、人造玛瑙、卫生洁具、工艺品、人造大理石、食品容器和家具漆等。用于金属、硬质塑料、增强塑料、有机玻璃、聚碳酸酯、玻璃、陶瓷、混凝土、水泥制品等黏接，但由于其黏接强度低，一般用作非结构胶。

1. 不饱和聚酯腻子

不饱和聚酯腻子有较高的黏接力、抗水性、耐蚀性、耐老化及触变性和气干性，可用作铸铁件表面的覆盖涂层。

(1) 粗糙铸铁件表面的刮底腻子

取松香聚酯 30 份、熟石膏粉 44 份、水磨石粉 16 份、滑石粉 8 份、邻苯二甲酸二丁酯 2 份、亚硝酸钠 0.04 份，以及 1#促进剂 2~4 份配方混合均匀，即为粗糙铸铁件表面的刮底腻子。

(2) 不饱和聚酯胶泥

取聚酯 80 份、滑石粉 10 份、硬脂酸锌 2~5 份、颜料 2~3 份、气相法白炭黑 0.5 份混匀，以及 4%的引发剂及促进剂（根据固化速度需要调整促进剂用量），常用于修补汽车、船舶及玻璃钢。

(3) 原子灰

原子灰专用不饱和聚酯胶黏剂生产配方见表 4.31，其生产工艺为：按顺序将丙二醇、二甘醇、亚麻油、顺酐、四氢苯酐投入反应釜中，加入 0.01%对苯二酚溶液，通 N_2 缓慢升温至 160 ℃，保温 1 h；3 h 内升温至 190 ℃，保温 1 h；降温至 180 ℃，投入三羟甲基丙烷二烯丙基醚，保温3 h，停止通 N_2，加入 0.02%阻聚剂对苯二酚溶液，抽真空，控制树脂胶的酸值为 29 mgKOH/g；加入苯乙烯后出料。

表 4.31 原子灰专用不饱和聚酯胶黏剂生产配方

原料名称	质量/份
顺丁烯二酸酐	387
四氢苯酐	532
丙二醇	551
二甘醇	106
亚麻油	103
三羟甲基丙烷二烯丙基醚	139
投料总量	1 818
理论出水量	133
醇酸聚酯量	1 685
苯乙烯	1 035

将树脂胶、促进剂、稳定剂混合搅匀，与 325 目以上粉料和 200 目以上玻璃微珠按配比捏合混匀成黏稠糊状物，再用三辊研磨机轧研，抽真空脱除空气即成原子灰，常见原子灰配方见表 4.32。

原子灰代替传统的桐油石膏腻子、过氯乙烯腻子和醇酸树脂腻子，成为在汽车用胶中生产量大的一类黏接密封胶，常用于汽车外表的油漆装饰、汽车撞击损坏后的修补等，干燥快，金属黏附性、耐热、耐开裂、施工周期短，是较为理想的一种嵌填材料。

(4) 不饱和聚酯腻子密封胶

配方 1　313#不饱和聚酯 45.2 份，邻苯二甲酸二烯丙酯 9.6 份，甲基丙烯酸 19 份，过氧化氢/丁酮溶液 3.6 份，丙烯酰胺 26.2 份，*N*,*N*-甲苯胺 0.4 份。500 kPa、65~70 ℃下固化 6 h 或 100 ℃固化 2 h。固化物耐海水、95%乙醇溶液、燃料油及丙酮、甲苯等，用于常规螺钉紧固与密封等。

表 4.32 常见原子灰配方

组分	质量/份		
	配方 A	配方 B	配方 C
原子灰专用不饱和聚酯	100	36	100
滑石粉	115	57	158
重晶石粉	15	5	15
玻璃微珠	—	5	7
瓷粉	10	—	8
钛白粉	5	1.5	4.2
异辛酸钴(Co^{2+} 6%)	12	1.6	4.5
环烷酸铜(Cu^{2+} 8%)	0.05	0.05	0.14
气相二氧化硅	适量	0.3	0.8
有机膨润土	适量	0.5	1.4
苯乙烯	1~3	0.2	7.0
二甲基苯胺	0.1~0.2	0.16	0.4~0.5

配方 2 309#不饱和聚酯 100 份,丙烯酸 12 份,307#聚酯 20 份,过氧化环己酮 2 份,乙酸乙烯酯 10 份,环烷酸钴 1 份。500 kPa、60 ℃下固化 12 h。固化物强度高,耐冲击与振动,用于常温下剧烈振动设备的黏接、螺钉紧固与密封等。

2. 油田固砂应用

采油过程中地层出砂造成油井的减产、停产。191#不饱和聚酯胶黏剂具有常温快速固化、强度高等特性,用于油田防砂、固砂。

按 191#不饱和聚酯∶固化剂∶固化促进剂∶乳化油增孔剂为 100∶0.3∶0.1∶15 现配现用。用油田防砂用水泥车将固砂剂泵入地层,注入量为 0.1 m^3/min。固砂地层具有良好的渗透性,能耐常规入井流体的浸泡与老化,但应避免强碱性化学介质和流体的浸泡。

3. 路面修补应用

不饱和聚酯树脂具有黏接力强、拉伸强度高、耐酸等侵蚀、防水性能好、施工工艺简单、成本低等优点,应用于沥青混凝土路面修补,有效延长路面的使用寿命。与传统的玻璃纤布格栅处理方法相比,具有防渗水、造价低的优点。

(1) 配制

不饱和聚酯加入 4%引发剂,搅拌 3~5 min,加入 4%促进剂,搅拌均匀。调配量 0.7 kg/m^2,修补面积小于 10 m^2,18 ℃以上常温固化。

(2) 涂刷树脂胶

将部分调好的胶用毛刷或刮板在裂纹处涂匀。

(3) 浸铺玻璃纤布

将玻璃纤布铺在涂刷好胶的裂纹处并绷紧,用胶浸透玻璃纤布。

(4) 撒布石屑

均匀铺撒 5~8 mm 的石子,要求石子半浸入树脂胶中。

4. 石材加工应用

双环戊二烯(DCPD)型不饱和聚酯石材专用胶具有施工工艺性好、贮存期长、固化时间短、黏接强度高、符合审美标准、价格适中等优点,用于石材的拼花、勾缝等。

(1) 配制

双环戊二烯型不饱和聚酯 100 份、石粉 80 份、促进剂 1 份、增稠剂 2 份、消泡剂 0.5 份、颜料少量,加热至 70 ℃,混合均匀,抽真空消泡 1 h,冷却出料。

(2) 性能特点

① 收缩率低　双环戊二烯型不饱和聚酯的体积收缩率为 3%~5%,远低于通用型不饱和聚酯的 7%~9%,降低固化过程中体积收缩引起的内预应力,提高黏接强度。

② 耐水性优良　双环戊二烯型不饱和聚酯的耐水性优良,与间苯型不饱和聚酯相同,使用寿命长。

③ 低挥发性　不饱和聚酯链中引入双环戊二烯,减少体系中交联单体用量,克服传统不饱和聚酯类胶黏剂的挥发性大、施工条件较差等缺点。

4.6 有机硅胶黏剂

有机硅胶黏剂是以 Si—O 主链聚合物为基料的胶黏剂,具有独特的耐热和耐低温性、良好的电绝缘性,在宽温度范围电性能变化小,介质损耗低,化学稳定性、疏水防潮性及耐氧化性、透气性和弹性等优良。根据不同使用要求,有机硅胶黏剂可设计不同分子结构的胶黏剂产品。通常采取改变聚硅氧烷主链结构、硅原子取代基团种类,或采用有机树脂对其改性,以及选择不同类型固化剂对其固化物性能改性等,制成各种用途的有机硅胶黏剂,主要应用于建筑、电子电器、航空航天等领域。

4.6.1 有机硅胶黏剂的分类及组成

有机硅胶黏剂分为硅树脂胶黏剂和硅橡胶胶黏剂。硅树脂胶黏剂由 Si—O 键为主链的体型结构组成,高温下可进一步缩合成高度交联、硬而脆的硅树脂。硅橡胶胶黏剂是以 Si—O 键为主链的线型高分子弹性体,分子量从几万到几十万不等,加固化剂或催化剂发生交联,实现固化。

1. 有机硅胶黏剂的分类

(1) 硅树脂胶黏剂

制备硅树脂的单体是氯硅烷(通式为 R_xSiCl_{4-x})或氯氢硅烷($RSiHCl_2$,R_2SiHCl,$RSiH_2Cl$ 等,R 是甲基、苯基、乙烯基等)。烷基(芳基)氯硅烷经水解后形成硅醇,在碱或酸催化下生成有机硅氧烷。

硅树脂胶黏剂对铁、铝和锡等金属的黏接性能好,对玻璃和陶瓷也容易黏接,对铜的黏附力较差。纯硅树脂的力学强度低,一般与聚酯、环氧或酚醛等有机树脂进行共聚改性,得到耐高温和力学性能优良的耐高温结构胶。

① 有机硅树脂胶黏剂。以硅树脂的二甲苯溶液为基料,加入无机填料和有机溶剂混合均匀而成;在一定的夹持压力、270 ℃下固化 3 h,可以黏接金属、玻璃钢等。黏接接头可耐高温,能在 400 ℃下长期使用,适合于高温环境下非结构件的黏接和密封。但由于硅树脂胶黏剂固化温度高,其应用受到限制。

② 改性硅树脂胶黏剂。采用环氧树脂、不饱和聚酯、丙烯酸酯、酚醛树脂等共聚改性,降低了固化温度,同时提高其黏接强度(表 4.33)。

表 4.33　改性硅树脂胶黏剂的性能

胶黏剂	固化条件	剪切强度/MPa	长期使用温度/℃
有机硅树脂	压力 490 kPa,270 ℃,3 h	7.9~8.7	400
环氧改性硅树脂	常温下加热固化	14.0	300
不饱和聚酯改性硅树脂	压力 98~196 kPa,室温至 120 ℃,1.5 h,升温至 120~200 ℃,1 h	19.8	200
酚醛改性硅树脂	压力 490 kPa,200 ℃,3 h	12.0	350

环氧基团引入硅树脂侧链或封端(图 4.8),兼有环氧树脂和聚硅氧烷的优点,黏接性能、耐介质、耐水和耐大气老化性能均良好。与环氧树脂相比,改性有机硅树脂胶黏剂具有较好的耐高温性能。如果环氧树脂占比太大,其耐热性能显著下降,环氧与硅树脂的比例以1 : 9为宜。环氧改性的有机硅树脂胶黏剂必须加入适量固化剂,提高交联度、增加耐热性、降低固化温度。

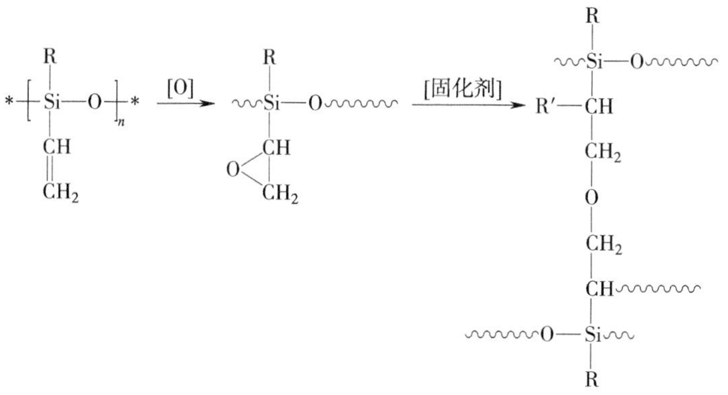

图 4.8　侧基环氧化反应及固化机理

不饱和聚酯与有机硅树脂共缩聚改性,所得改性硅树脂胶黏剂能在 200 ℃时长期使用,但黏接强度不高。

丙烯酸与硅树脂间的反应得到的改性有机硅树脂具有较好固化性能,耐油、耐溶剂及耐水解性能等。改性有机硅树脂分乳液型和溶液型。乳液型胶黏剂具有优良的耐候性、耐污性、耐化学品性能,而溶液型胶黏剂具有良好的延伸率、保光性、抗水性和耐热性、耐溶剂与耐盐雾等特点。

聚氨酯预聚物与有机硅树脂反应制得聚氨酯改性有机硅树脂胶黏剂。聚氨酯引入有机硅树脂中实现体系常温固化,显著提高其胶黏附着力、耐磨性、耐油及耐化学介质性能。

(2) 硅橡胶胶黏剂

以硅橡胶为基料,配以交联剂、促进剂、填料、助剂等组成。硅橡胶胶黏剂按固化温度可分为高温固化型和室温固化型,主要用作密封胶。高温固化型硅橡胶胶黏剂以二甲基硅橡胶、苯甲基硅橡胶、乙烯基硅橡胶为主料,因固化温度高,不常用。室温固化型按组分又可分为单组分室温固化型及双组分室温固化型。由于施胶工艺限制,有机硅密封胶黏剂一般做成室温固化型。

① 单组分室温固化型。以端羟基硅橡胶为主体,配合交联剂、填充剂及其他助剂密封保存。使用时,胶料与空气中的湿气接触而固化为硅橡胶弹性体。

② 双组分室温固化型。硅羟基封端线型硅橡胶为主组分,配以交联组分。常用交联剂有原硅酸乙酯或丙酯、甲基三乙氧基硅烷及其部分水解缩聚物。促进剂为金属有机酸盐类,如二丁基二月桂酸锡、二丁基二乙酸锡、辛酸锡、异辛酸锡、辛酸铅等。通常还加有补强填料,如气相二氧化硅等。

室温固化型硅橡胶胶黏剂的类型和性能见表 4.34。

表 4.34 室温固化型硅橡胶胶黏剂的类型和性能

类型	固化形式	固化时放出副产物	优点	缺点
单组分	空气中湿气缩合交联	醇(ROH)	无臭、无腐蚀性,表面固化慢,黏接性好,强度高	贮存期较短,低温度下保存
		肟($R_1R_2C{=}NOH$)	无臭,一般无腐蚀性	强度和黏接性较差,对铜有腐蚀
		羧酸(RCOOH)	黏接性良好,透明,强度适中	对金属有腐蚀性,表面固化快
		胺(RNH_2)	对混凝土、石材等有良好黏接性	对金属有腐蚀性,强度低
		酮(RCOR′)	无臭、无毒、无腐蚀性,黏接性好,贮存稳定	合成工艺比较复杂,成本高
	催化缩合交联	酰胺(RCONHR′)	低模量、高伸长率,黏接持久和高密封性	拉伸强度低
	催化加成交联	无	收缩性小,耐热性高,施胶适用期长,无腐蚀,加热固化加速	贮存困难,CO_2 接触变质,需加入抑制剂,催化剂易中毒
双组分	催化缩合交联	醇(ROH)	交联固化完全,固化时间和胶的黏度可调节	黏接性较差
	催化加成交联	无	交联固化完全,操作时间可控,固化胶透明、强度高、阻燃	催化剂易中毒

2. 有机硅胶黏剂的组成

有机硅胶黏剂以硅橡胶胶黏剂为主(典型配方见表 4.35),其组成包括基料、填料、偶联剂、固化剂、固化促进剂,以及其他添加剂如抗氧剂、热稳定剂、着色剂等。

(1) 基料

有机硅胶黏剂常用的基料有有机硅烷树脂、甲基硅橡胶、甲基乙烯基硅橡胶、苯基硅橡胶、对亚苯基硅橡胶、苯醚硅橡胶、腈硅橡胶及氟硅橡胶等。不同的有机硅单体水解缩聚而成的硅树脂或硅橡胶,反应性能不同,固化性能也存在差异。防水密封材料要选分子量大的硅橡胶,固化后的交联密度小、弹性好。

(2) 填料

选用气相白炭黑、炭黑、超细硅藻土、二氧化钛、金属氧化物等,提高有机硅胶黏剂的黏附力、耐热性及内聚强度。用量 5~45 份,可多达 200 份。对于防水密封胶填料,一般选用碳酸钙。

(3) 偶联剂

用于处理白炭黑的表面,与白炭黑一起加入有机硅胶黏剂中,有助于提高黏接性能。常用的偶联剂为有机硅烷、硅氧烷、硅树脂、钛酸酯、硼酸或含硼化合物等。

(4) 固化剂

加成型有机硅胶黏剂用过氧化物作固化剂。常用过氧化苯甲酰、偶氮异丁腈等,用量为 1~10 份,固化机理为自由基交联固化。对于单组分胶黏剂的固化剂为带易水解基团的三乙酰氧基硅烷、三氨基硅烷和三烷基硅烷等,固化机理为当胶料与空气中的水分接触,固化剂发生水解,生成硅羟基后失水缩合固化,需要无水条件下密封隔水保存。

(5) 固化促进剂

含羟基硅橡胶室温硫化交联时,需加入促进剂,如二丁基锡、月桂酸锡,一般用量为 0.5~2 份。对于双组分室温硫化硅橡胶胶黏剂,硫化速率受空气中湿度和环境温度的影响,但主要影响因素是固化促进剂性质及用量。

表 4.35 硅橡胶胶黏剂典型配方

组成	质量/份	组分作用
107#硅橡胶	100	基料
气相白炭黑	20	触变性
甲基三甲氧基硅烷	4	交联剂
二甲基二甲氧基硅烷	4	交联剂
KH-550	2	提高黏接强度
二月桂酸二丁基锡	0.5	促进剂、加速交联

4.6.2 有机硅胶黏剂的应用

有机硅胶黏剂可黏接金属、塑料、橡胶、玻璃、陶瓷等,应用于宇航、飞机制造、电子工业、机械加工、汽车制造、建筑和医疗等方面。

1. 有机硅密封胶黏剂

有机硅密封胶黏剂耐高温、耐低温、耐蚀、耐辐照,且具有优良的电绝缘性、防水性和耐候性,是目前消耗量最大的一类密封胶黏剂,广泛用于宇航、飞机制造、电子工业、机械加工、汽车制造及建筑和医疗方面,如飞机、汽车、节能门窗等的双层玻璃密封,建筑门窗嵌缝密封及电子封装等。

有机硅密封胶黏剂分为单组分室温固化、双组分室温固化型。单组分有机硅密封胶黏剂施工简单，使用方便，但贮存稳定性较差，受空气湿度影响较大，需要加热硫化。单组分室温固化胶根据固化机理不同分为缩合型和加成型。

单组分室温固化缩合型密封胶黏剂遇水时，缩合交联固化，包括乙酸型、肟型、氨基型等。固化时释放低分子产物，造成表面固化快而内部固化慢。加成型胶是加热使体系中的抑制剂挥发或分解，不产生低分子产物，反应在表面和内部同时进行。

双组分室温固化型密封胶黏剂是将密封胶主体和固化剂在施工前按比例均匀混合后使用。这类密封胶贮存稳定性好、硫化时间短、硫化速率可调节。

2. 有机硅真空胶黏剂

有机硅树脂分子链上取代基的空间位阻大，分子链呈现螺旋状，温度升高，螺旋状分子链发生部分伸直，导致黏度增加，抵消因温度升高而导致分子链间作用力下降引起的黏度下降，有机硅弹性体的黏度对温度变化不敏感。但是，有机硅固化时放出小分子，热降解时也会放出小分子及环状化合物，导致有机硅树脂胶层多孔，气密性降低。

通过分子结构设计，充分发挥有机硅树脂耐高温、耐高低温交变、绝缘性好等优势，合成加成型固化的有机硅橡胶胶黏剂，避免固化释放小分子导致气密性差的缺点，制备出高真空条件下的微孔密封胶黏剂。如国产的 KH-1714 真空胶黏剂在 300 ℃下固化后，长期在 350 ℃下工作，保持漏气率小于 6.65×10^{-7} Pa · L/s，可承受-196~350 ℃的高低温交变老化，广泛用于真空仪器设备的防漏电、动态真空系统的壳体各部件黏接、开焊真空仪器黏接、电子仪器的真空系统各部件黏接、真空系统内各种接头的密封等方面。

3. 有机硅压敏胶黏剂

有机硅压敏胶黏剂在耐溶剂性、耐候性、耐湿性、耐高温、耐低温方面及电性能等具有其他压敏胶黏剂所不及的特性，如在 -50 ℃下具有良好的黏接强度和优异柔韧性，在 200~260 ℃高温下具有优良的耐热老化和抗热氧化性能，用于制作 H 级电绝缘胶带和耐高、低温压敏胶带，应用于汽车、飞机及宇航、输送电，以及宇宙飞船防放射线保护膜的装贴等方面。有机硅压敏胶黏剂能黏接多种难黏材料，如未经表面处理的聚烯烃、氟塑料、聚酰亚胺及聚碳酸酯等。

该压敏胶还具有无毒、无臭、无刺激、生理惰性、使用温度范围宽、合适的黏着强度和药物渗透性等许多独特性能，在医疗上和经皮治疗系统（TTS）制剂中获得了广泛的应用，如用于防治心血管病硝化甘油（NTG）控释贴片、降血压贴片、镇痛镇静药膜、止血贴片、避孕药膜和眼用控释药膜等。

4. 导热型有机硅胶黏剂

电子器件的轻薄及小型化，要求半导体元件具有良好的绝缘和散热性。散热型有机硅胶黏剂（表 4.36），如加成型 SE401，SE4450，单组分室温硫化型 SE4420，SE4421，SE4422，使用该类胶黏剂有利于相关电子元器件的散热。

5. 耐高温有机硅胶黏剂

有机硅胶黏剂具有优异的耐热性能，在 -60~400 ℃下长期使用，短期使用可达 450~550 ℃，瞬间使用可达 1 000~1 200 ℃。但是，其性脆、黏接强度低、固化温度高。为获得更好的耐高温性能，常用酚醛树脂、环氧树脂、聚氨酯等进行改性。如将亚苯基、二苯醚亚基、联苯基等芳环结构引入硅氧烷主链，可耐 300~500 ℃高温，或将聚合物的线形结构变成梯形结构，则可耐

1 300 ℃高温。耐高温有机硅胶黏剂是以有机硅聚合物及其改性材料为基料的一类耐高温胶黏剂，常用于高温保护层。

表 4.36　散热型有机硅胶黏剂

牌号	SE401	SE4450	SE4420	SE4421	SE4422
外观	灰色	灰色	白色	白色	黑色
黏度/(Pa·s)	24	50	—	—	—
密度/(g·cm^{-3})	2.1	2.7	2.2	2.1	2.2
固化时间/h	0.5(150 ℃)	0.5(150 ℃)	72(25 ℃)	72(25 ℃)	72(25 ℃)
硬度(JISA)	72	85	60	70	70
拉伸强度/(10^5 Pa)	62	50	47	50	60
热导率/[W·(m·K)$^{-1}$]	0.92	1.88	1.0	0.92	0.8
介质强度/(kV·mm)	26	25	28	38	31
体积电阻率/(Ω·cm)	1.6×10^{15}	2×10^{14}	1.0×10^{16}	6.3×10^{15}	5.1×10^{16}
介电常数(25 ℃)/(10^6 Hz)	4.2	4.7	4.1	3.9	4.9
介电损耗因子(25 ℃)/(10^6 Hz)	2.0×10^{-3}	2.0×10^{-3}	1.5×10^{-3}	1.1×10^{-3}	6.2×10^{-3}
黏接强度/(10^5 Pa)	24	30	14	17	12
用途	功放元件及混合集成电路板与散热板的黏接；点式打印机头黏接；热敏印制头黏接				

4.7　橡胶胶黏剂

橡胶胶黏剂是以天然橡胶或合成橡胶为基料制成的胶黏剂，可分为天然橡胶胶黏剂和合成橡胶胶黏剂两大类。合成橡胶胶黏剂是以合成橡胶为基料配制的胶黏剂。常用的合成橡胶胶黏剂的品种主要有氯丁橡胶、丁腈橡胶、丁苯橡胶、硅橡胶、聚硫橡胶等为基料配成的非结构胶黏剂，常用于制鞋、建筑、装修、家具、汽车等行业。其中，氯丁橡胶胶黏剂是合成橡胶胶黏剂中产量最大、用途最广的一个品种。

按形态橡胶胶黏剂可分为溶液型、乳液型和无溶剂薄膜胶带型。溶液型橡胶胶黏剂配制方便，应用广泛，约占橡胶胶黏剂总量的 75%。但是溶剂挥发会对环境造成污染。乳液型橡胶胶黏剂成本较低、环保、安全、无毒，发展很快。溶液型橡胶胶黏剂又分为非硫化型和硫化型。非硫化型一般是天然橡胶、再生橡胶等加入溶剂溶解而成的；硫化型是先将橡胶塑炼，然后与硫化剂、促进剂、防老剂、补强剂等经混炼切片溶于有机溶剂而成的。硫化型橡胶胶黏剂又分为室温硫化与高温硫化。室温硫化型橡胶胶黏剂使用方便、应用较广泛，但黏接强度较低。高温硫化型橡胶胶黏剂比同类的室温硫化型橡胶胶黏剂性能好。

橡胶胶黏剂的柔韧性优良，具有优异的耐蠕变、耐挠曲及耐冲击震动等特性，适用于不同线膨胀系数材料之间与动态使用部件或制品的黏接，广泛应用于飞机制造、汽车制造、建筑、轻工、橡胶制品加工等行业。下面对氯丁橡胶、丁腈橡胶、聚硫橡胶、氟橡胶胶黏剂分别进行介绍。

4.7.1 氯丁橡胶胶黏剂

氯丁橡胶胶黏剂的主要成分为氯丁橡胶（结构式见图 4.9），是氯丁二烯通过乳液聚合得到的。分子链较规整，分子极性较大，结晶性强，内聚力大，即使不加交联剂，对多种材料也有较好的黏接性能。

1. 氯丁橡胶胶黏剂的特点

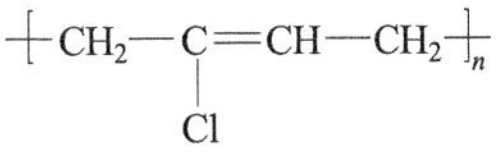

$$\left[CH_2-\underset{\underset{Cl}{|}}{C}=CH-CH_2 \right]_n$$

图 4.9 氯丁橡胶结构式

氯丁橡胶胶黏剂的优点：

① 对极性材料的黏接性能良好。

② 常温下非硫化型也有较高的内聚强度和黏接强度。

③ 优良的耐燃、耐臭氧、耐候、耐油、耐溶剂和化学试剂的性能。

④ 胶层弹性好，胶接件的抗冲击强度和剥离强度高。

⑤ 初黏性好，只需接触压力便能很好地胶接，特别适合于一些形状特殊的表面胶贴。

⑥ 涂覆工艺性能好，使用简便。

氯丁橡胶胶黏剂的缺点：

① 耐热性、耐寒性差。

② 溶液型胶黏剂中溶剂挥发污染环境。

③ 贮存稳定性较差，容易分层、凝胶和沉淀。

2. 氯丁橡胶胶黏剂的组成及作用

氯丁橡胶胶黏剂一般由氯丁橡胶基料、交联剂、交联促进剂、防老剂、溶剂、树脂、填料等组成。

（1）氯丁橡胶基料

根据聚合条件分成硫黄调节通用型（G 型）、非硫黄调节通用型（W 型）及黏接专用型三大类。各类氯丁橡胶均可配成胶黏剂，但性能差别大，应根据应用具体要求选择合适胶种。国产常用作胶黏剂的氯丁橡胶牌号、性能见表 4.37。

表 4.37 国产常用作胶黏剂的氯丁橡胶牌号、性能

牌号	原牌号	门尼黏度	结晶速度	调节剂	防老剂
CR2321	CDJ230A（54-1 型氯丁橡胶）	35～45	中等	调节剂丁	非污染型
CR2323	CDJ230L（54-1 型氯丁橡胶）	55～65	中等	调节剂丁	非污染型
CR2441	CDJ240（66 型氯丁橡胶）	35～45	快	调节剂丁	非污染型
CR2442	CDJ240（66-2 型氯丁橡胶）	60～75	快	调节剂丁	非污染型
CR3221	CDJ320（21 型氯丁橡胶）	21～24	慢	硫黄、调节剂丁	非污染型
CR3222	CDJ320（21 型氯丁橡胶）	45～69	慢	硫黄、调节剂丁	非污染型

注：牌号中第一位数字 1—硫黄调节型，2—非硫黄调节型，3—混合调节型；第二位数字 0—无结晶，1—慢结晶，2—慢速结晶，3—中等结晶，4—快速结晶；第三位数字 1—石油磺酸钠污染型，2—石油磺酸钠非污染型，3—二萘基甲烷磺酸钠污染型，4—萘基甲烷磺酸钠大量污染型，6—中温聚合，8—接枝聚合；第四位数字表示 ML(1+4)100 ℃的门尼黏度值。

塑炼时,低门尼黏度氯丁橡胶分子链易被切断,溶解性好,配胶时可获得较高固含量,黏性保持时间长,但内聚力较差,黏接强度不高。含有羧基的氯丁橡胶胶黏剂的胶液稳定性较差,加入少量水可以改善,黏接强度在室温下增长快。结构规整性好的氯丁橡胶结晶速度快,适于作高黏度触变型油膏、腻子。接枝型氯丁橡胶如氯丁二烯与丙烯酸酯共聚物,结晶速度慢,溶于脂肪烃,适于配制高固含量的乳胶使用。

(2) 交联剂

常用的硫化剂是氧化锌和氧化镁,140 ℃下交联。选用轻质氧化镁和橡胶专用氧化锌,分别为5份和4份。氧化镁还能吸收氯丁橡胶在老化过程中放出的氯化氢,防止焦烧,是一种有效的稳定剂,兼具有交联作用。

(3) 交联促进剂

氯丁橡胶胶黏剂使用硫化促进剂来提高耐热性,常用多异氰酸酯、硫脲及胺类等硫化促进剂如列克纳(三异氰酸酯苯甲烷)、均二苯硫脲、乙烯硫脲、三乙基亚甲基三胺等,促进氯丁橡胶交联,提高黏接强度,但影响胶的贮存稳定性,常用于双组分氯丁橡胶胶黏剂。加入量为2~4份。

(4) 防老剂

防老剂主要有抗氧剂、光稳定剂、热稳定剂及变价金属抑制剂等。氯丁橡胶胶黏剂防老剂(表4.38)常用萘胺类,如防老剂D、防老剂A。其中,防老剂D的防老效果好,价格又便宜,但易变色。苯酚类防老剂污染性小,如防老剂SP(苯乙烯化苯酚)、防老剂BHT(2,6-二叔丁基对甲苯酚)等。选择防老剂时,除防老效果外,还要考虑其与氯丁橡胶的相溶性、是否会影响加工性能、是否有毒等因素。防老剂用量为1%~2%。

表4.38 常用的氯丁橡胶胶黏剂防老剂

名称	简称	污染性	熔点/℃	备注
N-苯基-α-萘胺	防老剂A	有	50	胶液变色
N-苯基-β-萘胺	防老剂D	有	105	胶液变色
2,6-二叔丁基对甲苯酚	防老剂BHT	无	69	
苯乙烯化苯酚	防老剂SP	无	(液体)	
4-甲基-6-叔丁基苯酚	防老剂NS-6	无	120	
2,5-二叔丁基对苯二酚	防老剂NS-7	无	200	

(5) 溶剂

溶剂直接影响到胶液的浓度、黏度、稳定性、挥发速度、黏性保持期、初黏力及燃烧性和毒性等方面,而且也影响到黏接强度。常用溶剂有芳烃和氯代烃溶剂。选用溶剂时应考虑:

① 有利于浸润被粘物表面,溶剂表面能低于被粘物的表面能。

② 有利于提高胶黏剂分子的流动性,便于胶液渗透进被粘物表面。

③ 毒性小、安全性高。

氯丁橡胶能溶于芳香族溶剂(甲苯、二甲苯等)、氯化物溶剂(三氯乙烯、四氯化碳等)和某些酮类(丁酮),不溶于丙酮、脂肪烃(己烷、汽油)及酯类(乙酸甲酯、乙酸乙酯)等中,而溶于混合溶剂中。甲苯毒性大、沸点较高,常加入汽油;为加快挥发速度、提高初黏力,常加入乙酸乙酯。常用的氯丁橡胶混合溶剂见表 4.39。

表 4.39 氯丁橡胶混合溶剂

混合溶剂	体积比
甲苯:乙酸乙酯	33:67
甲苯:丁酮	46:54
甲苯:丙酮	57:43
甲苯:正己烷	68:32
正己烷:乙酸乙酯	33:67
环己烷:乙酸乙酯	66:34
环己烷:丙酮	40:60
丁酮:正己烷	30:70

(6) 树脂

加入树脂可提高橡胶胶黏剂的胶接性,有利于胶接表面光滑的材料(金属、玻璃和塑料等)。应用最广的是对叔丁基酚醛树脂(牌号 2402),用量为 45~95 份。树脂与氧化镁比例为 10:1,少量水(0.5%~1%)催化下树脂与氧化镁预反应,可防止胶黏剂的沉淀分层。

(7) 填料

填料可改善胶黏剂操作性能、降低成本和减少体积收缩率。常用填料有炭黑、白炭黑、重质碳酸钙、陶土、滑石粉等,其中含有重质碳酸钙的氯丁橡胶胶黏剂剥离强度较高。

3. 氯丁橡胶胶黏剂的制备及改性方法

(1) 制备

常用混炼法和浸泡法制备氯丁橡胶胶黏剂。混炼法是先将氯丁橡胶进行塑炼,然后加入配合剂进行混炼。加料顺序为氯丁橡胶、促进剂、防老剂、氧化锌、氧化镁/树脂预混物和填料等。混炼温度不宜超过 60 ℃。将混炼好的胶破碎成小块放入溶解池内,搅拌至溶解即可。需对氯丁橡胶胶黏剂进行改性时,只需将树脂与氧化镁的预混物加入拌匀即可。

浸泡法则是先将氯丁橡胶与溶剂放入密闭容器内浸泡 2~3 天,移至反应釜内加热至50 ℃左右,搅拌至溶解,加入各种配合剂,再充分搅拌均匀即可。

就胶接强度比较,混炼法优于浸泡法,贮存性能混炼法优于浸泡法。混炼法要用炼胶机,混炼工艺比较复杂,而浸泡法加工工艺简单。

(2) 改性

① 提高剥离强度。

a. 加入 2402 树脂,提高对金属、玻璃、热固性塑料等坚硬致密被粘物的黏接力。随着树脂加入量增大,剥离强度提高;但当树脂用量超过 45 份时,剥离强度反而降低。加入量以 4~45 份为宜。

b. 塑炼氯丁橡胶,降低胶液黏度,提高浸润性。

c. 加强黏接工艺管理,黏接非多孔被粘物时,涂胶后充分晾置,否则合拢后包裹溶剂,剥离强度降低。另外,在合拢之后还要压紧砸实,驱赶出空气。

② 提高干燥速度。

a. 采用混合溶剂,配入一些低沸点溶剂,如丙酮、丁酮、环己烷、乙酸乙酯、1,1-二氯乙烷、正己烷、溶剂汽油等。甲苯/环己烷/70 号溶剂汽油、甲苯/1,1-二氯乙烷/溶剂汽油、甲苯/正己烷的体系干燥速度较快,其中甲苯比例不少于 20%,且取低于 100 ℃的馏分。

b. 轻质氧化镁加速胶黏剂中溶剂释放,氧化锌使胶层发黏。适当提高用量(8~12 份),加快胶液干燥速度;同时适当减少氧化锌量(0~2 份)。

③ 胶液分层与沉淀。

a. 2402 树脂与轻质氧化镁进行预反应(25 ℃,16 h)。

b. 轻质氧化镁加入量小于树脂的 1/10。

c. 选用混合溶剂(溶度参数与氯丁橡胶接近),如采用甲苯与环己烷或正己烷的混合溶剂充分溶解,溶液温度低于 10 ℃时,加热溶解。

d. 加入填料时控制胶液 pH 大于 7。对已分层并有沉淀的胶黏剂,可加少量氢氧化钠调节 pH。

④ 延长黏性保持期。

黏性保持期是指在一定温度和湿度条件下,涂胶层仍能保持黏性的时间。

a. 加入 2402 树脂,既不影响干燥速度,又能延长黏性保持期。

b. 加入适量的石油树脂或少量的萜烯树脂。

⑤ 控制胶层黏度增大。

a. 黏接型氯丁橡胶与通用型氯丁橡胶并用,比例不超过 20%。

b. 加入 0.5 份防焦剂醋酸钠,并严格控制炼胶温度和时间。

c. 用石油树脂替代部分 2402 树脂。

⑥ 控制低温凝胶。

a. 与适量结晶度低的氯丁橡胶并用,减弱氯丁橡胶的结晶性,加入 10~15 份顺丁橡胶和丁苯橡胶。

b. 采用甲苯/二氯乙烷/溶剂汽油混合溶剂。

⑦ 控制胶液变色。

a. 使用防锈容器包装;

b. 避免 2402 树脂的游离酚含量过高,或者含苯酚结构的树脂过多。

⑧ 提高耐热性。

a. 加压硫化(140 ℃保持 30 min),使用温度可达 150 ℃。

b. 加入胶液总量 5%~10%的列克纳(JQ-1),室温交联,使用温度提高到 120 ℃。

c. 增加 2402 树脂用量(90~100 份),并与轻质氧化镁预反应,可在 100 ℃下长期使用。

d. 加入胶液总量 1%~3%的 KH-550 偶联剂,提高高温下的抗剥离强度。

4.7.2 丁腈橡胶胶黏剂

1. 丁腈橡胶胶黏剂的特点

丁腈橡胶具有强极性氰基取代基,具有良好耐油性、耐热性,与聚氯乙烯、尼龙、酚醛树脂等极性高分子相容性良好，能溶于乙酸乙酯、乙酸丁酯、氯苯、甲乙酮等溶剂中，其胶黏剂分为单组分或双组分、溶剂型或乳液型、室温固化或高温固化等品种，黏接强度高，是一种应用广泛的非结构型橡胶胶黏剂。常用于航空工业中飞机骨架、直升机螺旋桨的黏接，汽车工业中的汽车门窗挡风密封条、离合器衬垫及油箱密封，电子工业中的印制电路及电子元件黏接，建筑工业中的密封部位黏接等。

丁腈橡胶耐油性、耐热性、绝缘性均优于氯丁橡胶，但性能受丙烯腈含量影响。丙烯腈含量越高，耐油性、耐水性也越好，但耐臭氧性、电绝缘性一般。

2. 丁腈橡胶胶黏剂的组成

由于丁腈橡胶内聚力不如氯丁橡胶，单一丁腈橡胶作胶黏剂主体材料不理想，常常配合其他材料及需要高温硫化。丁腈橡胶胶黏剂以丁腈橡胶为黏料，加入硫化剂、防老剂、增塑剂和补强剂等成分配制而成。

（1）硫化体系

硫化体系主要有硫黄和过氧化物两大类。常见硫黄硫化体系组分：硫黄 2 份、ZnO 0.5 份、促进剂 M 1.5 份。另一类过氧化物硫化体系，如过氧化二异丙苯等，用量 4 份，加入胺类促进剂可室温硫化，如乙醛胺与促进剂 DM 配合物等。

（2）防老剂

常用 1 份焦性没食子酸丙酯，其他有抗氧剂 300[4,4-硫代双(3-甲基-6-叔丁基)苯酚]、防老剂 SP、防老剂 MB(α-巯基苯并咪唑)等。

（3）增塑剂

丁腈橡胶分子链中极性基团—CN 的存在，使分子链间的作用力较强，因而其弹性不及天然橡胶。配制丁腈橡胶胶黏剂时，加入增塑剂，提高胶黏剂的塑性。常用增塑剂有硬脂酸、磷酸三甲酚酯、磷酸三丁氧基乙酯、邻苯二甲酸二丁酯(或二辛酯)、氯化碳酸二丁酯及液态丁腈橡胶等，用量 0.5~1.5 份。

（4）增黏剂

加入树脂改善胶膜强度和黏接性能。常用树脂有醇酸树脂、煤焦油树脂、环氧树脂等，用量 10~25 份。醇酸树脂改善丁腈橡胶的加工性能，焦油树脂、古马隆树脂改善胶黏剂黏性并降低成本，环氧树脂可提高黏接强度，酚醛树脂提高胶黏剂的黏接强度及耐热性，加入量 30~100 份，太多则会降低胶膜弹性。

（5）填料

为了提高强度、降低成本、延长胶液的贮存期及稳定性、提高耐热性，用无机物填料对丁腈橡胶胶黏剂进行改性，丁腈橡胶胶黏剂常用的填料用量及作用见表 4.40。若填料的用量太多，则会降低强度、黏性及弹性，填料一般在炼胶过程中加入。

（6）溶剂

丁腈橡胶易溶于氯代烃、硝基烃、芳香烃、酮类、羧酸和羟基化合物。根据溶剂挥发速度、配合剂性质、毒性及成本等合理选择。如要求挥发快，一般选用丙酮、甲乙酮、三氯甲烷、二氯乙烯、三氯乙烯、乙酸乙酯等快干型溶剂；反之，则选用硝基甲烷、硝基乙烷、硝基丙烷、氯苯、氯甲苯、二氧六环、乙酸丁酯等慢干型溶剂。高腈级丁腈橡胶胶黏剂选择酮类、硝基烃类及氯代烃类溶剂。高固含量丁腈橡胶胶黏剂的配制选择硝基烃类溶剂。

表 4.40 丁腈橡胶胶黏剂常用的填料用量及作用

名称	用量/份	作用
ZnO	25~50	改善黏性
MgO	25~100	增加强度，改善黏性，延长贮存期
炭黑	40~60	提高强度
钛白粉	75~100	增加强度，改善黏性，延长贮存期
水合二氧化硅	20~100	增加强度，改善对纤维的黏接
白土	50~100	降低成本

3. 丁腈橡胶胶黏剂的配制

溶剂型丁腈橡胶胶黏剂的配制方法与氯丁橡胶胶黏剂大致相同，塑炼、混炼、溶剂溶解即得溶剂型丁腈橡胶胶黏剂。

乳液型丁腈橡胶胶黏剂是以丁腈胶乳为主体，配以各种助剂配制而成的。常用助剂有酪蛋白、增黏树脂、酚醛树脂、松香醇等。乳液型丁腈橡胶胶黏剂根据丙烯腈的含量分为高腈级（丙烯腈 45%）、中腈级（丙烯腈 33%）和低腈级（丙烯腈 25%）三个等级产品。

丁腈胶乳的颗粒小，易于渗入被粘物中，具有良好的耐油性、耐溶剂性、黏接强度、耐磨性、耐老化性、耐热性等，但失水收缩明显。丁腈胶乳适用于纸张、皮革、织物浸渍、涂层等。

丁腈胶乳胶黏剂典型配方：丁腈胶乳 80 份、硼砂酪蛋白 20 份，160~170 ℃下硫化 1~2 min，一般用于 PVC 板、人造纤维、尼龙的黏接。

4.7.3 聚硫橡胶胶黏剂

聚硫橡胶是由脂肪族烃类或醚类的多卤代衍生物（如二氯乙烷、二氯丙烷、三氯乙醚等）与多硫化物（如多硫化钠、多硫化铵等）经缩聚反应而生成的聚多硫乙烯橡胶（结构式如图 4.10），具有良好的耐油、耐溶剂、耐水、气密性能和黏接性能。硫化后具有很高的弹性和黏附性，是一种通用密封材料。聚硫橡胶有固态和液态两大类。胶黏剂中常使用的是液态聚硫橡胶，以二氯乙醚与四硫化钠制备的聚硫橡胶应用较广。为了提高黏附力，加入二异氰酸酯、环氧树脂及其他橡胶等进行改性，制备出聚硫橡胶结构胶黏剂。

聚硫橡胶改性环氧树脂机理：聚硫橡胶分子链上—SH 与环氧基团发生开环反应，聚硫橡胶链接入环氧树脂交联网络结构中，赋予聚硫橡胶改性的环氧树脂胶黏剂良好的柔韧性。

$$*\!\!-\!\!\left[CH_2-CH_2-S_x \right]_n\!\!-\!\!*$$

图 4.10 聚多硫乙烯橡胶结构式

1. 聚硫橡胶胶黏剂的组成

（1）硫化体系

聚硫橡胶分子上活泼巯基能发生反应，使液态聚硫橡胶交联后转变为三维网状结构的弹性体。固化剂多为氧化物或过氧化物，如金属氧化物、金属过氧化物、无机氧化剂及有机氧化剂等，用量 5 份左右。

常用于液态聚硫橡胶的硫化剂有过氧化二异丙苯、活化剂 ZnO 等，硫化反应在弱碱性条件下进行，用量 6~8 份。

(2) 增强剂

液态聚硫橡胶作为胶黏剂主体材料时需加入增强剂,如炭黑、沉淀碳酸钙、焙烧白土、二氧化钛、高岭土等。

(3) 增黏剂

液态聚硫橡胶胶黏剂加入树脂作为增黏剂,黏接强度明显提高。常用的增黏剂树脂有环氧树脂、酚醛树脂等,加入量 3~15 份。

为了进一步改善聚硫橡胶胶黏剂的黏接效果,常采用加涂底漆方法,如以环氧树脂-聚硫橡胶、氯丁橡胶-丁基苯酚甲醛树脂等作为不锈钢、铜、铝等金属的底漆,再与玻璃、陶瓷、水泥等不同基材进行黏接,其效果良好。

2. 聚硫橡胶胶黏剂的性能及应用

聚硫橡胶胶黏剂低温的耐曲挠性好,耐油、耐臭氧、耐化学溶剂。在金属之间的黏接、金属与橡胶的黏接,特别是在热膨胀系数相差大的材料之间的黏接上显示了优越性,如建筑行业中,在铝、铜、玻璃、石头等材料的相互配合中作为弹性密封材料,航空工业中用于燃料舱体密封,汽车工业中用于油箱密封及铆接表面密封、电缆的密封、有机玻璃框架密封等。

4.7.4 氟橡胶胶黏剂

氟橡胶(FPM)是指主链或侧链碳原子上有氟原子的高分子弹性体,由于氟原子电负性极高,对聚合物 C—C 主链产生很强的屏蔽作用,使其具有优异的耐高温和耐介质稳定性,优异的耐热性、耐溶剂性、耐氧化性及耐蚀性。氟橡胶已成为现代工业尤其是高技术领域中不可缺少的材料,已广泛用于航空、航天、船舶、石油、汽车工业等领域。

但是,氟原子也使整个大分子链的柔性降低、刚性增大,因而低温性能较差。将全氟烷基乙烯基醚类单体引入氟橡胶大分子结构中,合成出氟醚橡胶,提高了分子链的柔顺性,明显改善了其耐低温性。

氟橡胶可分为含氟烯烃共聚物、含氟聚丙烯酸酯橡胶、含氟聚酯类橡胶、氟硅橡胶、羧基亚硝基氟橡胶、氟化磷腈橡胶、全氟醚橡胶及含氟热塑性弹性体等种类。常用的有氟橡胶 26(偏氟乙烯与六氟丙烯的共聚物)、氟橡胶 246(偏氟乙烯、四氟乙烯与六氟丙烯的共聚物)。近年来,陆续开发了一些具有特殊优良性能的氟橡胶新品种,氟橡胶在胶黏剂及密封材料方面的应用领域得到了扩大。

氟橡胶胶黏剂分乳液型和溶剂型。乳液型氟橡胶胶黏剂以水为介质,乳胶中加入硫化剂、增强剂、增塑剂等配合剂,制成氟橡胶乳胶胶黏剂。氟橡胶乳胶干燥快,附着力强,常用于浸渍石棉玻璃纤维丝、聚四氟乙烯等制品。而大部分氟橡胶胶黏剂为溶剂型,其组分除氟橡胶基料外,还包括硫化体系、填料、增塑剂、溶剂等。

(1) 硫化体系

氟橡胶分子链是一种高度饱和碳链结构,不能用硫黄硫化,常用有机过氧化物/有机胺组成氧化还原类自由基引发体系固化。

氟橡胶常用胺类及其衍生物硫化剂有乙二氨基甲酸盐、N,N'-双呋喃亚甲基-1,6-己二胺等。采用二元硫醇可室温硫化氟橡胶,其性能优于胺类硫化剂,但耐热性稍差。双组分氟橡胶密封腻子常用一元胺或多元胺作为室温硫化剂。常用的有六亚甲基二胺和三亚乙基四胺。单

组分全密封胶黏剂 $\begin{matrix}R'\\R'\end{matrix}\!\!>N-(CH_2)_n-N\!\!<\!\!\begin{matrix}R'\\R'\end{matrix}$ 常用类型胺为硫化剂,如 N,N-双肉桂叉-1,6-己二胺。

不同的氟橡胶胶黏剂及应用条件的不同,选择的硫化体系也不同,如用于耐酸性氟橡胶23胶黏剂,常用过氧化二苯甲酰为硫化剂;常用于耐热的氟橡胶26胶黏剂,主要用胺类硫化剂。

氟橡胶在硫化过程中会产生酸性氟化氢,需加入金属氧化物或盐类吸收,这类组分又称吸酸剂。吸酸剂可起促进硫化反应作用,使硫化的氟橡胶热稳定性更好,故又称为活性剂或稳定剂。金属氧化物或盐类碱性越强,氟橡胶交联密度越高,氟橡胶的拉伸强度越大,但伸长率越小。常用吸酸剂有氧化镁、氧化钙、氧化铅、氧化锌等,其中氧化镁促进吸酸性能适中。应用于耐酸、耐氧化胶黏剂,常用氧化铅或四氧化三铅,但硫化中容易起泡。耐水胶黏剂采用氧化锌,硫化中容易起泡且热稳定性不好,往往与盐基亚磷酸铅并用。

(2)填料

常用炭黑及气相白炭黑等补强填充,用量20~30份;用氟化钙、碳酸钙、硫酸钡等填充时,用量30份。加入碳纤维和硅酸镁纤维可改善氟橡胶胶黏剂的耐热老化性能与高温下的强度。

(3)增塑剂

常用丁腈橡胶、异丁烯橡胶、环氧树脂等改善氟橡胶胶黏剂的耐寒性。

(4)溶剂

常用溶剂有丙酮、甲乙酮、乙酸甲酯、乙酸乙酯、二甲基甲酸铵等。常用混合溶剂体系的组分有异丙醇、二甲苯等。

4.8 无机胶黏剂

有机胶黏剂的基料为有机高分子材料,耐热性能较低。采用耐高温的芳环及杂环树脂制备的胶黏剂也只能在200~400 ℃下使用,而无机胶黏剂耐热性能优异,能耐800 ℃甚至3 000 ℃的高温。无机胶黏剂具有不燃烧、耐高温、耐久性等特点,而且原料资源丰富、不污染环境、施工方便,应用非常广泛,特别是在需要在高温下使用的结构件黏接。

无机胶黏剂按固化机理可分为热熔型、空气干燥型、水硬型和化学反应型。

热熔型包括低熔点金属(如焊锡、银焊料)、玻璃、玻璃陶瓷、硫黄等。在黏接时,将胶黏剂加热到熔点以上熔融,湿润被粘材质,冷却后硬化形成黏接。其中,玻璃胶黏剂和玻璃陶瓷胶黏剂已广泛用于金属、玻璃和陶瓷的黏接及真空密封,如电子管及显像管管体密封等。与玻璃胶黏剂相比,玻璃陶瓷胶黏剂室温下的黏接强度高,具有更好的耐高温性。

空气干燥型包括可溶性硅酸盐等,在黏接中失去水分或溶剂而固化。其中水溶性良好的碱金属硅酸盐如硅酸钠(俗称"水玻璃"),广泛用于包装纸品及建材、铸造等方面的黏接。

水硬型包括石膏、硅酸盐水泥、矿渣水泥、铝酸盐水泥等各种水泥,与水反应而硬化。

化学反应型包括硅酸盐类、磷酸盐类、胶体二氧化硅、胶体氧化铝、硅酸烷酯、齿科胶泥、碱性盐类等,由黏料与非水物质发生反应而固化,在室温至300 ℃形成黏接。其特点是黏接强度高,操作性能良好,能耐800 ℃以上高温。

无机胶黏剂按化学组成分为硅酸盐类、磷酸盐类、氧化物类、硫酸盐类、硼酸盐类等多种。下面主要介绍硅酸盐类、磷酸盐类和氧化铜胶黏剂。

4.8.1 硅酸盐类胶黏剂

硅酸盐类胶黏剂一般以碱金属硅酸盐为黏料，加入固化剂和填料等组成。碱金属硅酸盐可用通式 $M_2O \cdot nSiO_2$ 表示。黏料中除含 Na,K,Li 的盐类外，还可以采用季铵、叔胺及胍等的硅酸盐。黏接性能因碱金属的种类而不同，黏接性能一般为钠盐>钾盐>锂盐，耐水性则为锂盐 > 钾盐 > 钠盐。黏接性能与 $M_2O \cdot nSiO_2$ 的模数 n 有关。如硅酸钠，当 n 为 2.5~3.2 时强度最高，其耐水性则当 n 为 4~5.5 时最佳。

碱金属硅酸盐与固化剂反应时，Si—O 四面体以金属离子为桥接形成高度交联的固体，其力学强度和耐水性等大大提高。固化剂主要有 MgO 和 ZnO 等金属氧化物、氢氧化铝、氟硅酸盐、硼酸盐、磷酸盐等。

应选用本身强度高、耐水及耐热性好、能降低胶黏剂固化时收缩率的填料，如二氧化硅、氧化铝、莫来石及碳化硅、氮化硼、云母等的粉状、鳞片状物质。而且要求填料与被粘物线膨胀系数相当，以确保受热时的剪切预应力最小。填料的大小和表面状态对黏接也很重要，如掺入一定直径及长径比的无机纤维，可提高黏接强度并降低固化物的收缩率。

硅铝酸盐 C 系列胶黏剂的性能见表 4.41，呈碱性，无毒、不燃、耐有机溶剂、耐油、耐水并耐各种强酸的腐蚀（除氢氟酸），在各种浓度的盐酸、硝酸及硫酸中浸泡 3 个月以上不发生崩解或溶蚀。但耐碱性较差，在 10%及 40%NaOH 溶液中浸泡 3 个月后有溶蚀现象，且溶蚀随碱液浓度加大而加重。C 系列胶黏剂可用于金属、玻璃、陶瓷、氧化铝、石料等同种或异种材质间的黏接。适用于高温工作条件下的设备，如电热设备、炼油设备、发动机及航空、航天设备等的黏接、紧固和常温用的金属、陶瓷、玻璃的黏接。还可作耐热、防火、耐磨、防腐蚀的胶黏剂、涂料及堵补铸件、烧结合金渗漏的浸渗剂。

表 4.41 硅铝酸盐 C 系列胶黏剂的性能

胶种	C-2	C-3	C-4
固化条件	室温 12~24 h→80 ℃2 h→150 ℃2 h，缓慢冷却		
耐热温度	1 730 ℃	1 460 ℃	1 210 ℃
硬度	硬、较脆	硬、较脆	硬、韧
电性能	高温绝缘性能良好	高温绝缘性能良好	不绝缘、导热
耐介质性能	耐油、耐酸，但耐碱性一般、不耐沸水		
线膨胀系数	与陶瓷相近 (80×10^{-6}/℃)	与钢铁相近 (12.9×10^{-6}/℃)	与不锈钢相近 (7.8×10^{-6}/℃)
套接拉伸强度 / 钢-钢	82/37 MPa	79/34 MPa	62/31 MPa
应用范围	高温仪表、电子、测温元件的包覆和灌封、金属材料的高温抗氧化涂层、陶瓷等高温黏接	耐高温金属部件黏接和灌封、金属材料高温抗氧化涂层、金属材料耐高温黏接	作导热胶、耐磨涂层，耐高温铸件凹陷填补和修复，铜和不锈钢件的耐高温黏接

4.8.2 磷酸盐类胶黏剂

磷酸盐类胶黏剂可用通式 MO · nP_2O_5 表示。当 M 为离子半径小的金属(如铝)时,黏接性能好。胶黏剂由酸式磷酸盐、偏磷酸盐、焦磷酸盐,或由磷酸与金属氧化物、卤化物、氢氧化物、碱性盐类、硅酸盐、硼酸盐等的反应产物为基料组成。加入与硅酸盐胶黏剂相类似的填料。磷酸盐类胶黏剂有硅酸盐-磷酸、酸式磷酸盐、氧化物-磷酸等品种。与硅酸盐类胶黏剂相比,磷酸盐类胶黏剂具有耐水性更好、固化收缩率小、高温强度较大及可在较低温度固化的优点,可黏接金属、陶瓷、玻璃等。

4.8.3 氧化铜胶黏剂

氧化铜胶黏剂由浓缩磷酸、氧化铝及氧化铜粉组成,双组分,现场调制。通常取固体组分 4~5 g和液体组分 1 mL,放置于易散热的铜板上拌和成能拉丝的胶浆用于黏接。由于氧化铜过量很多,黏接过程的主要反应为

$$2H_3PO_4+3CuO \longrightarrow Cu_3(PO_4)_2 \cdot 3H_2O$$

氧化铜胶黏剂的固体甲组分为黑色略带银灰光泽的 200 目细粉,表观相对密度大于 3.4,溶于酸、碱溶液,不溶于水。液体乙组分为澄清溶液,相对密度大于 1.90。常见氧化铜胶黏剂按甲组分 4g、乙组分 1 mL 配比,拌匀后所得固化物性能见表 4.42。

对不同的被粘材料的黏接,由于弹性模量、表面状态及化学反应能力等不同,黏接强度各不相同。如以 45#钢作轴,与 45#钢套接,压剪强度 100 MPa 以上;与铸铁套接,压剪强度为 57 MPa;与黄铜套接,压剪强度为 70 MPa;而与铝套接,压剪强度为 60 MPa。

表 4.42 氧化铜胶黏剂固化物性能

项目名称	实测值
固化物硬度(HB)	45~65
固化物压缩强度/MPa	133.2
套接压剪强度/MPa	>87.0
槽接剪切强度/MPa	44.1~58.8
套接拉剪强度/MPa	58.1~98.0
套接扭剪强度/MPa	44.1~51.0
拉伸强度/MPa	9.8~19.6
气密性/($cm^2 \cdot s^{-1}$)	10^{-3}~10^{-4}
耐热温度/℃	935
套接 600 ℃黏接强度保持率/%	85
套接 180 ℃黏接强度保持率/%	100

注:套接试件间隙 0.3 mm,黏接面 ϕ12 mm×10,轴套表面以螺纹刀沟纹深度 0.35 mm,走刀量 0.8 mm/转。

氧化铜胶黏剂广泛地应用于工具和机械设备制造及维修、兵器生产、仪表元件、钻探等各种

金属黏接中，如车刀、铰刀、铣刀的黏接，钻头的接杆和定位黏接、精密量具等。还用于阀门制造、纺织机械制造等中凡属轴孔连接部位的黏接，超长设备的分级加工黏接制造，强受力大型设备件如轧辊的断裂修复，柴油机曲轴等各种轴类断裂的黏接修复，高温下工作的设备如汽缸、汽车燃烧室等的裂纹、缺陷的修复，各种壳体、缸盖漏水漏油的黏接修复，铸件砂眼、气孔堵漏等。

4.8.4 常用无机类金属用胶黏剂配方

1. 磷酸-氧化铜胶黏剂

(1) 配制及固化

称取氧化铜粉 3.4~4.5 份，中间扒成穴坑，倒入磷酸-氢氧化铝溶液（磷酸 100 mL 与氢氧化铝 5~8 g 配制而成）1 mL，调成能拉丝状态即可使用。固化条件：室温下 24 h；加温固化时，先于 50 ℃下烘 1 h，再在 80~100 ℃下烘 2 h。

(2) 性能及用途

适用于电子管器件黏接，模具、工具、刀具、量具制造与修补。钢套接胶黏的剪切强度为 49~78 MPa，60 ℃以上黏接强度保持 80%。

2. 硅酸铝-磷酸铝胶黏剂

(1) 配制及固化

将硅酸铝 2 份、磷酸铝 1 份，经 1 100~1 150 ℃烧结 1 h，研细至 320 目与磷酸 1 份、水 1.5 份混合均匀。固化条件：室温下固化 1~2 h，40~60 ℃固化 3 h，80~100 ℃固化 2 h，120~150 ℃固化 2 h，160~200 ℃固化 2 h，200~250 ℃固化 1 h。

(2) 性能及用途

适用于套接金属件的黏接。黏接铝合金的剪切强度大于 19.6 MPa，耐热性为-70~1 200 ℃。

3. 无机盐胶黏剂

(1) 配制及固化

磷酸铝/硅酸铝（1∶2）50 份，于 1 100~1 150 ℃下烧结 1 h，研磨过 320 目筛；氧化铝 35 份，经 1 100~1 300 ℃烧结，研磨过 320 目，氧化锆 15 份、磷酸 1 份、水 1.5 份混合。固化条件：室温下固化 1~2 h，40~60 ℃固化 3 h，80~100 ℃固化 3 h，100~150 ℃固化 2 h，200~250 ℃固化 2 h，250~300 ℃固化 1 h。

(2) 性能及用途

适用于金属件的套接，套接钢的剪切强度大于 19.6 MPa，耐热性为-70~1 400 ℃。

4. 硅酸钠-氧化硅、氧化锆胶黏剂

(1) 配制及固化

二氧化硅 60 份、氧化锆 40 份，过 300 目筛后用硅酸钠溶液（中性 40 Be，适量）调成糊状。固化条件：室温下固化 24 h，40~60 ℃固化 6 h，60~80 ℃固化 6 h，80~100 ℃固化 4 h，110~120 ℃固化 3 h，120~150 ℃固化 3 h，160~200 ℃固化 2 h，260~300 ℃固化 2 h，320~350 ℃固化 1 h，350~400 ℃固化 1 h。

(2) 性能及用途

适用于金属与陶瓷的黏接，钢与陶瓷的套接剪切强度大于 19.6 MPa，耐热性大于 1 300 ℃。

4.9 热熔胶黏剂

热熔胶黏剂是一种在热熔状态下进行涂布,冷却硬化实现黏接的高分子胶黏剂,主要以热塑性聚合物所组成,具有不含溶剂、固含量百分之百等特点,加热熔融为流体,冷却至常温时迅速硬化而实现黏接。

4.9.1 热熔胶黏剂的特点

热熔胶黏剂有天然热熔胶黏剂和合成热熔胶黏剂两种,其中以合成热熔胶黏剂尤为重要,如共聚烯烃、聚酰胺、聚酯、聚氨酯等应用广泛。热熔胶黏剂的优点如下:

① 胶接迅速,生产效率高,适用于自动化连续生产。

② 不含溶剂,无火灾危险,胶接时无挥发性有机物释放,绿色环保,储运方便。

③ 可以反复熔化黏接。适用于一些特殊工艺构件黏接,如文物修复。

④ 胶接材料种类多,且对表面要求不严。

但是,热熔胶黏剂也存在明显缺点,如热稳定性差、胶接强度偏低,不适于胶接热敏感材料等。目前,热熔胶黏剂主要应用于书籍装订、包装、汽车、电器、纤维、金属、制鞋等方面。

4.9.2 热熔胶黏剂的组成及其作用

热熔胶黏剂一般由聚合物基料、增黏剂、蜡类和抗氧剂等组成。为了改善其黏接性、流动性、耐热性、耐寒性和韧性等,往往加入一定量的填料、增塑剂等材料。

1. 聚合物基料

热熔胶黏剂基料决定胶的内聚强度,影响黏接强度。常见的基料种类有聚烯烃及其共聚物如乙烯-醋酸乙烯酯(EVA)树脂、低分子量聚乙烯(PE)、乙烯-丙烯酸乙酯(EEA)共聚树脂、无规聚丙烯(APP)、乙烯-醋酸乙烯酯-乙烯醇三元共聚树脂、乙烯-丙烯酸共聚物(EAA)、聚丙烯酸酯、纤维素衍生物、聚酰胺树脂、聚酯树脂、聚氨酯树脂等热塑性树脂,以及热塑性弹性体如丁基橡胶、苯乙烯-丁二烯嵌段共聚物(SBS)、苯乙烯-异戊二烯嵌段共聚物(SIS)、氢化SBS(SEBS)和星型嵌段弹性体$(SB)_4R$等。

2. 增黏剂

聚合物基料熔融黏度较高,导致湿润性和初黏性较差。常加入相容性好、热稳定性良好的增黏剂改善湿润性和初黏性,降低热熔胶的熔融黏度,调节胶的耐热温度及晾置时间,降低成本,其用量为基料质量的20%~150%。常用增黏剂的种类包括:

(1) 松香及其衍生物

主要有松香、改性松香、松香脂等。松香有脂松香、木松香、浮油松香等,主要成分为松香酸,含有极性的羧基,分子量小,与EVA树脂等有极性的基料聚合物相容性好,但软化点较低,为70~85 ℃,且由于分子中有共轭双键,易被氧化,热稳定性与抗氧化性较差。改性松香有氢化松香、歧化松香、聚合松香等。松香经改性后,共轭双键消失,热稳定性及抗氧化性变好,同时软化点得到提高。松香脂有松香甘油酯、氢化松香季戊四醇酯、聚合松香甘油酯等,添加后热熔胶黏剂的综合性能较好。

(2) 萜烯树脂

萜烯树脂由松节油中所含萜烯类化合物阳离子聚合所得，性质稳定，遇光、热不变色，耐稀酸、稀碱，电性能也较好。

(3) 石油树脂

石油热解副产物中不饱和烃馏分经聚合可得到石油树脂。按结构石油树脂分为脂肪族石油树脂（主要是戊烯和戊二烯聚合物）、芳香族石油树脂（乙烯基甲苯、苯乙烯及茚类的聚合物）和脂环族石油树脂（如环戊二烯聚合物）等。常用 C_5 和 C_9 石油树脂，其中 C_5 石油树脂是由 C_5 分离的间戊二烯，经阳离子聚合而成，为固态脂肪族石油树脂，具有色纯、无臭、热稳定性好、胶接力强等特点。

除上述三类增黏剂外，还有热塑性酚醛树脂、低分子量聚苯乙烯、古马隆树脂等。

3. 蜡类

除聚酯类和聚酰胺类热熔胶黏剂不用蜡类外，其他类热熔胶黏剂均要加一定量蜡类。蜡类主要作用是降低热熔胶黏剂熔点和熔融黏度，改善胶液的流动性和湿润性，提高胶接强度，防止热熔胶黏剂结块，降低成本。但用量过多，胶的收缩性变大，黏接强度反而降低。在制袋及书籍装订所用热熔胶黏剂中蜡类的量用得较多。

常用的蜡类有烷烃石蜡、微晶石蜡、合成石蜡等，烷烃石蜡主要成分为 $C_{22\sim35}$ 的正烷烃，含少量异烷烃和环烷烃，熔点 50~70 ℃，分子量 280~560。微晶石蜡主要成分为 $C_{35\sim65}$ 的异烷烃和环烷烃，熔点 65~105 ℃，分子量 450~700。合成石蜡的主要成分为低分子量聚乙烯蜡，熔点 100~120 ℃，分子量 1 000~10 000。蜡类的用量一般不超过基料质量的 30%。微晶石蜡在提高热熔胶黏剂的柔韧性、胶接强度、热稳定性和耐寒性等方面优于烷烃石蜡，但价格较高。合成石蜡与聚合物基料相容性好，并有良好的化学稳定性、热稳定性和电性能，使用效果优于前两种石蜡。

4. 抗氧剂

热熔胶黏剂在 180 ~230 ℃、受热 10 h 以上，或所用成分（如烷烃石蜡、脂松香等）的热稳定性较差时，需添加抗氧剂，以提高热熔胶黏剂的抗热、氧老化性能，防止热熔胶黏剂在长时间处于高熔融温度下发生氧化和热分解。常用抗氧剂有 2,6-二叔丁基对甲苯酚和 1,4-巯基双（6-叔丁基间甲苯酚）、2,5-二叔丁基对苯二酚、4,4′-亚甲基双（2,6-叔丁基酚）等。而对于使用耐热性好的组分如氢化松香、松香酯等，高温下停留时间较短时，可不加抗氧剂。

5. 填料

热熔胶黏剂中常需添加填料，填料的主要作用是降低胶收缩性，防止胶对多孔性被粘物表面的过度渗透，提高热熔胶黏剂的耐热性和热容量，延长可操作时间，降低成本。但填料用量要适当，否则热熔胶黏剂的熔融黏度增高，湿润性和初黏性变差，造成胶接强度降低。常用的填料有碳酸钙、碳酸钡、碳酸镁、硅酸铝、氧化锌、氧化钡、黏土、滑石粉、石棉粉、炭黑等。

6. 增塑剂

增塑剂的作用是加快熔融速度，降低熔融黏度，改善对被胶接物的湿润性，提高热熔胶黏剂的柔韧性和耐寒性。但若用量过多，则胶层的内聚强度降低，影响黏接强度。同时，由于增塑剂的迁移和挥发性也会降低胶接强度和胶层的耐热性，因此，热熔胶黏剂中只加少量增塑剂。

常用的增塑剂有邻苯二甲酸二丁酯（DBP）、邻苯二甲酸二辛酯（DOP）、邻苯二甲酸丁苄酯（BBP）等。

4.9.3 热熔胶黏剂的主要性能指标

1. 熔融黏度(或熔融指数)

熔融黏度是热熔胶黏剂流动性能的重要指标,影响胶的涂布性、润湿性和渗透性。熔融黏度与温度有密切的相关性,温度降低,黏度迅速增大。因此,一般规定在(190±2)℃条件下测定热熔胶黏剂的黏度。对于熔融黏度低的热熔胶黏剂可直接用旋转式黏度计测定,具体如下:将预先熔融的热熔胶黏剂试样500 mL放入带黏度计的圆筒中,于(190±2)℃下保持5 min,转子旋转30~60 s,测定稳定扭矩。对于熔融黏度高的热熔胶黏剂,通常测定其熔融指数,具体如下:将熔融胶液倒入熔融指数测定仪的圆筒中190 ℃恒温,2 160 g加压,测定10 min内被挤出圆孔(直径2.09 mm,高7.06 mm)的熔体质量。熔融指数(MI)与熔融黏度(MV)可按以下经验公式换算:

$$MV=\frac{78\times10^5}{MI}(mPa\cdot s)=\frac{78\times10^2}{MI}(Pa\cdot s)$$

为了获得良好的黏接强度,应根据被胶接材料的种类、胶接面的外形等选择适宜熔融黏度或熔融指数的热熔胶黏剂。

2. 软化点

软化点为热熔胶黏剂开始流动的温度,取决于基料的结构和分子量。软化点用于衡量胶的耐热性、熔化难易和晾置时间等指标,采用环球法测定。高软化点热熔胶黏剂,耐热性好,但晾置时间短。

3. 热稳定性

热熔胶黏剂热稳定性是指在长时间加热下抗氧化和抗热分解的能力,即在使用温度下,胶不产生氧化,黏度变化率在10%以内所能经历的最长时间,是胶耐热性的重要指标。若在50~70 h,则其胶热稳定性良好。

热熔胶黏剂中添加的抗氧剂,在长时间处于高温下会被氧化和发生热分解。因此,要根据加热熔融时间和胶消耗速度,合理设计熔胶槽的容量。

4. 晾置时间

热熔胶黏剂的硬化过程如图4.11所示。晾置时间指从涂胶、有效露置至被胶接物压合所经历的时间。超过这段时间,胶接性能大大下降,甚至不能胶接。影响晾置时间的主要因素有热熔胶黏剂的热容、涂布温度、涂胶量、涂胶方法、环境温度、被胶接材料种类、被粘物预热温度及导热性能等。实际使用时,涂胶后应迅速压合,尽量缩短晾置时间以确保黏接质量。

4.9.4 常见热熔胶黏剂的种类及应用

热熔胶黏剂因基料不同而有很多品种,常见的有乙烯-醋酸乙烯酯树脂热熔胶黏剂、乙烯-丙烯酸乙酯树脂热熔胶黏剂、聚酰胺树脂热熔胶黏剂、聚酯树脂热熔胶黏剂等。

1. 乙烯-醋酸乙烯酯(EVA)树脂热熔胶黏剂

EVA树脂热熔胶黏剂是目前用量最大、应用最广泛的品种,以EVA树脂为基料,加入助剂而制得。一般用作热熔胶黏剂的EVA树脂是利用本体聚合法合成并制成粒状、条状等使用。EVA树脂的分子结构式为

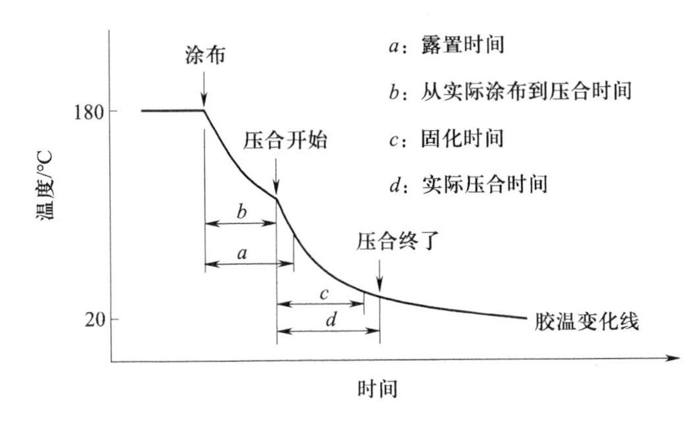

图 4.11　热熔胶的硬化进程

$$-CH_2-CH_2-(CH_2-CH_2)_x-(\underset{\displaystyle OOCCH_3}{\underset{|}{CH}}-CH_2)_y-CH_2-CH_2-\underset{\displaystyle OOCCH_3}{\underset{|}{CH}}-$$

(1) EVA 树脂热熔胶黏剂的性能特点

① 优点：对多种材料有良好的黏附性，胶层强度、柔韧性、耐寒性均好，热熔流动性好，EVA 树脂与各种配合组分的混溶性好，价格低廉。通过调节配合组分，可获得多种性能的热熔胶黏剂，以适应多种用途的需要。

② 缺点：耐热、耐油性差，强度低，低温韧性差，一般用于强度要求不高的黏接。

EVA 树脂热熔胶黏剂性能取决于 EVA 树脂的结构，即 EVA 树脂中结构单元组成、分子量和分子链支化度等。EVA 树脂随着醋酸乙烯酯含量的增加，黏附力、抗冲击强度、胶接的剥离强度都提高，胶层柔软性好，橡胶弹性大，透气性与透湿性增大，而软化点、硬度、弹性模量、屈服应力、耐磨性、耐药品性、耐油性和电气绝缘性下降，成本也会增加。一般热熔胶黏剂使用的 EVA 树脂熔融指数为 1.5～400，醋酸乙烯酯含量 25%～40%。

(2) EVA 树脂热熔胶黏剂的应用

EVA 树脂热熔胶黏剂广泛应用于胶接纸类材料、聚丙烯、聚乙烯及其他塑料，以及木材、金属、皮革和织物等。EVA 树脂在 200～250 ℃发生脱乙酸反应，100 ℃以上发生热氧化反应，须添加抗氧剂。

实例配方 1：

组分	质量/份
EVA 树脂(VAC 含量 28%)	100
氯化石蜡	20
合成石蜡	10
精制松香	120
聚异丁烯	40

续表

组分	质量/份
石油树脂	25
亚硫酸钙	20
二氧化硅	10

该配方具有稳定的低温或高温胶接性能，适合于黏接聚烯烃、玻璃和金属制品、木材、石头等。

实例配方2：

组分	质量/份
EVA树脂（VAC含量40%）	30~60
无规聚丙烯（分子量16 000~20 000）	10~20
合成石蜡	20~30
改性松香	30~50
氢化松香脂	20~30
抗氧剂（2,6-二叔丁基对甲酚）	0.5~2

该配方为在室温下能够快速黏接的热熔压敏胶，具有抗冷流性和较高的剪切强度。

(3) EVA树脂热熔胶黏剂的改性

为了扩大EVA树脂热熔胶黏剂的应用范围，对EVA树脂进行改性，方法有接枝聚合或水解等方法。改性EVA树脂性质取决于其所含特征官能团属性及数量，如乙酸基含量高，树脂弹性大，柔软性、溶解性、透明性好；乙烯基含量高，树脂的刚性、耐磨性和电气绝缘性好；羟基含量高，树脂的刚性、黏接强度及耐溶剂性好，且可进一步化学改性；羰基含量高，能提高树脂的透明性和黏接强度。

用氯乙烯单体接枝聚合改性EVA基料，得到乙烯-醋酸乙烯酯-氯乙烯的三元共聚物，用以制备的热熔胶黏剂具有较好耐冲击性。用马来酸或丙烯酸进行接枝聚合而得到含羟基的三元共聚物，提高热熔胶黏剂黏接强度和耐久性。EVA树脂部分或完全皂化得到乙烯-醋酸乙烯酯-乙烯醇的三元共聚物或乙烯-乙烯醇共聚物后，与酸酐、氧氯化物（酰基氯）或异氰酸酯反应，改性得到黏接性能和透明度都很良好的EVA树脂。

2. 乙烯-丙烯酸乙酯（EEA）共聚树脂热熔胶黏剂

随着热熔胶黏剂使用范围的不断扩大，对热熔胶黏剂的性能及适应性提出了更高的要求，因而出现了乙烯-丙烯酸乙酯（EEA）共聚树脂热熔胶黏剂。EEA共聚树脂结构式为

$$*\!-\!\!\left[CH_2-CH_2\right]_x\!\!\left[\begin{array}{c}CH_2-CH\\ \qquad\quad|\\ \qquad\quad O{=}COCH_3\end{array}\right]_y\!\!-*$$

EEA共聚树脂作为热熔胶黏剂基料时，丙烯酸含量一般在23%左右，具有低密度聚乙烯的

高熔点和高醋酸乙烯酯含量的 EVA 树脂的低温韧性，热稳定性较好，使用温度范围宽，而且耐应力开裂性比 EVA 树脂好。由于极性比 EVA 树脂稍差，对聚丙烯之类难黏接的聚烯烃材料也能获得良好的黏接效果；另外，与石蜡相容性比 EVA 树脂好。

目前，EEA 共聚树脂热熔胶黏剂已广泛应用于人造板封边，尼龙、聚丙烯包装薄膜，复合薄膜，纤维等方面黏接。由于 EEA 共聚树脂本身具有优良的低温柔韧性，故增塑剂可不用或少用。若在低温下需要具有良好的柔韧性和黏附性时，除可用低分子增塑剂外，还可用钛酸盐、磷酸盐与聚酯树脂等作为增塑剂。抗氧剂常用磷酸盐衍生物、丁基化羟基甲苯等。实例配方如下：

组分	质量/份
乙烯-丙烯酸乙酯共聚树脂	40
增黏剂	40
石蜡	20
抗氧剂	0.1

3. 聚酰胺树脂热熔胶黏剂

聚酰胺树脂是分子中具有 —CONH— 结构的高分子材料，通常由二元酸和二元胺经缩聚而得。其基本结构式为

$$*\!+\!\overset{O}{\overset{\|}{C}}-R-\overset{O}{\overset{\|}{C}}-NH-R'-NH\!+_{n}*$$

用于热熔胶黏剂的聚酰胺一般分子量为 1 000～9 000。分子量不同，其黏接性能也不同。其软化点随分子量的增大变化不大，而树脂自身的强度和胶接强度，则随分子量增加而明显提高。

聚酰胺树脂最突出的优点是软化点范围窄，当温度接近或稍低于软化点时，迅速熔化或硬化，实现快速黏接。

聚酰胺树脂能溶于醇类、酚类（如苯酚、间甲酚类），在醇类和非极性溶剂的混合溶剂中溶解性更好，与多种增黏剂（如酚醛树脂、硝化纤维素、松香及其衍生物、改性氧茚树脂、马来酸酐等）和增塑剂有良好的相容性。聚酰胺树脂还具有很良好的耐药品性，能抵抗弱酸、弱碱、植物油、矿物油等侵蚀。

由于其分子中具有氨基、羰基、酰胺基团等极性基团，因此对木材、陶器、纸、布、黄铜、铝和酚醛树脂、聚酯树脂、聚乙烯等塑料都具有良好的胶接性能。

4. 聚酯树脂热熔胶黏剂

聚酯树脂是由多元酸和多元醇酯化聚合而得的产物。用于热熔胶黏剂的聚酯是由饱和二元酸和二元醇酯化而得到的直链型热塑性聚合物，其基本结构式为

$$HO\!+\!\overset{O}{\overset{\|}{C}}-R-\overset{O}{\overset{\|}{C}}-O-R'-O\!+_{n}H$$

饱和聚酯在一般情况下，最高分子量在 3 000 左右，产物的物理性质取决于分子中 R 或 R'链的长短，链越长，在有机溶剂中的溶解性越好，熔融黏度越小。

由于饱和聚酯具有一定结晶性和刚性，熔点高达 180～185 ℃，制得的热熔胶黏剂耐热性和热稳定性较好；对多种材料（如木材、纸板、皮革、织物、塑料等），特别是柔性材料黏接的强度较高。若与聚氨酯树脂混合，用于金属胶接，能获得良好的初黏性和胶接强度，胶层的耐药品性良好。另外，饱和聚酯热熔胶黏剂具有优良的耐寒、耐介质和介电性能。聚酯树脂热熔胶黏剂的缺点是熔融黏度较高，需添加无定形聚烯烃来降低熔融黏度，或开发用于高黏度涂胶的设备。

聚酯树脂热熔胶黏剂大量应用于制鞋、服装、电气、建筑等工业领域及制罐头、吸塑或铝塑包装等领域。

4.9.5 热熔胶黏剂的制备工艺

工业上制备热熔胶黏剂有间歇式釜式生产工艺和连续式挤出生产工艺两种方法。

1. 间歇式釜式生产工艺

将蜡类、增黏剂、抗氧制等加入熔融混合釜，油夹套加热至 150～180 ℃熔融，加入聚合物基料，搅拌 2～3 h，均匀后冷却成型。对于难以混溶组分，预先与聚合物基料开炼或捏合后，再投入釜内。

釜式生产时由于胶组分受热时间过长，釜壁上有热氧化分解现象，所以应避免釜内产生停滞区域而局部过热。

2. 连续式挤出生产工艺

连续式挤出生产工艺指用挤出机进行连续式熔融共混挤出生产。将聚合物基料与其他组分开炼后，喂入挤出机，加工成适当形状的热熔胶黏剂。合理控制挤出条件，防止挤出过程中引起熔体破裂现象。挤出生产工艺特点：混合均匀且吐出量大，特别适用于高黏度热熔胶黏剂的制备，可直接挤出各种形状；混合时间短，胶料受热氧化现象少，产品质量稳定，生产率高；根据使用和热熔涂胶器要求，热熔胶黏剂可制成各种形状，如粒、片、棒、带、膜等状态。

思考题

1. 胶黏剂的分类方法有哪些？简要介绍各种分类方法。
2. 胶黏剂基本组成有哪些？各组分的主要作用是什么？
3. 现有一种环氧树脂胶黏剂，环氧树脂型号为 E51，所选用的固化剂是直链脂肪族多元胺二乙烯三胺（$H_2N—CH_2—CH_2—NH—CH_2—CH_2—NH_2$），计算该固化剂的理论用量，实际使用时添加量如何选择？请解释原因。这种固化剂有什么特点？
4. 丙烯酸酯胶黏剂的种类有哪些？各有什么特点？
5. 分析硅橡胶胶黏剂中各种组分的作用。这种胶黏剂的主要性能特点和主要用途是什么？
6. 常用酚醛树脂胶黏剂有哪几种类型？各有什么特点和用途。
7. 不饱和聚酯胶黏剂的性能特点是什么？
8. 影响聚氨酯胶黏剂性能的因素有哪些？
9. 热塑性聚氨酯胶黏剂有哪些类型？各有什么特点？
10. 常见热熔胶黏剂的种类有哪些？

第五章　胶黏剂性能及测试

胶黏剂的性能测试包括胶黏剂的物理和化学性能测试、胶黏剂的力学性能测试，以及压敏胶黏剂、木材及木工用胶黏剂、建材及建筑用胶黏剂、热熔胶黏剂、电子及绝缘胶黏带、无机胶黏剂、鞋用及其他胶黏剂的特殊性能要求测试。

采用不同标准有不同测定结果，比较严格的标准有美国的 ASTM 标准、德国的 DIN 标准、日本的 JIS 标准、英国的 BS 标准、法国的 NF 标准等，其中美国 ASTM 标准比较全面且适用性广。我国也相应地制定了国家标准（GB，GB/T）、部颁标准和行业标准等，并逐步完善。除了按照标准所规定的方法进行检测外，在非严格的检测项目中，也可采用简易方法。下面主要介绍胶黏剂理化性能和力学性能等常见测试。

5.1　黏接件的黏接强度种类

黏接强度的测试基于黏接接头的受力形式，而黏接接头是部件上不连续结构部分，其受到的应力分布十分复杂。

根据黏接件的破坏扩展部位区分，破坏形式包括胶黏剂内聚破坏、被粘物破坏、界面黏附破坏、混合型破坏。被粘物接头双面均有胶黏剂，为胶黏剂内聚破坏。被粘物内聚破坏即被粘物破坏。被粘物表面直接露出、胶黏剂黏附在另一被粘物上为黏接界面黏附破坏，又称为表观破坏。胶黏剂内聚破坏、被粘物破坏、界面黏附破坏中两种或多种同时存在的破坏形式为混合型破坏。其中，胶黏剂内聚破坏和被粘物内聚破坏是理想的破坏模式，其黏接强度取决于胶黏剂或被粘物强度，而不是黏接本身。

黏接件的实际测量强度称为实际黏附力，它是指破坏黏接接头所需要的应力，主要取决于胶黏剂和被粘物性质。

黏接强度测试应符合相关的测试标准，但对于有些特殊要求的强度测试可按接近实际使用条件进行测试。下面简单介绍常见的几种黏接强度：

1. 拉伸强度

拉伸强度又称为均匀扯离强度。以一定的拉伸速率对试样施以垂直于黏接面的拉力，若破坏荷载为 P(N)，黏接面面积为 S(mm^2)，则拉伸强度 σ(MPa)为

$$\sigma=\frac{P}{S} \tag{5.1}$$

2. 剪切强度

搭接剪切测试样以一定的拉伸速率对搭接头施加拉力，在黏接接头面上受到剪切力作用，若破坏荷载为 P(N)，黏接面宽为 b(mm)，长为 L(mm)，则剪切强度 M(MPa)为

$$M=\frac{P}{b\times L} \tag{5.2}$$

3. 剥离强度

黏接接头的剥离测定的是在受剥离力作用下单位剥离线长度所承受的应力。剥离测试有90°的"T"型剥离、90°的"L"型剥离和180°剥离。根据被黏物的刚性或柔韧性，依据黏接头实际使用条件，选用合适的剥离方式测试剥离强度。以一定的拉伸速率对试样进行拉伸，若抗剥离载荷为P，受力线长度为L，则σ_b(kN/m)为

$$\sigma_b = \frac{P}{L} \tag{5.3}$$

4. 不均匀扯离强度

不均匀扯离强度也是一种线受力强度。若破坏载荷为P(kN)，试片宽度为b(m)，则不均匀扯离强度σ_s(kN/m)为

$$\sigma_s = \frac{P}{b} \tag{5.4}$$

5.2 影响黏接强度的因素

5.2.1 影响黏接强度的化学结构因素

影响黏接强度的化学因素主要指分子极性、分子量及其分布、pH、交联、溶剂和增塑剂、填料、结晶性、降解与老化等。

1. 极性

胶黏剂和被粘物表面极性与黏接强度成正相关性，提高胶黏剂和被粘物表面分子极性，黏接强度提高。如经等离子表面处理后的聚乙烯、聚丙烯、聚四氟乙烯等材料表面上产生了羟基、羰基或羧基等极性基团，黏接性和黏接强度显著地提高。但是，胶黏剂极性太高，会妨碍胶黏剂的湿润过程，使得黏接强度下降。

2. 分子量及其分布

黏接强度随线性分子的分子量增加而增大，当分子量达到某一值后则保持相对不变。随分子量进一步增大，由于胶黏剂黏度太大，浸润性变差，容易发生界面破坏，黏接强度反而下降。

黏接强度随分子量分布变宽，分子量小的部分起增塑作用，提高胶的耐寒性和降低胶的熔融温度和熔体黏度，但降低胶层强度。

对于支链型聚合物胶黏剂，当支链短时，增加支链长度，则会降低分子间作用力，内聚强度下降。但当支链达到一定长度后发生缠结，成为物理交联点，则会提高胶黏剂内聚强度。

3. pH

由于某些热固性树脂胶黏剂如酚醛树脂、脲醛树脂等在pH较小条件下固化，酚醛树脂固化时加入对甲基苯磺酸或磷酸，脲醛树脂固化时加入氯化铵或盐酸，因此，对易酸蚀的被粘物选用中性条件固化的间苯酚甲醛树脂黏接。

4. 交联

对于化学交联固化的胶黏剂，其强度与交联点密度及相邻交联点间的分子链长度密切相关，随着交联点数目的增多，交联点间距的变短，聚合物的内聚强度增加，而交联密度过大时聚

合物则变得硬而脆，耐冲击强度差，其黏接强度也变差。

5. 溶剂和增塑剂

溶剂型胶黏剂的黏接强度与胶层内残留溶剂量呈现负相关。溶剂残留量多时，胶黏剂内聚力变小，胶层强度降低。随着溶剂的挥发，胶层强度迅速增大，黏接强度增大，因此，采用溶剂型胶黏剂时应使溶剂尽可能挥发完全。

增塑剂和溶剂的作用类似，胶层的增塑剂将随黏接工件使用时间的推移而挥发或向表面渗出，黏接强度不断下降。被粘物内的增塑剂也可能渗透到胶层使胶黏剂软化而内聚强度下降，或增塑剂聚集在界面而发生胶层与被黏物的界面分离，导致黏接强度降低。

6. 填料

胶黏剂中填料的作用有：① 增加胶黏剂的内聚强度；② 调节黏度或工艺性如触变性；③ 提高耐热性；④ 调节热膨胀或收缩性；⑤ 增大间隙的可填充性；⑥ 赋予导热、导电、导磁、电磁屏蔽等功能性；⑦ 降低生产成本。

7. 结晶性

结晶度高的聚合物基材在熔点温度附近能迅速从固态转变成熔体，稍低于熔点又能迅速发生硬化，适宜作热熔胶。

8. 降解与老化

黏接工件在使用过程中，胶黏剂降解是黏接强度降低的重要因素。造成胶黏剂降解的因素主要有水、酸、碱等。与水反应而发生的聚合物降解又称水解，聚合物抗水解能力因其分子中化学键的不同而异，聚合物水解也受结晶性和分子链构象影响明显。微量的酸或碱可加速聚合物水解，如聚酯、聚酰胺、聚氨酯树脂等。对于环氧树脂的耐水性，由于使用的固化剂的种类不同而有明显的不同，聚酰胺固化的环氧树脂因酰胺键而易水解，多元酸酐固化的环氧树脂发生水解酯键断裂而解体。而具有醚键、碳-碳键的聚合物，如酚醛树脂、丁苯橡胶、丁腈橡胶，就不易水解，耐水性良好。

聚合物胶黏剂在高能辐射和高温条件下将引起下列变化：

① 聚合物分子链的断裂降解。

② 分子链之间交联。

③ 可挥发和迁移的成分在高温下逸出。

这些变化将导致胶黏剂内聚强度下降或界面作用力降低，黏接强度下降甚至失效。

胶层聚合物在高温下发生降解或交联反应，降解使聚合物分子链断裂，分子量下降，使聚合物强度降低；交联使分子间形成新化学键，分子量增加，强度提高，但过度交联会使聚合物发脆，接头黏接强度下降。

5.2.2 影响黏接物理强度的物理因素

1. 表面粗糙度

当胶黏剂良好地润湿被粘材料表面时（接触角 $\theta<90°$），表面的粗糙化有利于提高黏接强度。胶黏剂液体对表面的浸润程度，增加胶黏剂与被粘材料的接触点密度，从而有利于提高黏接强度。反之，当胶黏剂对被粘材料浸润不良时（$\theta>90°$），表面的粗糙化则不利于黏接。

2. 表面处理

黏接前的表面处理是黏接成功的关键因素之一。被粘物表面有锈蚀氧化层、镀铬层、磷化层、脱模剂等弱边界层,必须进行表面处理,否则会严重影响黏接强度。表面处理方法很多,如聚乙烯管、板材等表面用重铬酸发生氧化处理,在 70~80 ℃条件下处理 1~5 min,得到良好的可黏接表面,而聚乙烯薄膜表面则采用等离子或火焰处理。

天然橡胶、丁苯橡胶、丁腈橡胶和氯丁橡胶表面采用浓硫酸氧化处理,注意应氧化适度。过度氧化反而会在橡胶表面留下脆弱结构,不利于黏接。

铝及铝合金表面氧化层为不规则的疏松层,不利于黏接,需要除去氧化铝层,一般采用阳极氧化进行表面处理,形成致密的氧化铝层,黏接强度显著提高。

3. 渗透

受环境影响,黏接件在使用时胶层常渗进低分子,如在潮湿环境中的水分子渗透入胶层,在有机溶剂环境中的溶剂分子渗进胶层。渗进的低分子使胶层膨胀变形,并进入胶层与被粘物界面,使胶层强度降低,从而导致黏接的破坏。

一般渗透从胶层边沿开始,但对于多孔性被粘物,低分子物从被粘物的空隙、毛细管或裂缝中渗透到被粘物中,进而浸入到界面上,使接头出现缺陷乃至破坏。渗透不仅会导致接头的物理性能下降,而且由于低分子物的渗透使界面发生化学变化,生成不利于黏接的锈蚀区,使黏接失效。

4. 迁移

含有增塑剂被粘材料,由于这些小分子物容易从聚合物表层或界面上迁移出来,迁移出的小分子聚集在界面上就影响胶黏剂与被粘材料的黏接,造成黏接失效。

5. 压力

为了获得较高的黏接强度,对不同的胶黏剂应考虑施以不同的压力。在黏接时,对黏接面施加压力,使胶黏剂充满被粘物表面孔洞,或进入深孔和毛细管中,减少黏接缺陷。

对于黏度较小的胶黏剂,加压会造成过度流淌,发生缺胶现象,应待黏度较大时再施加压力。而黏度大或固体胶黏剂常常需要适当地升高温度,降低胶黏剂的黏度后,再加压,使被粘物表面上的气体逸出,减少黏接区域的气孔,如绝缘层压板生产、飞机旋翼的成型在加热加压下进行。

6. 胶层厚度

较厚的胶层易产生气泡、缺陷而导致应力集中现象,发生黏接件早期断裂失效。因此,在保证不缺胶前提下,使胶层尽可能薄,以获得高的黏接强度。另外,胶层过厚在受热膨胀后在界面区产生较大的热应力,引起接头破坏。

7. 负荷应力

在实际使用接头的应力作用很复杂,包括切应力、剥离应力和交变应力。

(1) 切应力

由偏心张力作用,以及与界面方向一致的拉伸力和与界面方向垂直的撕裂力,在黏接端头出现应力集中。此时,被粘物的厚度越大,接头的强度则越大。

(2) 剥离应力

被粘物为软质材料时,将发生剥离应力作用。这时,在界面上的拉伸应力和剪切应力集中作用于胶黏剂与被粘物的黏接界面上，接头容易破坏，设计时尽量避免采用会产生剥离应力的接头方式。

(3) 交变应力

在接头上胶黏剂因交变应力而疲劳，在远低于静应力值的条件下破坏。采用强韧或具有良好弹性的胶黏剂如橡胶态胶黏剂，接头的耐疲劳性能良好。

8. 黏接头内应力

黏接头内应力主要包括收缩预应力、热预应力两种。当胶黏剂硬化时，因挥发、冷却和化学反应而体积发生收缩，接头产生收缩应力。胶黏剂和被粘物的热膨胀系数相差较大时，环境温度变化将引发黏接头热应力产生。黏接头内应力是引起黏接强度和耐久性下降的重要因素之一，黏接时必须降低内应力。

消除内应力方法包括：

① 共聚或提高胶黏剂分子量，降低交联反应体系中官能团密度，降低固化过程产生的收缩预应力。

② 加入增韧剂，降低固化收缩预应力。

③ 加入无机填料，降低线膨胀系数，使胶黏剂的热膨胀系数接近于被粘物，降低热预应力。对黏接热膨胀系数较大的被粘物，需选择较低固化温度，或选用弹性良好的胶黏剂。

5.3 胶黏剂性能指标部分术语

常见的关于胶黏剂性能指标的术语如下。

① 贮存期(storage life)：在规定条件下，胶黏剂仍能保持其操作性能和规定强度的最长存放时间。

② 适用期(pot life)：配制后的胶黏剂能维持其可用性能的时间。

③ 固含量(solids content)：在规定的测试条件下，测得的胶黏剂中不挥发性物质所占的质量分数。

④ 耐化学性(chemical resistance)：黏接处经酸、碱、盐等化学品作用后仍能保持其黏接性能的能力。

⑤ 耐溶剂性(solvent resistance)：黏接处经溶剂浸泡后保持其黏接性能的能力。

⑥ 耐水性(water resistance)：黏接处经水分或湿气作用后保持其黏接性能的能力。

⑦ 耐烧蚀性(ablation resistance)：胶层抵抗高温火焰及高速气流冲刷摩擦的能力。

⑧ 耐久性(durability)：在使用条件下，黏接处长期保持其物理性能的能力。

⑨ 耐候性(weather resistance)：黏接处抵抗日光、冷热、风雨盐雾等气候条件的能力。

⑩ 黏接强度(bonding strength)：使黏接中的胶黏剂与被粘物界面或其邻近处发生破坏所需的应力。

⑪ 湿强度(wet strength)：在规定的条件下，黏接试样在液体中浸泡后测得的黏接强度。

⑫ 干强度(dry strength)：在规定的条件下，黏接试样干燥后测得的黏接强度。

⑬ 剪切强度(shear strength)：在平行于胶层的载荷作用下，黏接试样破坏时，单位黏接面所承受的剪切力，单位为 MPa。

⑭ 拉伸剪切强度(tensile shear strength):在平行于黏接界面的轴向拉伸载荷的作用下,使胶黏剂黏接接头破坏的应力,单位为 MPa。

⑮ 拉伸强度(tensile strength):在垂直于胶层的载荷作用下,黏接试样破坏时,单位黏接面所受拉伸应力,单位为 MPa。

⑯ 剥离强度(peel strength):在规定的剥离条件下,使黏接试样分离时单位宽度所能承受的载荷,单位为 kN/m。

⑰ 冲击强度(impact strength):黏接件在冲击作用下,产生破坏时单位面积上所吸收的功,单位为 J。

⑱ 弯曲强度(bending strength):黏接试样在弯曲负荷作用下破坏或达到规定挠度时,单位黏接面所承受的最大载荷,单位为 MPa。

⑲ 持久强度:又称耐蠕变性,指胶黏剂固化后抵抗恒定负荷随时间作用的能力,实验时间长,一般 10^3 h 以上。

⑳ 疲劳强度:受到循环交变的应力作用而使胶头产生疲劳,在远低于静态强度下被破坏。在给定条件下测试黏接头重复施加载荷在规定次数引起破坏的应力,交变应力作用循环次数 10^7 次。

5.4 胶黏剂理化性能检测

胶黏剂的理化性能检测主要包括外观、密度、固含量,黏度、pH、适用期、固化速度、贮存期等多个方面。

5.4.1 外观

胶黏剂的外观主要包括色泽、状态、均匀性、杂质等,在一定程度上能直观地反映出胶黏剂的品质。简易的检验方法是直接观察:对于流动性较好的胶黏剂,可将试样倒入干燥洁净的烧杯中,用玻璃棒搅动后将玻璃棒提起进行观察,胶液流动均匀、连续、无结块或其他杂质的试样属于合格产品;对于含有较多填料的胶黏剂在取样前应混合均匀;而一些黏度较大、流动性较差的胶黏剂,可将其放在干净的玻璃板上,用玻璃棒摊平,观察其外观。胶黏剂外观的检测参照 GB/T 14074—2017。

(1) 仪器

试管,内径(18±1)mm,长 150 mm。

(2) 操作步骤

在(25±1)℃下,将试样 20 mL 倒入干燥洁净的试管内,静置 5 min,在自然光或日光灯下对光观察。如温度低于 10 ℃,发现试样产生异样时,允许用水浴加热到 40~50 ℃,保持 5 min,然后冷却到(25±1)℃,再保持 5 min 后进行外观的测定。

(3) 外观观察项目

颜色、透明度、分层现象、机械杂质、浮油凝聚体等。

5.4.2 密度

密度是指物质在规定温度时单位体积的质量。胶黏剂的密度是计算胶黏剂涂覆量的依据。常用的测定方法有质量杯法（按照 GB/T 13354—1992 执行）、密度计法和简易测量法。

1. 质量杯法

20 ℃下，37 mL 的质量杯所盛液态胶黏剂的质量除以 37 mL 得到胶黏剂密度。本方法适用于测量黏度较高或组分挥发性大、不宜用密度瓶测定的液态胶黏剂。

（1）仪器和设备

质量杯：20 ℃下，容量为 37 mL 的金属杯（国产的符合标准的质量杯名为“QBB 密度杯”）；保持（25±1）℃的恒温浴或恒温室；精度为 1 mg 电子天平；0~50 ℃、分度 0.1 ℃温度计。

（2）试验步骤

① 准备足以进行 3 次试验的胶黏剂试样。

② 用挥发性溶剂清洗质量杯并干燥。

③ 保持质量杯的溢流口开启，在 25 ℃以下把搅拌均匀的胶黏剂试样装满质量杯，然后将盖子盖紧，并用挥发性溶剂擦去溢出的胶黏剂。

④ 将盛有胶黏剂试样的质量杯置于恒温浴或恒温室中，使试样恒温至（25±1）℃。

⑤ 用溶剂擦去溢出的胶黏剂，用电子天平称取装有试样的质量杯，精确至 1 mg，并计算出胶黏剂的质量。

⑥ 每个胶黏剂试样测试 3 次，以 3 次数据的算术平均值作为试验结果。

（3）计算方法

液态胶黏剂的密度 ρ 按式（5.5）计算：

$$\rho=\frac{m_2-m_1}{37} \tag{5.5}$$

式中，ρ——液态胶黏剂密度，g/cm^3；m_1——空杯质量，g；m_2——装满胶黏剂试样的质量杯质量，g。

2. 密度计法

（1）主要仪器

精度 0.01 g/cm^3 的密度计；500 mL 量筒；0~50 ℃、分度值为 0.1 ℃水银温度计。

（2）操作步骤

① 试样温度保持（25±1）℃，将试样沿玻璃棒慢慢地注入清洁干燥的量筒中，不得使试样产生气泡和泡沫。

② 将密度计慢慢地放入试样中，注意不要接触筒壁。

③ 当密度计在试样中处于静止状态时，记下液面与密度计交接处的数据，若试样为透明液体时记下液面水平线所通过密度计刻度的读数，精确到 0.01 g/cm^3。

④ 平行测定 3 次，测定结果之差不超过 0.02 g/cm^3。取 3 次有效测定结果的算术平均值，精确到 0.01 g/cm^3。

3. 简易测量法

利用注射器刻度直接读取液体体积快速测定液体胶黏剂的密度。

(1) 试验仪器

注射器 15~30 mL;精度 1 mg 的电子天平;0~100 ℃、分度 0.1 ℃温度计;精度 0.1 ℃的恒温水浴锅;鼓风恒温烘箱。

(2) 试验步骤

① 取医用注射器 1 支,用无水乙醇清洗,干燥后精确称出质量 m_1。

② 用注射器装满测试温度范围的蒸馏水,排除气泡,保持一定体积,称出质量 m_2。

③ 将注射器的蒸馏水倒出、烘干,并用待测胶黏剂润洗 2~3 次,与装蒸馏水同样的条件装满胶黏剂,排除气泡,称得质量 m_3。连续测定 3 次,取算术平均值。

④ 胶黏剂的密度 ρ 按式(5.6)进行计算:

$$\rho=\frac{m_3-m_1}{m_2-m_1} \tag{5.6}$$

5.4.3 固含量

胶黏剂的固含量又称不挥发物含量,是胶黏剂在一定温度下加热后剩余物质的质量与试样总质量的比值,以百分数表示。胶黏剂的固含量可以反映胶黏剂配方准确性和性能可靠性。

固含量高低主要与树脂配方和生产工艺有关,如在合成脲醛树脂时,甲醛相对用量少,固含量就高;树脂脱水量大,固含量亦高。但不同配方与工艺制造出来的胶黏剂,固含量高,并不意味着黏度就大。

ASTM D553 和 JIS K6839 都是固含量的测定方法。我国胶黏剂不挥发物含量的测定按 GB/T 2793—1995标准进行。

1. 仪器和设备

鼓风恒温烘箱:0~150 ℃、分度 1 ℃温度计;60~80 mm 玻璃表面皿;精度 1 mg 的分析天平;装有变色硅胶的干燥器。

2. 试验温度、试验时间和取样量

① 氨基系树脂胶黏剂:试验温度(105±2)℃,试验时间(180±5)min,取样量 1.5 g。

② 酚醛树脂胶黏剂:试验温度(135±2)℃,试验时间(60±2)min,取样量 1.5 g。

③ 其他胶黏剂:试验温度(105±2)℃,试验时间(180±5)min,取样量 1.0 g。

3. 试验步骤

① 用已在试验温度下恒定质量并称量过的容器称取胶黏剂试样精确到 1 mg,并把容器放入已按实验温度调好的鼓风恒温烘箱内加热至规定时间。

② 取出试样,放入干燥器中冷却至 20 ℃,称其质量。

4. 计算公式

$$X=\frac{m_1}{m_2}\times 100\% \tag{5.7}$$

式中,X——固含量,%;m_1——加热后试样的质量,g;m_2——加热前试样的质量,g;试验结果取两次平行试验的平均值,试验结果保留 3 位有效数字。

5.4.4 黏度

黏度是流体内摩擦的宏观表现,是流体层流间相对运动的阻力,即液体流动的阻力。黏度大小直接影响到胶黏剂的流动性和黏接强度,决定着施胶的工艺方法。胶黏剂贮存期的延长、溶剂的挥发和缓慢的化学反应都会导致黏度发生变化。

一般来讲,当温度越低时黏度越大。冬季时应注意树脂胶的保温,不能将胶黏剂放在室外,最好贮存在有保温措施的胶槽或罐车中,使用前胶液的温度保持在 20 ℃左右。

1. 黏度杯法

(1) 仪器和设备

1~4 号容量大于 50 mL 黏度杯,规格和尺寸见标准 GB/T 2794—2013;精度 0.2 s 秒表;50 mL量筒;能保持(23±0.5)℃的恒温箱。

(2) 试样

试样均匀无气泡。

(3) 试验步骤

① 将黏度杯清洗干净,特别是黏度杯的流出孔处。在空气中干燥或用冷风吹干,并将试样和黏度杯放在恒温箱中恒温。

② 把黏度杯垂直固定在支架上,在黏度杯的流出孔下面放一只 50 mL 量筒,流出孔距离量筒底面 20 cm。

③ 用手堵住流出孔,将试样倒满黏度杯。

④ 松开手指,使试样流出。记录流出 50 mL 试样时的时间,即为试样的黏度。

⑤ 再重复测定 2 次,测定值之差在 5%以内,取算术平均值,以 s 为单位。

2. 旋转黏度计法

(1) 仪器和设备

旋转黏度计;恒温浴,能保持(23±0.5)℃;温度计,分度为 0.1 ℃;容器,直径不小于 6 cm,高度不低于 11 cm 的容器或旋转黏度剂上附带的容器。

(2) 试样

试样均匀无气泡。

(3) 试验步骤

① 将盛有试样的容器放入恒温浴中,待试样温度与试验温度相同。

② 将旋转黏度计的转子垂直浸入试样中心部位,液面达到转子液位标线。

③ 开动旋转黏度计,读取旋转时指针在圆盘上不变时的读数。

④ 每个试样测定 3 次,取其中最小的读数,精确到小数点后两位,以 Pa · s 或 mPa · s 为单位。

3. 改良奥氏黏度计法

(1) 仪器和设备

改良奥氏黏度计;能保持(20±0.1)℃恒温浴;分度 0.1 ℃温度计。

(2) 试样

试样均匀无气泡。

(3) 试验步骤

① 将约 100 g 试样移入烧杯中,再把烧杯置于(20±0.1)℃恒温水浴中待测。根据试样的流动时间选定黏度计,流动时间控制在 50~300 s。黏度计应洗涤干净并烘干。

② 将黏度计倒置,管上口浸没在试样中,用吸气球抽气,使试样升至标线时停止抽气,并立即将黏度计倒转正常放置。

③ 将盛有试样的黏度计夹在恒温水浴装置的夹子上,黏度计上半部分保持垂直状态,水面浸没黏度计的上球,保温 15 min 后开始测定。

④ 用橡胶管接到黏度计上口,用吸气球抽气,使试样液面升到标线以上,当试样液面流至标线时按动秒表,液面流至上标线时,按停秒表,记录时间 t(以 s 计算)。

⑤ 在全部操作过程中温度应保持恒定,重复测定 3 次,平行测定结果之差不大于 0.2 s,求出平均值。

树脂黏度 η 按下式计算:

$$\eta = tK\frac{\rho}{\rho_0} \tag{5.8}$$

式中,η——黏度,mPa · s;t——时间,s;K——黏度计常数;ρ——试样密度,g/cm^3。ρ_0——水在 4 ℃的密度,g/cm^3。

黏度计常数 K 用已知黏度的标准油样测定,不同直径的黏度计应选用相应黏度的标准油样,按下式计算 K:

$$K = \frac{\eta_{标} \times 100}{t} \tag{5.9}$$

式中,K——黏度计常数;$\eta_{标}$——标准油样黏度(运动黏度,单位 10^{-6} m^2/s);t——时间,s。

5.4.5 pH

pH 定义为氢离子浓度的常用对数的负值,即 pH = $-\lg[H^+]$。pH 越小,酸性越强;pH 越大,碱性越强。胶黏剂的 pH 直接反映出胶黏剂的贮存期的长短,通过调节 pH 控制其固化速度。

pH 试纸测定方法简单而实用,但精度不高,只适用于颜色较浅的水基或乳液胶黏剂。使用电化学的玻璃电极酸度计测定是比较准确的方法,目前执行的标准为胶黏剂的 pH 测定(GB/T 14518—1993)。

玻璃电极酸度计的适用范围较广,可以测定水溶性、干性及溶解、分散和悬浮在水中胶黏剂的 pH。

1. 测定原理

玻璃电极和甘汞电极在由同一待测溶液构成的原电池中,其电动势与溶液的 pH 有关,通过测量原电池的电动势即得出溶液的 pH。

2. 试剂

按 GB/T 6682—2008 的要求制备的蒸馏水;按 GB/T 9724—2007 的要求配制的缓冲溶液。

3. 仪器

精度为 0.1 的 pH 玻璃甘汞酸度计;保持(25±1)℃的恒温浴;100 mL 烧杯;50 mL 量筒。

4. 试样

每种胶黏剂取 3 个试样,每个约为 50 mL。

5. 试验步骤

① 在使用前用标准缓冲溶液校对酸度计,使其读数与标准缓冲溶液(pH=7.0)的实际值相同并稳定。

② 将盛有试样的烧杯放入恒温浴中,待其温度达到稳定平衡后用蒸馏水将电极冲洗干净并擦干,再用试液洗涤电极,然后插入试料中进行测定。

③ 在连续 3 个试料测定中,pH 的差值在 0.2 以内,否则需重新测定。取 3 个试样的 pH 的算术平均值作为试验结果,精确到小数点后一位。

注意:若试样的黏度超过 20 Pa·s,可将 25 mL 试样与 25 mL 蒸馏水混合均匀后作为待测试样;对于干性的胶黏剂,取 5 g 试样放入装有 100 mL 水的烧瓶中,充分溶解后作为试料。

在实际生产过程中和最后成品的检验经常使用 pH 试纸和 pH 比色计来测定 pH。用 pH 试纸测定的方法简单适用,但当待测液颜色较深时容易形成较大的误差,而用比色的方法可以避免。常用的比色法有混合指示剂和万能指示剂两种。混合指示剂的测定方法:将待测液装入小试管内至刻度线,加 2 滴混合指示液,振动均匀后,观察其颜色来确定 pH。万能指示剂的测定方法与混合指示剂的测定方法相同,但根据比色板或标准比色管比色确定 pH。

5.4.6 适用期

适用期也称为使用期或安全操作时间,指胶黏剂配制后所能维持其可用性能的时间。适用期是化学反应型胶黏剂和双组分型橡胶胶黏剂的重要工艺指标,对于胶黏剂的配制量和施工时间具有指导意义。一般地,适用期与固化时间成正比例关系,适用期越长,固化时间越长。

1. 适用期的影响因素

① 树脂的各项技术指标如固含量高低、双组分胶黏剂中固化剂配比、黏度大小、分子量大小(缩聚程度)、pH 的高低、施工环境的温度等。对于同一种树脂,固含量高,黏度大,分子量大的,适用期相对短。其中,对于双组分胶黏剂来说,固化剂用量的多少对适用期有很大影响。

② 固化剂的种类和数量相同的情况下,催化剂种类不同,胶黏剂的适用期不同。如脲醛树脂固化时,加入固化剂的酸性越强,适用期越短,脲醛树脂中加入 1%固化剂,使用氯化铵催化固化的适用期是磷酸的 60 倍(见表 5.1)。

表 5.1 不同固化剂对胶黏剂适用期的影响

固化剂	氯化铵	硫酸铵	甲酸	磷酸
用量/%	1	1	1	1
适用期	3 h	3 h	40 min	3 min

③ 提高温度、降低湿度可加快反应型胶黏剂的化学反应速率,也可加快胶黏剂中溶剂的挥发。因此,温度越高、湿度越低,适用期越短。

此外,同一种胶黏剂,配方不同,适用期也不同。如脲醛树脂适用期与尿素和甲醛(U:F)的物质的量比有关。当 U:F 为 1:2 时,固化最快;当物质的量比大于 2.5 时,由于脲醛树脂中含有较多的游离甲醛,在高温下发生分解反应,影响网状结构的形成,反而使固化时间延长。

2. 适用期的测定方法

(1) 手工测定方法

反应型胶黏剂一般在混合后开始反应并放热,从混合开始到温度达到 60 ℃的时间定义为适用期,或规定自混合后 5 min 开始黏度上升到初始黏度的 1.5 倍或 2 倍的时间为适用期。

适用期的测定按照 GB/T 7123.1—2015 规定的胶黏剂适用期的测定方法执行。

① 仪器和设备。

转子型黏度计;温度波动±2 ℃的恒温槽;精度 0.1 g 电子天平。

② 试验条件。试验室的温度为(23±2)℃,相对湿度为 45%~55%。

③ 试验步骤。

准备 把待测胶黏剂的各组分放置在(23±2)℃试验温度下至少停放 4 h,使得胶黏剂内部的温度均衡。

胶黏剂配制及计时 按配制说明书配制不少于 250 mL 的胶黏剂,将各组分充分混合后开始计时,此刻为适用期起始时刻。把配制好的胶黏剂尽快地均分成 5 份,保存在 60 mL 的带盖小容器内(至少充满容器体积的 3/4)。每一容器中的胶黏剂试样供测定一个黏度值和制备一组黏接试样。对于大量放热的胶黏剂,一次混合物量一般以 25 g 为宜;而对于放热量较小的溶剂型胶黏剂,若它的近似适用期约为 8 h,则混合物量以 500 mL 为宜。

制备黏接试样 从适用期起始时刻起,经一定的时间间隔重复进行黏度测定和制备黏接试样。当初始黏度或黏接强度中有一项无法测定时,允许只进行单项测试。

胶黏剂黏度按 GB/T 2794—2013 规定的方法进行测定,黏接强度按照相应标准所规定的方法进行测定。

④ 胶黏剂适用期的确定。以胶黏剂黏度和黏接强度对时间作图,把黏度迅速上升的时间和黏接强度下降到指标值以下的时间段定为胶黏剂的适用期。试验结果用小时(h)或分(min)表示。

(2) 凝胶计时仪法

① 主要仪器为凝胶计时仪。

② 试验步骤。

a. 将试样置于 100 mL 的烧杯中;

b. 将凝胶计时仪探头垂直地夹持在支架上,探头插杆插入盛试样的容器内;

c. 调节凝胶计时仪探头位置,使探头插杆上下运动的最低点高于试样容器底部 13 mm,要求插杆在上下运动过程中不能碰到容器壁;

d. 按下复零按钮,将已加有固化剂的试样注入试样容器内至少 50 mL,按下电源开关,计时装置开始计时;

e. 当仪器蜂鸣报警时,表示液状聚合物已经达到凝胶点,凝胶计时仪探头停止运动,指示灯熄灭,试样的凝胶时间可从控制装置上直接读出。

注意事项:可将试样容器置于恒温水浴中,测定试样在特定温度下的凝胶时间。在试验前须将容器、插头插杆、液状聚合物及固化剂等置于该特定温度下并达到热平衡,才能保证试验数据的准确性。

5.4.7 固化速度

固化速度也称为硬化速度,测定固化速度可作为检验胶黏剂性能的优劣、鉴定配比是否正确的一种简单易行方法。固化速度通常用固化所需要的时间来表征。固化快,黏合时间缩短,生产效率提高。

测定时,称取 0.5~2 g 胶黏剂试样放在加热板上,温度一般为 150 ℃,自始至终应该保持恒温,用铲刀不断地翻动,观察胶黏剂在加热过程中的硬化情况,当胶黏剂变为不熔的非流动的状态时,记下时间。

对于脲醛树脂乳胶,固化时间是指在 100 ℃沸水中,乳胶加入催化剂快速搅拌均匀,从乳胶放入到乳胶固化所需要的时间。其测定步骤如下:

用烧杯称取 50 g 胶黏剂(精确到 0.1 g)试样,用 5 mL 移液管加入 2 mL 25%的 NH_4Cl 溶液或产品说明书要求的固化剂搅拌均匀后,立即向试管中移取 10 g 调制好的乳胶(注意不要使试样粘在管壁上),插入搅拌棒搅拌,并将试管放入短颈烧瓶沸水中,开始计时。试管中液面要低于烧瓶中沸水水面 20 mm,迅速搅拌,直到搅拌棒不能提起或乳液突然变硬时,按停秒表,记录时间。

将每个试样固化时间平行测定 3 次,平行测定结果之差不超过 5 s,取 3 次有效测定结果的算术平均值,精确到 1 s,即为该乳胶的固化时间。

5.4.8 贮存期

在一定条件下胶黏剂仍能保持其操作性能和规定强度的存放时间为胶黏剂的贮存期,它是树脂质量的一项重要指标,是胶黏剂研制、生产、使用、经销和仓储都需要参考的重要指标。贮存期的长短与原材料的配比、制备工艺、贮存环境等多种因素有关,如酚醛树脂缩聚度大的比缩聚度小的贮存稳定性差;贮存环境温度越高贮存期越短;物质的量比低的比物质的量比高的贮存稳定性差等。贮存环境温度过低或过高都会对胶黏剂产生负面影响,如水溶性酚醛树脂在 0 ℃以下贮存时,水会从树脂中析出;而三聚氰胺甲醛树脂对低温更敏感,会出现混浊甚至膏状的现象。一般要求液体树脂的贮存温度在 10~25 ℃。贮存期的测定可按 GB/T 14074—2006 进行。测试方法如下:

(1) 试样

取刚生产出来的胶黏剂试样不少于 3 kg,分装于容量约为 500 mL 的有盖容器中,密闭待测。

(2) 仪器设备

温度波动±2 ℃的恒温水浴;500 mL 锥形烧瓶;配有胶塞的试管:内径(16±0.2)mm;精度为 0.1 g 电子天平;0~100 ℃、精度 0.2 ℃的水银温度计。

(3) 试验步骤

① 对试样按 GB/T 2794—2013 进行初始黏度测定。

② 分别称取 10 g(精确到 0.1 g)试样于试管中,400 g 试样(精确到 0.1g)于锥形瓶中。

③ 将试管和锥形瓶放入(70±2)℃的恒温水浴中,试样液面低于水浴液面 20 mm 处,记下开始时间。约 10 min 后,盖紧塞子,每隔 1 h 取出试管观察一次试样的流动性。

④ 每隔 1 h 从锥形瓶中取出试样冷却至 20 ℃,测定黏度,计算出黏度变化率。直至黏度增长率达到 200%时为止。记录处理时间,以 h 为单位。

乳液黏度变化率按式(5.10)计算:

$$V=\frac{\eta-\eta_0}{\eta_0} \tag{5.10}$$

式中,V——黏度变化率,%;η——处理后的黏度,mPa · s;η_0——处理前的黏度,mPa · s。

5.4.9 不挥发物含量

为了确定胶黏剂的涂胶量,含有溶剂的胶黏剂必须测定组分中的不挥发物含量。测定方法如下:称取 1~1.5 g 试样置于干燥洁净的称量容器中,转移至通风橱,用 250 W 的红外灯加热,干燥至试样不流动后,转移到恒温箱[溶剂为丙酮、乙酸乙酯、乙醇等低沸点溶剂时,恒温(80±2)℃;溶剂为甲苯、汽油等较高沸点时,恒温(110±2)℃]内加热 1.5 h 后,在干燥器中冷却至室温,用精度 0.1 mg 的天平称量。然后再次将试样放入恒温箱中加热 0.5 h 后,在干燥器中冷却至室温,至连续两次的质量差不大于 0.01 g 为止。不挥发物含量计算如下:

$$X=\frac{m_{后}}{m_{前}}\times 100\% \tag{5.11}$$

式中,$m_{前}$ 和 $m_{后}$ 分别代表试样在干燥前和干燥后的质量。

5.4.10 耐化学试剂性能

耐化学试剂性能是衡量胶黏剂耐久性的指标之一,胶黏剂耐化学试剂性能的检测按照GB/T 13353—1992 执行。该方法是以胶黏剂黏接的金属试样在一定的试验液体中、一定温度下浸泡规定时间后黏接强度的降低来衡量胶黏剂的耐化学试剂性能。本方法适用于多种类型的胶黏剂。

(1) 方法

按 GB/T 2790—1995、GB/T 2791—1995、GB/T 6328—2021、GB/T 6329—1996、GB/T 7122—1996、GB/T 7124—2008、GB/T 7749—1987 和 GB/T 7750—1987 中胶黏剂强度测定方法的规定制备一批试样,再将该批试样任意分为两组,一组试样在一定的温度条件下浸泡在规定的试验液体中,浸泡一定时间后测定其强度;另一组试样在相同温度条件的空气中放置相同的时间后测定其强度。两组强度值之差与在空气中强度值的百分比即为胶黏剂耐化学试剂性能的强度变化率。

(2) 设备

使用所采用的测定方法中规定的试验机和夹具。浸泡试件的试验容器应能密封,并能耐压和耐溶剂的腐蚀。

(3) 试样

根据所采用的测定方法确定试样形式、试样制备要求和每组试样个数。

(4) 试验液体

① 耐化学试剂试验应采用产品使用时所接触的同样浓度的化学试剂。

② 耐烃类润滑油的溶胀性能试验应在橡胶标准试验油 1 号、2 号、3 号中选择试验液体,应

符合表 5.2 的规定(测定橡胶标准试验油的理化性能按 GB/T 262—2010,GB/T 265—1988 及 GB/T 267—1988 中所规定的方法进行)。

表 5.2 橡胶标准试验油的理化性能

项目	理化性能指标		
苯胺点/ ℃	1 号	2 号	3 号
运动黏度/(10^{-6} $m^2 \cdot s^{-1}$)	124±1	93±3	70±1
闪点(开口杯法)/ ℃	243	240	163

注:1 号、2 号试验油运动黏度的测量温度为 99 ℃;3 号试验油的为 37.8 ℃,也可根据需要选用其他液体。

③ 蒸馏水。

(5) 试验条件

① 常采用的浸泡温度有(23±2)℃,(27±2)℃,(40±1)℃,(50±1)℃,(70±1)℃,(85±1)℃,(100±1)℃,(125±2)℃,(150±2)℃,(175±2)℃,(225±3)℃。

② 浸泡时间选择 24 h,72 h,168 h 的倍数。

③ 试验液体的体积应不少于试样总体积的 10 倍,并确保试样始终浸泡在试验液体中,试验液体限使用 1 次。

④ 试样制备后的停放条件、试验环境及步骤、试验结果计算等均应符合测定标准。

(6) 试验步骤

① 按照测试标准规定的量将试验液体倒入容器内。

② 把每组试样沿容器壁放置于容器内。

③ 将容器密闭,放入恒温箱,高温试验则需要箱温恒定在试验温度,开始计时。

④ 室温试验时,每隔 24 h 轻轻晃动容器,保持试验容器内液体的浓度均匀。

⑤ 达到规定时间后从容器中取出试样。高温试验应在恒温箱取出密闭容器并冷却至室温后再取出试样。

⑥ 当试验液体为油时,用合适的有机溶剂或蒸馏水洗净试样上的试剂,并用干净滤纸擦干。

(7) 计算公式

胶黏剂耐化学试剂强度变化率(%)的试验结果按式(5.12)计算,并精确到 0.01。

$$\Delta\delta=\frac{\delta_0-\delta_1}{\delta_0}\times 100\% \tag{5.12}$$

式中,$\Delta\delta$——胶黏剂耐化学试剂强度变化率,%;δ_0——在空气中放置后试样强度的算术平均值;δ_1——经化学试剂浸泡后试样强度的算术平均值。

5.4.11 水混合性能

胶黏剂的水混合性是指水溶性胶黏剂如酚醛和脲醛树脂,用水稀释到析出不溶物的限度。水混合性的好坏与树脂的缩聚程度、缩聚反应速率、反应温度、原料物质的量比及制备工艺等因素有关。树脂聚合度大,水混合性差;缩聚反应速率太快,反应温度高,树脂的水混合性差。

以脲醛树脂为例,原料物质的量比高、树脂中的羟甲基含量高,水混合性好;在树脂合成时,加入少量氨水或六亚甲基四胺,可增加脲醛树脂的水混合性。酚醛树脂与配方中碱的用量有关,若碱用量多,则水混合性好。

水混合性的测定方法:在 250 mL 锥形瓶中称取 5 g 试样,插入 0~100 ℃的水银温度计,将锥形瓶放入(25±0.5)℃水浴中,使试样温度达到 25 ℃,再用 50 mL 量筒量取预先恒温到 25 ℃的蒸馏水,在搅拌下慢慢加入锥形瓶中,将混合物摇匀后,再加水,直到混合液中出现微细不溶物或锥形瓶内壁上附着有不溶物时,读取加入的水量。水混合性按式(5.13)计算:

$$L=\frac{W}{m} \tag{5.13}$$

式中,L——水混合性;m——试样质量,g;W——水加入量,mL。

5.4.12 三醛胶黏剂游离醛含量

在三醛树脂胶中,有部分甲醛在制造中没有参加反应,呈游离状态,称之为游离醛。游离醛含量的高低与生产配方和工艺有关,甲醛与尿素的物质的量比越高,游离醛含量越高;尿素一次加入比分次加入时游离醛含量高;反应速率太快,反应不完全,游离醛含量亦高;不经脱水比脱水的游离醛含量高。树脂游离醛含量高,固化快,但适用期短,不仅给操作带来不便,而且还会造成环境污染,危害人体健康。表 5.3 列出了脲醛树脂胶中游离醛含量与固化时间和适用期的关系。

表 5.3 脲醛树脂胶中游离醛含量与固化时间和适用期的关系

游离醛含量/%	固化时间/s	适用期/min
1.57	35.4	300
2.06	28.4	265

树脂胶中游离醛含量越低越好,降低游离醛含量有以下几种方法:

① 降低甲醛与尿素的物质的量比,物质的量比越低,游离醛含量越低。

② 制胶时用氨水、碳酸氢铵作催化剂或用部分氨水代替一部分氢氧化钠作催化剂,降低游离醛含量。

③ 改进工艺,控制反应温度,减慢反应速率,降低游离醛含量。

④ 在合成树脂胶时加入与甲醛共聚反应添加剂,如苯酚、三聚氰胺、聚乙烯醇、硫脲等,降低游离醛含量。

1. 酚醛树脂胶中游离甲醛含量测定

(1) 原理

树脂中游离甲醛与盐酸羟胺作用,生成等量的酸,然后以氢氧化钠中和生成的酸,从而计算出游离甲醛的含量。

$$HCHO+NH_2OH\cdot HCl\longrightarrow CH_2{=}NOH+HCl+H_2O$$

$$NaOH+HCl\longrightarrow NaCl+H_2O$$

(2) 试剂与溶液

10%盐酸羟胺溶液;0.1%溴酚蓝指示剂;0.1 mol/L 盐酸标准溶液;0.1 mol/L 氢氧化钠标准溶液。

（3）操作步骤

称取试样 2 g(准确至 0.1 mg)于 150 mL 烧杯中，加 50 mL 蒸馏水(如为醇溶性树脂可加乙醇与水的混合溶剂或纯乙醇溶解)及 2 滴溴酚蓝指示剂，用 0.1 mol/L 盐酸标准溶液滴定至终点，在酸度计上测得 pH 等于 4.0 时，吸入 10% 的盐酸羟胺溶液 10 mL，在 20～25 ℃下放置 10 min，然后以 0.1 mol/L 氢氧化钠标准溶液滴定至 pH 等于 4.0 时为终点。同时，以 50 mL 蒸馏水或者乙醇与水(或纯乙醇)作溶剂代替试液进行空白试验。树脂胶中游离甲醛含量可按式(5.14)计算：

$$F=\frac{(V_1-V_2)\cdot c\times 0.030\ 03}{m}\times 100\% \tag{5.14}$$

式中，F——游离甲醛含量，%；V_1——滴定试样所消耗氢氧化钠标准溶液的体积，mL；V_2——空白试验所消耗氢氧化钠标准溶液的体积，mL；c——氢氧化钠标准溶液浓度，mol/L；0.030 03——1 mol/L 氢氧化钠标准溶液 1 mL 中相当于甲醛的质量，g；m——试样质量，g。

2. 氨基树脂中游离甲醛的测定

（1）原理

在试样中加入氯化铵溶液和一定量的氢氧化钠，使生成的氢氧化铵和树脂中甲醛反应，生成六亚甲基四胺，再用盐酸滴定剩余的氢氧化铵，从而计算出游离甲醛的含量。

$$NH_4Cl+NaOH \longrightarrow NaCl+NH_4OH$$

$$6CH_2O+4NH_4OH \longrightarrow (CH_2)_6N_4+10H_2O$$

$$NH_4OH+HCl \longrightarrow NH_4Cl+H_2O$$

（2）仪器

实验室常规分析仪器。

（3）试剂与溶液指示剂

0.1%甲基红/乙醇溶液与 0.1%亚甲基蓝乙醇溶液按 2∶1 体积比混合摇匀；溴甲酚绿/甲基红混合指示剂：0.1%溴甲酚绿/乙醇溶液与 0.2%甲基红/乙醇溶液按 3∶1 体积比混合摇匀。10%氯化铵溶液；1 mol/L 氢氧化钠溶液；1 mol/L 盐酸标准溶液。

（4）操作步骤

称取 5 g 试样(准确至 0.1 mg)于 250 mL 锥形瓶中，加入 50 mL 蒸馏水溶解(若试样不溶解于水，可用适当比例的乙醇与水混合溶剂溶解，空白试验条件相同)，加入混合指示剂 8～10 滴，如树脂不是中性，应用酸或碱滴定至溶液为灰青色，加入 10 mL 10%氯化铵溶液，摇匀，立即用移液管加入 1 mol/L 氢氧化钠溶液 10 mL，充分摇匀盖紧瓶塞，在 20～25 ℃下放置 30 min，用 1 mol/L盐酸标准溶液进行滴定，溶液由绿色→灰青色→红紫色，以灰青色为终点。同时进行空白试验。注意在放置过程中塞紧瓶塞，用水封口以防氨的逃逸。

树脂中游离甲醛含量按式(5.15)计算：

$$F=\frac{(V_1-V_2)\cdot c\times 0.045\ 05}{m}\times 100\% \tag{5.15}$$

式中，F——游离甲醛含量，%；c——盐酸标准溶液浓度，mol/L；V_1——空白试验所消耗盐酸标准溶液的体积，mL；V_2——滴定试样所消耗盐酸标准溶液的体积，mL；0.045 05——1 mol/L 盐酸标准溶液 1 mL 相当的甲醛的质量，g；m——试样质量，g。

5.4.13 酚醛树脂胶的游离酚含量

游离酚是指酚醛树脂中没有参加反应的苯酚。游离酚含量高低与制胶配方和工艺有关,物质的量比越低,游离酚含量越高。在制备过程中,反应速率太快,反应不完全,或聚合度太小,均会导致游离酚过高。

游离酚含量高,树脂贮存稳定性好,但由此所造成的空气污染和对人体健康的危害更为严重,并导致树脂产率降低,成本增高。可以通过增加物质的量比和延长反应时间来降低酚醛树脂中游离酚的含量。对于不同含量的游离酚的测定方法有所不同,下面就分别介绍。

1. 游离酚含量在1%以上时的测定方法

(1) 原理

树脂中未参与反应的苯酚用水蒸气蒸馏法与水一起馏出,用溴量法测定,其反应如下:

$$5KBr+KBrO_3+6HCl \longrightarrow 3Br_2+6KCl+3H_2O$$

$$C_6H_5OH+3Br_2 \longrightarrow HOC_6H_2Br_3+3HBr$$

$$Br_2+2KI \longrightarrow 2KBr+I_2$$

$$I_2+2Na_2S_2O_3 \longrightarrow 2NaI+Na_2S_4O_6$$

(2) 仪器

常规分析仪器。

(3) 试剂与溶液

碘化钾,分析纯;盐酸,分析纯;乙醇,分析纯;1/60 mol/L 溴酸钾-溴化钾溶液;0.5%淀粉指示剂;0.1mol/L 硫代硫酸钠标准溶液。

(4) 操作步骤

① 在分析天平上称取 2 g 试样,精确至 0.1 mg,置于 1 000 mL 圆底烧瓶中,以 20 mL 蒸馏水溶解,若试样为醇溶性固体树脂,则称取 1 g 试样置于烧瓶内,加入 25 mL 乙醇,摇动烧瓶使树脂完全溶解。

② 连接蒸汽发生器、冷却器及量瓶等蒸馏装置。

③ 加温开始蒸馏,要求在 40~50 min 内蒸馏物达到 500 mL,取一滴蒸馏液滴入少许饱和溴水中,如果不发生混浊即停止蒸馏。

④ 取下量瓶,加蒸馏水稀释至 1 000 mL。用吸管吸取 50 mL 蒸馏液于 500 mL 碘瓶中,然后用吸管加入 25 mL 的 1/60 mol/L 溴酸钾-溴化钾溶液和 5 mL 浓盐酸,迅速盖上瓶塞并用水封瓶口,摇匀,放置暗处 15 min。

⑤ 加入 1.8 g 固体碘化钾,用少许蒸馏水冲洗瓶口,再置于暗处 10 min。

⑥ 用 0.1 mol/L 硫代硫酸钠标准溶液滴定至淡黄色时,加 3 mL 淀粉指示剂继续滴定至蓝色消失,即为终点。

⑦ 进行空白试验,如果测定醇溶性树脂,需配制 2.5%乙醇水溶液,吸取 50 mL 做空白试验。树脂中游离酚含量按式(5.16)计算。

$$P=\frac{(V_1-V_2)\cdot c\times 0.015\ 68\times 1\ 000}{m\times 50}\times 100\% \tag{5.16}$$

式中,P——游离苯酚含量,%;V_1——空白试验所消耗硫代硫酸钠标准溶液的体积,mL;V_2——

滴定试样所消耗硫代硫酸钠标准溶液的体积，mL；c——硫代硫酸钠溶液的浓度，mol/L；0.015 68——1 mL 1 mol/L 硫代硫酸钠标准溶液相当于苯酚的质量，g；m——试样质量，g。

2. 游离酚含量在1%以下时的测定方法

（1）原理

苯酚含量在1%以下时，用一般容量分析法测定时，准确性差。因此，应用分光光度计，利用物质吸收光子的数量，测出该物质的含量，是一种快速、灵敏、操作简便的方法。

（2）主要仪器

分光光度计（72型或其他同类型）；其他常规分析仪器。

（3）试剂和溶液

当日配制的2% 4-氨基安替比林溶液；新近配制的2%铁氰化钾溶液；2 mol/L 氨水；苯酚，分析纯。

（4）标准曲线的绘制

配制0.1 mg/mL标准浓度的苯酚溶液500 mL，取50 mL容量瓶10个，分别加入1 mL，2 mL，3 mL，…，10 mL标准溶液，加蒸馏水稀释至刻度。然后分别加入1 mL 2 mol/L氨水、0.5 mL 2% 4-氨基安替比林及1 mL 2%铁氰化钾溶液摇匀。5 min后在分光光度计520 nm处，用厚度为1 cm的比色皿测定其光密度值，以未加标准溶液的试剂溶液做空白试验。将所得到的光密度值和各自的标准溶液浓度绘制成线性标准曲线，纵坐标为光密度值，横坐标为苯酚标准溶液含量。

（5）试样测定

称取试样2 g，用水蒸气蒸馏法制得蒸馏液，并将蒸馏液稀释至1 000 mL，吸取50 mL放入100 mL锥形瓶中，加1 mL 2 mol/L氨水、0.5 mL 2% 4-氨基安替比林溶液及1 mL 2%铁氰化钾溶液。搅拌5 min后，按绘制标准曲线的标准溶液测定条件来测定其光密度，试验结果取两次测定的平均值。树脂游离苯酚含量按式（5.17）计算：

$$P=\frac{\alpha}{m\times 1\ 000}\times 100\% \tag{5.17}$$

式中，P——游离苯酚含量，%；α——根据标准曲线查得的该光密度值对应的苯酚量，mg；m——试样质量，g。

5.4.14 酚醛树脂胶可被溴化物含量

酚醛树脂中的可被溴化物是指酚醛树脂分子中可被溴取代的活泼氢原子的数量，在一定程度上能够反映出酚醛树脂聚合度的大小。可被溴化物的多少主要与缩聚终点的控制有关，终点控制聚合度大一些，可被溴化物含量就小，则说明树脂的平均分子量大。胶黏剂应要求有一定的聚合度，但聚合度又不能太大，否则胶黏剂的存贮期会太短，因此要求可被溴化物不能太少。

（1）原理

用溴量法测定树脂中可被溴化物含量，包括游离酚和树脂分子中能被溴化的活性基，折算成苯酚量，以此代表树脂中可被溴化物含量。

（2）仪器

常规分析仪器。

（3）试剂和溶液

同游离苯酚含量的测定。

（4）操作步骤

① 称取 0.5 g 试样（准确至 0.1 mg）于 500 mL 容量瓶中，并用蒸馏水稀释至刻度，摇匀。

② 吸取 50 mL 试液于 500 mL 碘瓶中，再加入 25 mL 0.1 mol/L 溴酸钾-溴化钾溶液及 5 mL 盐酸（化学纯），迅速盖上瓶塞，用水封瓶口，摇匀后置于暗处 15 min。

③ 加入固体碘化钾 1.8 g，注意无溴损失，再放于暗处 5 min。

④ 用 0.1 mol/L 硫代硫酸钠标准溶液滴定至淡黄色时，加入 3 mL 0.5%淀粉指示液，滴定至蓝色消失。

⑤ 以 50 mL 蒸馏水代替试液进行空白试验。树脂可被溴化物含量按式（5.18）计算，

$$B=\frac{(V_1-V_2)\cdot c\times 0.015\ 68\times 500}{m\times 50}\times 100\% \tag{5.18}$$

式中，B——可被溴化物含量，%；V_1——空白试验所消耗硫代硫酸钠标准溶液的体积，mL；V_2——滴定试样所消耗硫代硫酸钠标准溶液的体积，mL；c——硫代硫酸钠标准溶液浓度，mol/L；0.015 68——1 mL 1 mol/L 硫代硫酸钠标准溶液相当于苯酚质量，g；m——试样质量，g。

5.4.15　水性胶含水率

水溶性胶黏剂（水性胶）含水率的测定方法很简单，下面介绍适用于醇溶性酚醛树脂含水率的测定。

（1）原理

试样溶解于甲酚中，加热蒸馏，水分随苯馏出，经冷却后在管下部接收，量其体积即可得出树脂中的含水率。

（2）仪器

含水率测定装置属于实验室一般仪器。

（3）试剂

甲酚，分析纯（经无水硫酸钠脱水）；苯，分析纯（经无水氯化钙脱水）。

（4）操作步骤

称取试样 10 g（固体粉碎成小颗粒或剪成小块），放入水分测定装置的圆底烧瓶中，加入 60 mL甲酚，水浴 50～60 ℃下加热溶解，溶解后加入 80 mL 的苯和少量沸石，接上冷却管及水分接收器，接通冷却水，加热至沸腾，起初回流速度每秒钟 2 滴，大部分水出来后，每秒钟 4 滴，直至接收管中的水量不再增加时，再回流 15 min。

树脂含水率按式（5.19）计算：

$$W=\frac{V}{m}\times 100\% \tag{5.19}$$

式中，W——树脂含水率，%；V——蒸馏接收管中的水量，mL；m——树脂试样的质量，g。

5.5 黏接强度力学性能测试

影响黏接强度的因素很多,胶黏剂材料的结构、性质和配方;被粘物的性质与表面处理;涂胶、黏接和固化工艺;黏接头的形式、几何尺寸和加工质量;强度测试的环境如温度、压力等;外力加载速度、方向和方式等。

5.5.1 对接接头拉伸强度的测定

胶黏剂拉伸强度是指黏接体在单位面积上能承受垂直于黏接面的最大负载。对接接头黏接强度测定将由两根方的或圆的棒状被粘物对接构成接头试样,黏接面垂直于试样纵轴,在拉伸力作用下,测试黏接面直至试样破坏前的强度。在胶黏剂对比试验时,试样为同一种材料,拉伸时不产生明显的变形。

黏接拉伸强度试验可分为标准试验、模拟试验、使用试验三种,其中标准试验是最常用的实验方法。在标准试验中,影响黏接强度的因素,除了胶黏剂本身属性外,还有试样制备和试验条件。在试验前必须注意黏接过程中可变因素,并采取相应管控措施,使测试结果重现性符合要求。

1. 试样制备

试样制备主要包括被粘材料准备、黏接表面处理、黏接工艺、固化条件等过程。根据试验的要求和规定选定被粘材料的材质等,并按照标准试样的形状和尺寸进行加工,要求被粘材料表面平整,无明显缺陷如划伤、变色、裂纹等。常用被粘金属材料有合金铝、不锈钢、铁等,非金属材料有木材、橡胶、塑料、皮革、织物、陶瓷等。

试样制备方法有:直接黏接成标准试样,或先黏接成大试样板,再从大试样板上切割成标准试样两种。后一种方法制成的试样尺寸准确,没有余胶,与实际工艺较接近,推荐使用。

根据胶黏剂使用要求和黏接工艺要求,对黏接面进行净化、极化、打磨、喷砂等表面处理,严格执行黏接工艺胶黏剂浓度、配比、涂布方法和次数、晾置时间;严格执行固化温度、固化压力、固化时间等。

2. 试验条件

试验条件包括试验环境条件和加载方式、加载速度、试样温度等。试验环境条件包括试样预处理环境和试验环境两种。预处理环境是试验前试样所处的环境条件如温度、湿度和时间,试验环境是试验过程中试样所处的环境条件如湿度和温度。

试样预处理时间:在标准环境条件静置 16 h,在恒温环境条件放置 3 h。高分子材料类胶黏剂黏接强度测试一般在标准环境条件或恒温环境条件下进行。

试验机采用无惯性的拉力试验机,力的测量误差小于±1%,并能提供适宜的夹具和要求的加载速度,要求试样的破坏负荷在试验机满负荷的 15%~85%。

3. 实验结果分析

由于影响胶黏剂黏接强度的因素较多,测试结果离散。因此,胶黏剂的测试试样至少 5 个,以平均值、最高值、最低值表示试验结果,以标准误差表示数据的分散程度。

4. 影响拉伸强度的因素

（1）胶层厚度

对接接头的拉伸强度随胶层厚度降低而增加，类似于搭接试样的剪切强度，而与剥离强度正好相反。胶层厚度非常小时，对接接头的抗张强度可能超过胶黏剂本身强度。增加厚度时，接头强度降低并趋近于胶黏剂本身强度。当胶层较薄时，对接试样受到张力作用时较厚胶层形变小得多，应力集中比厚胶层小，所以薄胶层的对接头黏接强度高。

（2）被粘物尺寸

圆形试样直径影响抗拉强度，不同直径试样的抗拉强度相差到 50%，测试结果的离散性很大。对于方形试样，黏接边缘各点到中心距离不同，接头应力分布较圆形试样更不均匀，测试结果的离散性更大。

（3）加载速率-温度效应

接头抗张强度与胶黏剂黏弹效应相关。拉伸过程中，内聚破坏和界面破坏时出现能量耗散现象。在所有速率范围内，薄胶层（0.1 mm）的接头强度较厚胶层（2.5 mm）的强度大。在低速率时，厚胶层的接头强度与胶黏剂本身的抗张强度一致。在高速率时，薄的和厚的胶层接头强度都低于胶黏剂本身的抗张强度。

5. 拉伸测试局限性

黏接件中穿过胶黏剂的应力的分布不均匀，对接拉伸试样胶缘所承受拉伸力比中间高，平均应力取决于这种边缘效应，而不是胶黏剂的实际拉伸强度。因此，对接拉伸测试的载荷方式与正常黏接结构不同，一般只应用于基础研究。

5.5.2 拉伸剪切强度测定方法

剪切强度按黏接体受力的方式分为拉伸剪切、压缩剪切、扭转剪切、环套剪切和弯曲剪切等，其中弯曲剪切在制备试验试样、分析应力等方面很复杂，应用较少。按接头形式则分为单搭接、双搭接及“O”搭接等。按载荷作用时间分为静态剪切、冲击剪切、持久剪切、疲劳剪切等，通常有拉伸剪切强度、压缩剪切强度及扭转剪切强度等的试验方法。在剪切试验中，单搭接拉伸最常用。在试样搭接面上施加纵向拉伸剪切力，测定试样破坏前能承受的最大负荷。

1. 测试方法

（1）制样

将被粘物按要求进行表面处理，在搭接区域涂抹胶黏剂，搭接长度（12.5±0.5）mm，宽度为（2.0±0.1）mm，胶黏剂厚度由使用情况确定。试样固定采用夹子夹住黏接件边缘的方法。加压使胶黏剂溢出，形成“胶瘤”，增加搭接区域长度，降低被黏物边缘性质的不连续性，改善搭接剪切试样的强度。

（2）测试

胶黏剂固化或硬化后，采用电子拉力试验机进行测试，或施加周期性载荷测定黏接件的疲劳寿命。其中，避免胶黏剂在测定条件下出现胶层后固化或退火现象。胶黏剂搭接拉伸剪切强度按式（5.20）计算：

$$\tau = \frac{P}{BL} \qquad (5.20)$$

式中，τ——胶黏剂拉伸剪切强度，MPa；P——试样剪切破坏的最大负荷，N；B——试样搭接面宽度，mm；L——试样搭接面长度，mm。

试验结果以剪切强度的算术平均值、最高值、最低值表示，取三位有效数字。

2. 影响胶黏剂拉伸剪切强度的因素

（1）胶黏剂性质及胶层厚度的影响

热固性聚合物由于分子链的柔顺性差，交联后的立体网状结构在受张力后不易变形，而能承受的负荷也较高。热塑性聚合物由于分子之间无交联键，在外力作用下，大分子链发生形变和分子间发生缓慢的相对移动，出现蠕变，其伸长率较热固性聚合物类高，而能承受的负荷不高。弹性体材料由于聚合物分子中含有许多柔顺性链段，在外力作用下，易产生可逆形变。热塑性胶黏剂发生蠕变和弹性体胶黏剂发生弹性形变，在一定程度上降低了试件在剪切力作用下的应力集中，减缓了试件黏接边缘受线状作用力的程度。低分子量热塑性树脂和聚乙烯类胶黏剂断裂伸长率大，但强度低。

在搭接接头中的胶黏剂厚度直接影响接头的剪切强度。一般说来，随着胶黏剂的厚度增加，接头剪切强度减小。但是，并非胶黏剂厚度越薄越好。过薄的胶层易出现缺胶，缺胶处便成为胶黏剂膜的缺陷，在受力时，在缺陷周围应力容易集中，加速了胶膜破裂。胶黏剂适宜的厚度取决于黏接头形状、负荷的类型及胶黏剂属性。

（2）被粘物厚度及性质的影响

金属与金属黏接接头的抗剪切强度与被粘物厚度的平方根成正比。若被粘物厚度大，则接头应力集中系数小，接头抗剪强度高。实验结果发现，同一种胶黏剂、同一种接头，试片为钢时，抗剪强度大于铝合金，铝合金的抗剪强度又大于镁合金。

（3）接头应力与搭接长度的影响

搭接接头在张应力作用下主要有被粘物的拉伸应力 σ_f、胶黏剂层剪切应力 τ、黏接界面剥离应力三种应力，应力分布不均匀。其中，剥离应力是由于张应力引起被粘物形变，造成外力对黏接部位的作用方向与胶层不平行。

由于组成接头各部分的弹性模量不同，应力分布不同，应力集中程度也不同，搭接长度与抗剪强度关系受到胶黏剂本身性质的影响。如随搭接长度增加，模量小的胶黏剂，在外张力负荷时迅速发生形变，减少了应力集中程度。抗剪强度减小不明显。对于模量大的胶黏剂，随搭接长度的增加，抗剪强度急剧减小。又如单搭接或双搭接接头，搭接长度增长到某个值后，破坏负荷不再增加，但斜搭接和嵌接接头则随搭接长度增加而急剧增加，这类搭接接头有较高的抗剪强度。

（4）测试温度和加载速率的影响

温度升高，胶黏剂内聚强度和模量降低，接头抗剪强度降低，接头应力集中程度也降低。接头抗剪强度与胶黏剂性质有关，也与胶黏剂和被粘物热膨胀/收缩率有关。当两者的热膨胀率相差大时，温度变化会导致黏接界面的应力集中加剧，接头黏接强度下降。另外，胶黏剂聚集态结构随温度变化，发生由玻璃态向橡胶态转变，接头抗剪强度出现一个极值点后，随温度升高，强度降低。

由于聚合物松弛过程依赖变形速率，温度对黏接强度影响明显。测试时，保持相同加载速率很重要。测试黏接剪切强度时，提高加载速率，类似于聚合物胶黏剂的玻璃化温度升高，使最大值向高温方向移动。在常规测试中，不但规定了测试加载速率，而且规定了测试环境温度和试样温度，否则，会失去可比性。

5.5.3 剥离强度试验

剥离强度也称抗剥强度，剥离强度为单位宽度的黏接面所能承受的最大破坏负载。剥离试验是将胶黏剂黏接中柔性部分与其黏接的柔性或刚性部分撕开。因此，被粘物试样中至少有一方为柔性材料，测试时发生塑性形变。剥离试验也是一种劈裂测试，剥离强度也可以衡量黏接接头抵抗裂缝扩展的能力。由于被粘物比较薄，当外力作用时，被粘物柔性部分先发生塑性变形，然后黏接体也将缓慢地连续撕开，如织物黏接织物或织物黏接金属。

试验方法有"T"型剥离、180°剥离和 90°剥离。"T"型剥离试验试样易于制样，为常用测试方法。180°剥离主要用于测定胶黏带、橡胶、纤维物及塑料薄膜胶黏剂等弹性或柔性材料粘贴在刚性背材上的剥离强度。

1. "T"型剥离强度试验方法

本方法适用于测定由两种相同或不同的挠性材料黏接试样在规定条件下的胶黏剂的抗"T"型剥离性能。"T"型剥离试验是在试样未黏接端施加剥离力，使试样沿着黏接线发生剥离。将两块同等厚度的被粘物黏接，试样头部或"空白处"固定在拉伸试验机的夹具中，在测试速率下进行剥离。如果试样中两被粘物弯曲模量和屈服强度相当，则呈对称剥离，裂纹前端沿胶层中心扩展。如果黏接件中被粘物厚度或弯曲强度明显不同，则发生翘曲，其末端向薄被粘物固定端弯曲，破坏处也向薄被粘物移动。

2. 180°剥离强度试验方法

本方法适用于测定由两种不同刚性被黏材料，挠性材料与刚性材料组成的黏接试样在规定条件下，胶黏剂抗 180°剥离性能。

(1) 原理

两块被黏材料用胶黏剂制备成黏接试样，将黏接试样以规定速率从黏接开口处剥开，两块被粘物沿着被粘面侧缘方向逐渐分离。挠性被粘物施加剥离力与黏接面平行。

(2) 试样制备

刚性被粘试片宽度(25.0±0.5)mm，长度 200 mm 以上。挠性被粘材料能弯曲 180°而无严重的不可恢复变形。挠性被粘试片长度不小于 350 mm。按胶黏剂产品使用工艺说明进行表面处理和黏接。在每块被粘试片整个宽度上涂胶，涂胶长度为 150 mm，黏接并固化。

(3) 试验步骤

将挠性被粘试片的未黏接的一端弯曲 180°，将刚性被粘试片夹紧在固定的夹头上，挠性试片夹紧在另一夹头上。注意夹头之间试样定位准确，上下夹头以恒定的速率分离，自动记录夹头分离速率和夹头分离运动时所受到的力，直到超过 125 mm 黏接长度被剥离。

(4) 试验结果处理

注意黏接破坏类型，即黏附破坏、内聚破坏或被粘物破坏。从剥离力和剥离长度关系曲线上计算平均剥离力，以 N 为单位。计算剥离力的剥离长度在 100 mm 以上，其中去除初始 25 mm 剥离长度，用等高线或面积来得到平均剥离力。记录至少 100 mm 剥离长度内的剥离力最大值和最小值，计算相应的剥离强度值：

$$\sigma_{180^\circ}=\frac{F}{B} \tag{5.21}$$

式中，σ_{180°——180°剥离强度，kN/m；F——剥离力，N；B——试样宽度，mm。

3. 90°剥离强度试验方法

该方法适用于金属与金属黏接的胶黏剂 90°剥离强度测定。将挠性金属沿试样黏接面以 90°方向从刚性板上剥开时单位黏接宽度所承受的平均载荷，以 N/cm 表示。

剥离强度的影响因素如下：

（1）剥离角效应

从应力和能量方面分析，剥离力在 0°剥离时最高，180°时最低。但在接近 0°的低剥离角，破坏模式从劈开破坏变成剪切破坏，实验剥离力不遵从剥离力与函数$(1-\cos\theta)$相反的变化的理论关系。在接近 180°的高剥离角，剥离力比 90°时大，可能是曲挠性被粘物或背衬在弯曲 180°时，由于塑性屈服而出现额外能量耗散造成的。

（2）胶黏剂厚度和挠曲被粘物性质

薄层胶的黏接剥离力，随胶层厚度增加而上升。但厚度增加到某种程度后，剥离力基本不变。

根据被粘物受力情况和能量分析，曲挠性被粘物或背衬体为线性弹性体或不可伸长的刚性体，弯曲时能量无耗散；如果为黏弹体，弯曲时将引起被粘物的塑性形变，剥离力和破坏能量增加。

（3）速率-温度效应

在一定剥离速率条件下，当温度提高时，剥离力降低，并可能发生界面破坏或内聚破坏。在给定的温度，当速率增加时，剥离力趋于增加，内聚破坏变成界面破坏，剥离力急剧下降。速率和温度对剥离力效应是等效的，符合高分子材料黏弹性的时温等效原理。

5.6 美国标准的拉伸和剪切胶黏强度测试方法

对于结构胶黏剂、橡胶基胶黏剂、木质建筑胶黏剂、热熔胶黏剂等类型的胶黏剂，美国材料测试协会（ASTM）的黏接件测试方法都适用（压敏胶黏剂的测试方法除外）。

1. 黏接件的拉伸测试

胶黏剂拉伸性质的典型试样如图 5.1 所示。金属棒材按 ASTM D2094 标准加工成标样、清洗、抛光除毛刺，避免其穿过胶黏剂缝隙。末端表面互相平行，防止拉伸力变成劈裂力。在胶黏剂固化或硬化后，把试样置于拉伸载荷下，试样被拉至破坏可测得断裂拉伸应力及破坏模式。

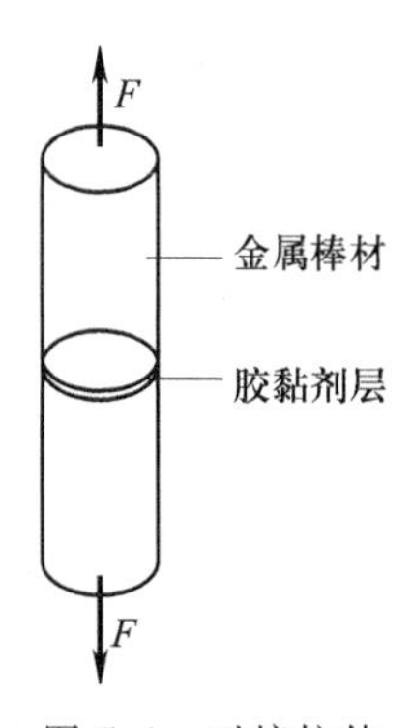

图 5.1 对接拉伸试样示意图

胶黏剂层受到的应力分布并不均匀，测试得到破坏时的应力为平均应力。试样前端缘的胶黏剂承受拉伸应力比中间高，破坏应力取决于边缘效应，不是胶黏剂的实际拉伸强度，一般不用于评价胶黏剂性能。

黏接件的另一种拉伸测试方法是蜂窝芯结构的扁平拉伸测试，如图 5.2所示。在制备扁平拉伸试样时，铝质材料面板、蜂窝芯用蒸汽脱脂清洗。

在蜂窝芯与面板间及面板与金属块间施加薄膜胶黏剂并模拟蜂窝芯夹心板的制备固化组件,或先制备蜂窝芯与面板的夹心结构,再切割成一定尺寸。要求胶黏剂能很好地润湿蜂窝芯。试样制好后,把螺栓插入铝块的孔洞中,固定在拉伸测试机上,在蜂窝芯上施加"扁平"载荷,常用于航空及相关工业上。

2. 黏接件剪切强度测试

(1) 标准搭接剪切试样

ASTM D1002 是黏接件剪切强度的标准测试方法,测试试样如图 5.3 所示。先将被黏物用适当的表面处理方法洗净,再把胶黏剂施加于搭接区域。搭接长度为 1.27 cm,宽度为 2.54 cm,胶黏剂厚度由使用情况决定。试样采用夹子将黏接件边缘固定,加压保证被粘物在胶黏剂固化过程中位置固定。胶黏剂适当溢出黏接区域,形成胶黏剂胶瘤,可降低被粘物边缘的不连续性,影响剪切强度。最后,将试样固定在拉伸测试机上,施加载荷直至试样破坏。

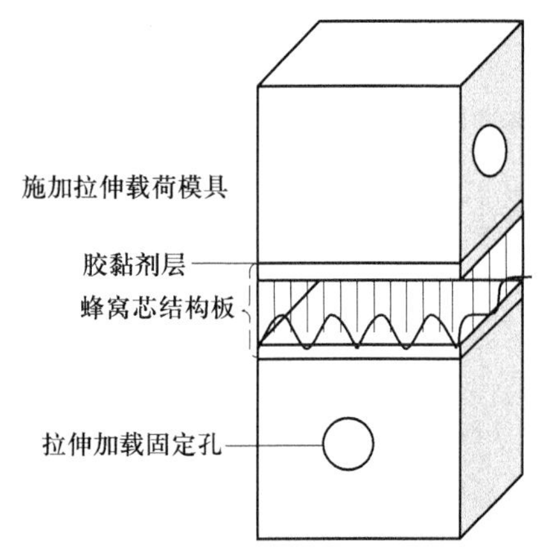

图 5.2 扁平拉伸试样结构示意图

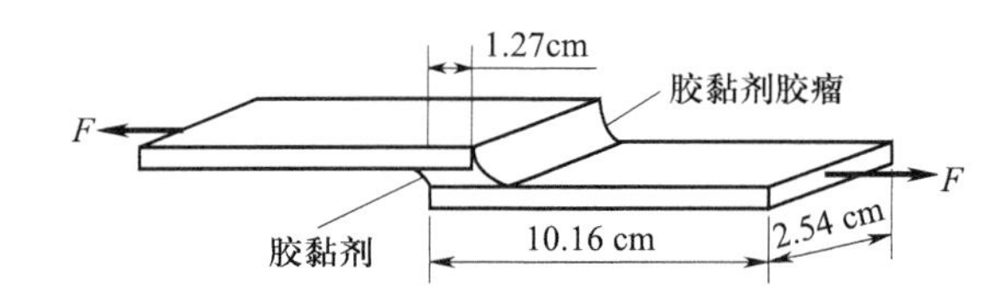

图 5.3 ASTM D1002 搭接剪切试样示意图

搭接剪切试样制备有单一法和板式多试样法。单一法制样应注意:

① 必须保证被粘物在固化过程中排列完好,否则测试时黏接件上会产生附加扭矩。

② 黏接件的边缘不能溢料,溢料会密封黏接件。

③ 保证被粘物的黏接端为正方形,无毛刺,否则试样的应力状态将复杂化。

板式多试样法则是将一大块被粘物沿某一边进行黏接,典型的做法是把大尺寸被粘物沿长边进行黏接,固化后再将大黏接件按规格切割成多条样条。板式多试样法可以消除胶黏剂溢料问题,且被粘物间翘曲概率小,搭接剪切强度的重现性比单一法好,但是黏接端的毛刺及方形问题依然存在。

ASTM D1002 测试主要适用于金属、木材、工程塑料等刚性基材。试样尺寸可由黏接件使用条件确定。试样可置于测试环境如暴露于高温、溶剂、高湿度中,测试其环境耐受性能。也可用于测定黏接件的疲劳寿命,对试样施加周期性载荷,测定试样破坏时的循环次数。对于最先进的结构胶黏剂,对高频载荷的耐受性强。但是,在低频载荷下,尤其在恶劣环境中,黏接件的疲劳寿命远低于由拉伸强度所预测出的寿命。

ASTM D1002 搭接剪切测试有一定局限性,不能准确模拟黏接件的实际载荷状态。另外,试样中的剪切状况分布不均匀(如图 5.4 所示),载荷点划线的作用线与被粘物不能完全一致,黏接件的搭接区域还起着转轴的作用。搭接区域的中心是外力作用的部位,在测试过程不会移动。但是,为了使应力线性化,搭接区域端部必然发生移动,被粘物在搭接区域发生了弯曲,胶黏剂不再处在纯剪切应力状态,而会受到法向作用。胶黏剂承受剪切载荷同时受到法向载荷,测得黏接件的剪切载荷与剥裂载荷。

(2) 衍生的搭接剪切试样

ASTM D902 的标准试样与 ASTM D1002 搭接剪切测试试样类似(如图 5.5 所示),但负载为压缩载荷。一般用于木质被粘物的测试,其被粘物尺寸较短,以降低非搭接部分的弯曲变形。如果采用金属被粘物,搭接长度稍大。

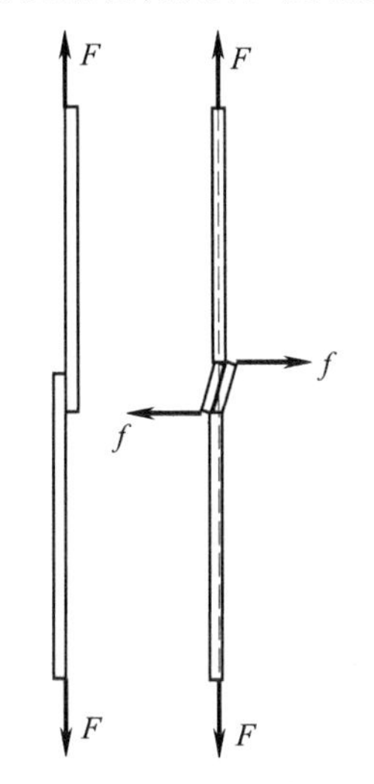

图 5.4 载荷的作用线(虚线)

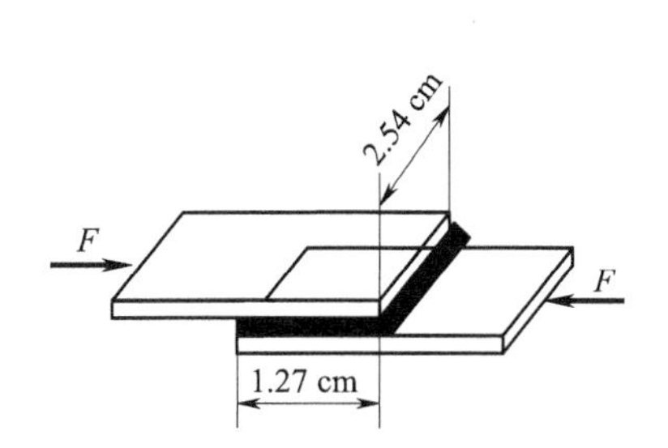

图 5.5 压缩搭接剪切试样示意图

而 ASTM D5656 测试试样则要求:

① 被粘物较厚,可防止被粘物发生弯曲。对于航空用的铝材,其厚度一般为 1.27~2.54 cm,宽度为 2.54 cm,搭接长度为 0.95 cm。

② 去除胶瘤,使胶黏剂仅在黏接区传递载荷,区外不受载荷作用。

③ 用引伸计测定胶层弯曲形变,安装于图 5.6 中标有“十”字的位置处。

通过施加拉伸载荷,并利用引伸计测定被粘物的弯曲程度,得到应力-应变曲线。根据曲线图计算出胶黏剂的剪切模量、剪切屈服应力及剪切应变能密度。

改进的搭接剪切试样和搭接剪切测试方法(图 5.7),实现了力加载线性化、黏接面积增加,在实际的工程结构中测试很适用,但试样难以制备。

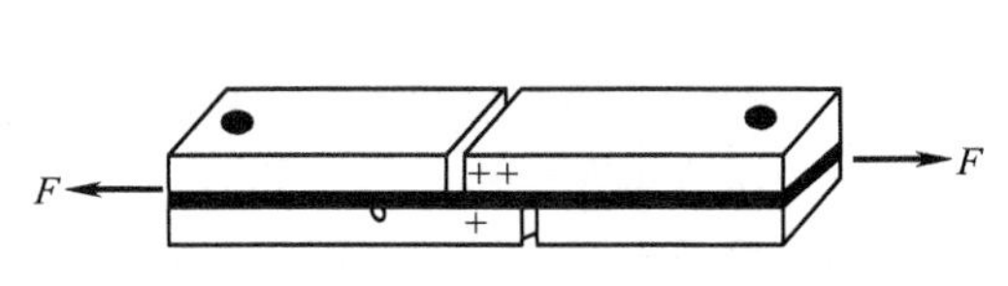

图 5.6 厚被粘物搭接剪切试样示意图

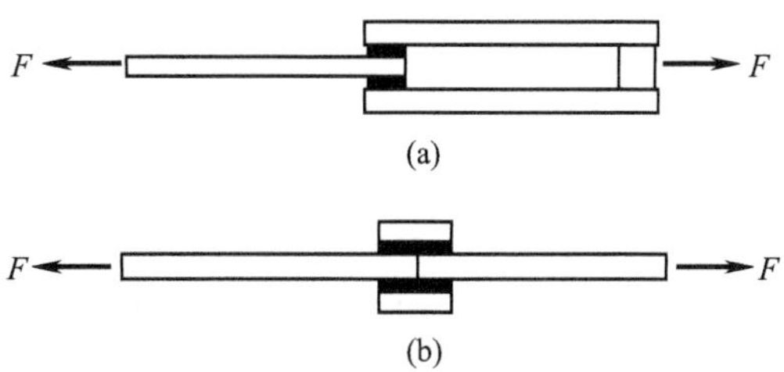

图 5.7 线性化加载过程的双搭接剪切试样示意图

（3）真实剪切性能测试试样

与 ASTM D1002 中的试样相比，厚被粘物搭接剪切试样更符合实际剪切受力情况。为此，黏接件制成圆柱形的扭转试样（图 5.8），面与面互相平行，测试过程中试样处于完全的剪切状态。在底部施加扭矩，试样上部静止不动，记录转动力矩，测得胶黏剂的剪切模量 G。通过拉伸测得的胶黏剂的杨氏模量 E，再根据各向同性材料特性可计算出 v，比测定材料的横向收缩及拉伸伸长率方法简单。

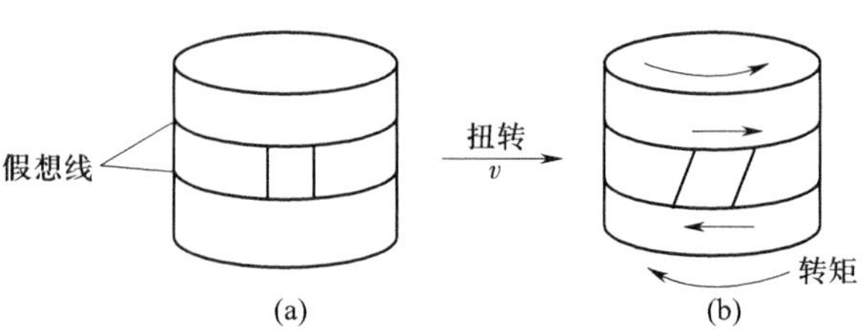

图 5.8　在圆柱上划出用于分析的假想线

3. 黏接件的劈裂载荷

黏接件在劈裂载荷与剥裂载荷下的 ASTM 测试方法见表 5.4。劈裂试样用于测定应变能释放速率，被粘物在测量时不发生明显变形。剥离测试试样在测试中被粘物发生塑性变形，裂纹在胶黏剂中扩展。剥离试样比劈裂试样应用广泛。

表 5.4　黏接件劈裂或剥离性能的 ASTM 测试方法

测试编号	测试名称	测试方法简述
D903	剥离或撕裂强度测试方法	将柔性薄被粘物黏接到厚被粘物上，于 180°方向将薄被粘物剥离
D1062	金属-金属黏接件劈裂强度测试方法	将金属块黏接在一起，在胶黏剂上施加劈裂载荷，被粘物为非柔性
D1781	胶黏剂爬高圆筒剥离试验方法	通过圆筒将薄被粘物从厚被粘物上剥离，主要用于航空工业上
D1876	胶黏剂耐剥离测试方法（“T”型剥离试验）	广泛使用测试方法，将等厚、等柔性的被粘物黏接，以对称的“T”型方式剥离
D3167	胶黏剂浮辊剥离测试方法	主要用于航空工业，将直径 2.54 cm 的辊筒把薄被粘物从厚被粘物上剥离下来，黏接件与载荷间夹角保持不变
D3433	黏接接头中胶黏剂劈裂的断裂强度试验方法	用于测量胶黏剂 Y_{1C} 的双悬臂梁测试方法，使用厚被粘物
D3762	黏接铝表面耐久性测试方法（楔子试验）	一种薄被黏物的测试法，表面处理过的金属黏接后，在黏接件的一边打入一个楔子，再把黏接件置于测试环境中，测定裂纹扩展情况
D3807	胶黏剂拉伸劈裂剥离强度测试方法（塑料对塑料）	ASTM D3433 和 ASTM D1876 的交叉，黏接厚的塑料试样，按与 ASTM D3433 相似的方式将其拉开
D5041	黏接接头中胶黏剂劈裂时的断裂强度测试方法	在远离试样端部处将厚被粘物黏接，在端部打入一个特殊的楔形块，测量裂纹扩展能

（1）劈裂或断裂试样

引发材料或黏接件断裂模式有劈裂、剪切、撕裂三种，又分别称为模式Ⅰ、模式Ⅱ、模式Ⅲ，断裂时总是对应最小的应变能释放速率。

在断裂力学试样的制备和分析中，均匀双悬臂梁试样如图 5.9 所示。该试样的被粘物的形状、外貌均匀，截面通常为 2.54 cm×2.54 cm 大小的正方形。测试时，先用刀片在试样一端割出裂纹，再在试样上钻孔，将试样固定在拉伸测试机上，施加载荷，原有的裂纹扩展。通过拉伸测定试样位移，同时通过快速拍照或位移计测定裂纹长度随载荷的变化。

双悬臂梁用于测定结构胶黏剂与金属铝被粘物间的黏接性能，一般用于研究胶黏剂黏接/碳纤维增强的复合材料的应变能释放速率。

（2）小型胶样拉伸试验

小型拉伸试样（如图 5.10 所示）由胶黏剂制成，利用这种试样可以测定出胶黏剂的断裂性能，不需要太多材料，但仅适用于一定硬度的胶黏剂。先制备出尺寸合适的模具，向里面注入胶黏剂并固化。从模具中取出后，用剃刀片在试样边缘开一条狭窄的裂纹，后固定在拉伸测试机上，测定作用力与位移曲线。

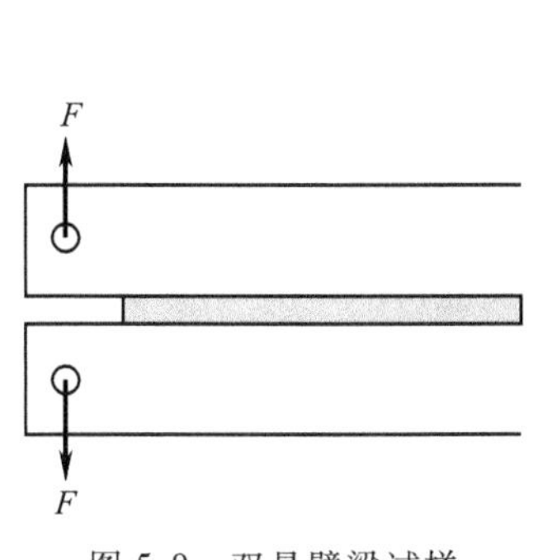

图 5.9　双悬臂梁试样

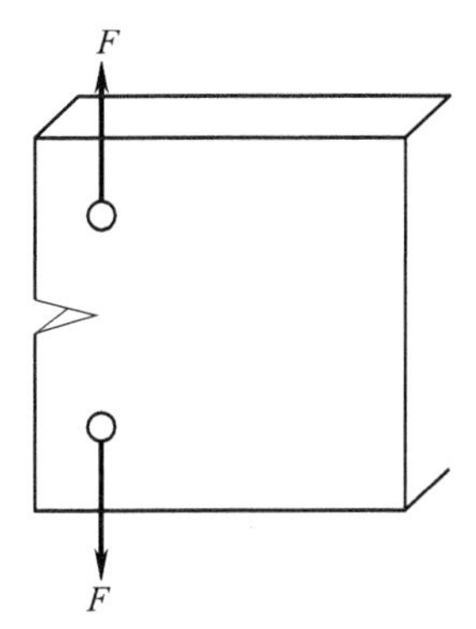

图 5.10　小型拉伸试样

（3）楔子试验

常用楔子试验测试结构黏接件的耐用性能（如图 5.11 所示）。将相对较薄的被黏物黏接在一起，切割成宽为 2.54 cm 的长条，试样一侧进行抛光处理以便易于观测。在试样的一端打入一个楔子，测量裂纹的初始长度，置于测试环境中（如高温和高湿），再测量裂纹随时间的扩展情况。黏接件耐用性能与楔子试验中裂纹的扩展程度关系密切。若界面破坏的裂纹扩展长，则该黏接件的耐用性差。相反，若破坏模式为胶黏剂内聚破坏且裂纹扩展短，则该黏接件耐用性好。

4. 剥离试验

剥离试验也是劈裂测试的一种，但试样中至少有一个被粘物是柔性材料，测量时能够发生塑性形变，图 5.12(a)为 ASTM D1876 的典型"T"型剥离试验。将两块厚度相同的被粘物黏接在一起，再将试样的头部固定在拉伸测试机的夹具中，在测试速率下进行剥离，测试过程可在低于或高于室温下进行。如果试样中的两被粘物的弯曲模量和屈服强度相

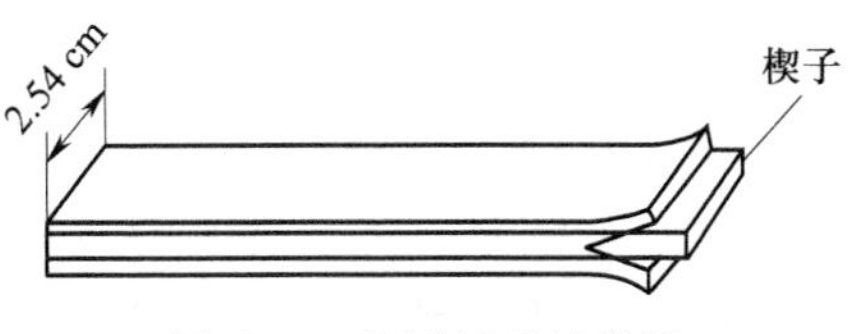

图 5.11　楔子试验试样图

同，剥离就呈对称，裂纹沿胶黏剂层扩展。如果其中一个被粘物厚度或弯曲强度与另一个明显不同，黏接件就会发生翘曲，其末端向薄被粘物固定端方向弯曲，破坏处也向薄被粘物移动。

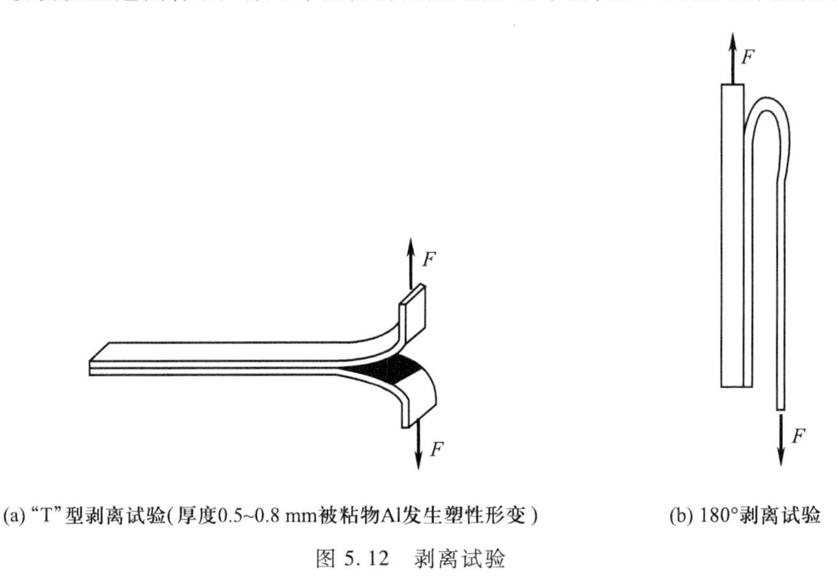

(a) "T"型剥离试验(厚度0.5~0.8 mm被粘物Al发生塑性形变)　(b) 180°剥离试验

图 5.12　剥离试验

90°剥离试验是柔性被粘物向刚性被粘物的弯曲(图 5.13)。试验过程中，用一个恒定的速率将柔性被粘物从刚性被粘物上剥离，使试样头部与刚性被粘物间的夹角保持 90°。为使剥离前沿位置保持恒定，须将刚性被粘物固定在一个滑动装置上(图 5.13)。该方法是将柔性被粘物和刚性被粘物黏接在一起，置于拉伸测试机上，在平行于刚性被粘物的方向剥离柔性被粘物。柔性被粘物产生弯曲，与所受的应力保持一致。90°剥离试验常用于表征薄膜和薄板与胶黏剂的黏接性能，也可用来测定非常柔软的胶黏剂的剥离黏附力，常用柔性被粘物为帆布。试样制备时，先将密封性或橡胶基膏状胶黏剂均匀地涂在刚性被粘物上，后在胶黏剂固化或溶剂挥发前把帆布压贴上，当胶黏剂固化后，帆布就成了理想柔性被粘物。

在 90°剥离试验和 180°剥离试验中，紧邻剥离线前沿处的被粘物曲率半径主要由被粘物的弯曲硬度控制，因此裂纹扩展取决于胶黏剂和被粘物的种类。在浮辊剥离试验(图 5.13)和爬高圆筒剥离试验(图 5.14)中，接近剥离前沿处的曲率半径由柔性被粘物剥离时所缠绕的辊筒半径决定，因而可以控制胶黏剂层中裂纹发生的位置。而爬高圆筒剥离试验的曲率半径远大于浮辊剥离试验，因此，常用于蜂窝芯夹心试样的剥离性能测试。

图 5.13 中所示的辊筒不能自由浮动，中心线与作用线成 45°夹角，并绕一个滚球轴承转动。固定辊筒时，当薄被粘物绕着下面的辊筒剥离时，厚被粘物沿辊筒中心线而移动，辊筒的曲率半径对黏接件的破坏位置影响非常大。如果下部的辊筒半径较小，破坏位置靠近薄被粘物；如果下面辊筒半径较大，破坏位置则靠近黏接件中心。浮辊剥离试验可用于测定直升机叶片构件的黏接强度，也可用于表征表面处理或底胶对黏接影响效果。

浮辊剥离试验与爬高圆筒剥离试验相似，均为绕辊筒而进行剥离，并且辊筒半径都控制着剥离前沿的位置。但在爬高圆筒剥离试验中，圆筒被一根金属条固定于测试机上，柔性被粘物则以某种机械方式固定于圆筒上，以确保在测试时不会滑脱，黏接件的另一端也紧紧地固定在测试机上。测试时,辊筒沿着黏接件爬动。测试结果为转矩,而不是裂纹扩展作用力,可用于测定金属蜂窝芯黏接夹心构件和金属-金属黏接件的剥离强度。这个试验方法一般用于测定飞机机身和机翼表面在剥离前所能承受的扭矩。

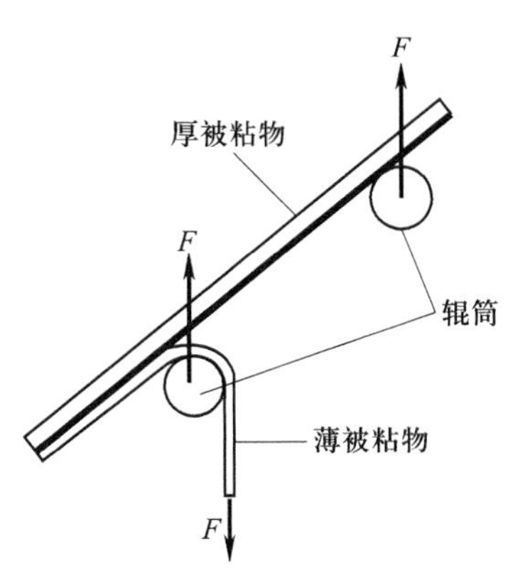

图 5.13　浮辊剥离试验

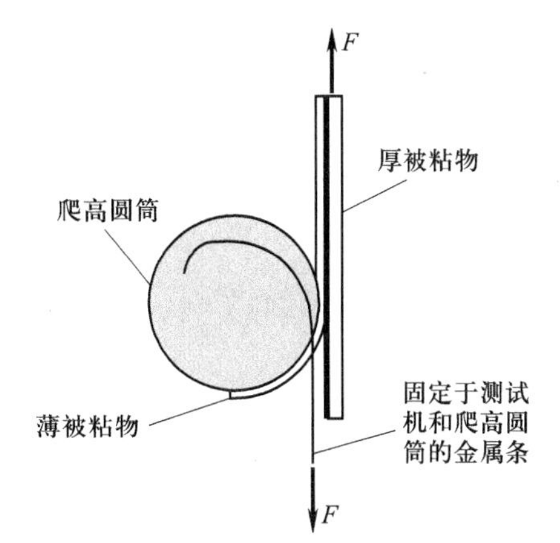

图 5.14　爬高圆筒剥离试验

思考题

1. 表征黏接强度有哪些类型?
2. 影响黏接强度的因素有哪些?
3. 介绍胶黏剂对接接头拉伸强度的测定方法。
4. 胶黏剂剥离强度试验有哪些方法?
5. 影响胶黏剂剪切强度的因素有哪些?
6. 氨基树脂和酚醛树脂中游离甲醛的测定原理和反应式各是什么?

第六章　胶黏剂鉴别、脱胶及无胶黏接

设备、产品的黏接件用久了发生失效，需用同类胶黏剂进行黏接修复，但若不了解胶种则无法进行脱胶、黏接及修补，因此识别和判断胶黏剂品种十分重要。

6.1　常见胶黏剂成分

透明胶水——聚乙烯醇类。

建筑用107，108胶——聚乙烯醇缩甲醛。

白胶——聚醋酸乙烯酯。

热熔胶棒——以乙烯-醋酸乙烯酯共聚物（EVA）为主要材料。

万能胶——环氧胶黏剂，常用的是丙烯酸改性环氧胶或环氧胶。

A，B双组分胶黏剂——有丙烯酸、环氧、聚氨酯等成分的AB胶。

502胶、医用504胶——又称瞬间胶黏剂，是由α—氰基丙烯酸酯单体和少量稳定剂、增塑剂等配制而成的。

厌氧胶——主要成分是甲基丙烯酸双酯。牌号有铁锚300系列，GY-100、200、300系列，Y-150胶等。

胶黏带——丙烯酸酯共聚物、天然橡胶、二烯苯乙烯嵌段共聚物。丙烯酸酯共聚物可制成压敏型胶黏剂，涂在各种基材上制得各种胶黏带，如聚氯乙烯胶黏带、聚酯透明胶黏带、BOPP封箱胶黏带、表面保护膜等。

第二代的丙烯酸酯胶黏剂（SGA）——市售品种有SA-200、AB胶、J-39、J-50、SGA-404、丙烯酸酯胶等。

自行车补胎胶水——天然橡胶、溶剂汽油、酚醛树脂。

乒乓球拍专业胶水——成分主要为天然橡胶和脂质烃。

粘鞋胶——橡胶类、聚氨酯系列胶黏剂。

703、704胶——有机硅胶黏剂，主要组分是有机硅氧烷。

酚醛-丁腈橡胶胶黏剂——由酚醛树脂和丁腈混炼胶溶于溶剂中而制得的。国内研制和生产的主要品种有J-01、J-03、J-15、JX-9、JX-10、CH-505等。

酚醛-氯丁橡胶胶黏剂——由酚醛树脂和氯丁橡胶混炼胶溶于苯或醋酸乙酯/汽油的混合溶剂中配制而成的。市售的商品有铁锚801强力胶、百得胶、JX-15-1胶、FN-303胶、CX-401胶、XY-401胶、CH-406胶等。

6.2　胶黏剂鉴别方法

鉴别胶黏剂种类先判别是无机类胶还是有机类胶，再利用化学或波谱技术进行深度分析，以精确确定胶黏剂种类。有机胶黏剂常用化学法或官能团光谱分析法判别。下面介绍一些常见有机胶黏剂简单的化学鉴别方法。

1. 聚醋酸乙烯酯乳液胶黏剂

采用化学分析法检验聚醋酸乙烯酯乳液胶黏剂中的特征基团或结构单元,推断出胶种。

(1) 检验醋酸基团法

将少量的胶液或胶膜滴放在板上,加6%硝酸镧溶液及一滴0.01 mol/L乙醇碘溶液,再加一滴浓氨水。若变色,则证实有醋酸存在。

(2) 检验醋酸乙烯酯法

取少量的胶膜浸泡在1%间苯二酚 / 浓盐酸溶液中,几分钟后取出并夹在滤纸之间压紧,15 min若出现玫瑰色,则胶膜含有醋酸乙烯酯。

(3) 检验聚乙烯醇法

取胶液或胶膜少许于试管中,加入碘-硼酸溶液(0.15 g KI和0.07 g I_2溶于100 mL水中,滴加0.5 g硼酸配制而成),若出现红褐色,则胶中含有聚醋酸乙烯酯;若出现蓝黑色,则为聚乙烯醇胶。

2. 环氧树脂类胶黏剂

环氧树脂分子链上的特征结构如双酚A,可通过基团化学显色反应,判别环氧树脂胶黏剂种类。

(1) 双酚A型显色试验

在胶膜上滴5滴浓硝酸,放置数分钟之后,将反应物移入试管中,加入6 mL丙酮,再加入0.5 mol/L KOH-乙醇溶液调为碱性。如果溶液由红变紫,则表明为双酚A型环氧树脂胶。

(2) 环氧基团的显色试验

取胶膜或胶液0.5~1 g,加对苯二胺0.03 g和去离子水8 mL,煮沸3 min,若溶液呈桃红色,则表明含有环氧基团。

3. 聚氨酯类胶黏剂

在胶中加入1 mL的10%氢氧化钠溶液并加热,若显紫色,则表明含有聚氨酯的特征官能基团—OCONH—,可以确定为聚氨酯类胶黏剂。

取50 mg胶样,加入数滴2 mol/L氢氧化钠,以酚酞为指示剂,溶液变红,加入几滴盐酸羟胺。1 min后加入盐酸使之呈酸性,随后加入2%氯化亚铁1滴,呈现紫色者为聚酯类聚氨酯,若呈现黄色则为聚醚型聚氨酯。

4. 酚醛类胶黏剂

酚醛类胶黏剂的鉴别方法主要有以下两种,

(1) 靛酚反应

将胶层置于试管中加热至有气体放出,将逸出的气体导入另一盛水的试管中,加入约1 mL 2,6-溴苯醌氯酰亚胺,使其充分悬浊之后,加入0.1 mol/L的氢氧化钠溶液使其呈弱碱性。若显示蓝至紫蓝色,则为酚醛类胶黏剂。

(2) 米隆试剂反应

将胶层置于试管中加热至有气体放出,将逸出的气体导入水中,过滤并收集滤液,加入1~2滴米隆试剂(5 g Hg溶于5 g发烟硝酸中,用水稀释至100 mL而成),加热至沸腾。如果显桃红色则为热塑性酚醛树脂胶黏剂，显紫色则是热固性酚醛树脂胶黏剂。

5. 丙烯酸及丙烯酸酯类胶黏剂

（1）检验丙烯酸或丙烯酸酯法

取胶膜或胶液 0.5~1.0 g 进行蒸馏，产物用无水氯化钙干燥。馏出物中加入等量的新蒸苯肼反应，加入甲苯 5 mL 带水剂去水，再加 5 mL 85%甲酸和 1 滴 30%过氧化氢，振荡几分钟，溶液变为暗绿色则证明有丙烯酸或丙烯酸酯单体。

（2）丙烯酸甲酯单体检验法

将胶膜或胶液放入试管中，加入少量丙酮使胶膜溶解，冷却后取溶液 2~3 滴于玻璃板上，加 1 滴浓硫酸，放置 20~30 min 观察其颜色，若渐显亮褐色则为丙烯酸甲酯。

6. 硝基类胶黏剂

将胶膜放在板上，滴加 1 滴二苯胺-硫酸溶液（0.1 g 二苯胺溶解于 30 mL 水和 10 mL 浓硫酸制得），若呈现深蓝色，则为硝基类胶黏剂。

7. 聚乙烯醇缩醛类胶黏剂

① 将少量胶膜置于试管中，加 1.5 mL 10%盐酸，加热溶解。冷却后加入 0.1 mL 0.1 mol/L 碘溶液，放置数小时后变为黑紫色，则为聚乙烯醇缩醛类胶黏剂。

② 醛显色反应：取胶膜或胶液少许，加入硫酸 2 mL 和少许铬酸晶体，在 60~70 ℃水浴上加热 10 min，呈紫色的为缩甲醛胶；呈紫红色的为缩乙醛胶；呈红色的则为缩丁醛胶。

8. 淀粉类胶黏剂

淀粉类胶黏剂可将胶层先用 50%乙醇溶液润湿，收集后加入少量 10%氢氧化钠溶液，水浴加热溶解。加水稀释，加入盐酸调节为弱酸性，加入碘溶液，若变为介于蓝色和紫红色的中间色，则为淀粉类胶黏剂。

9. 聚甲基丙烯酸甲酯类胶黏剂

取胶膜 0.5 g 于试管中高温热解，管口盖上纸片防止单体逸出，冷却后加入浓硝酸 3~5 mL，微热，冷却后加 1~2 mL 水和锌粒。若出现蓝色，则为聚甲基丙烯酸甲酯类胶黏剂。

10. 醇酸树脂类胶黏剂

取少量胶膜于试管中高温热解，若管壁有分解物，冷却后为针状结晶（邻苯二甲酸），则说明是醇酸树脂类胶黏剂。

11. 硅树脂类胶黏剂

取少量胶膜于凯氏测氮烧瓶中，加入 2 mL 浓硫酸、1 滴 60%过氯酸及少许沸石，缓慢加热至沸腾，冷却至室温再加过氯酸 4 滴，加热沸腾 3~4 min，若为硅树脂类胶黏剂则有白色沉淀生成。溶液用水稀释，残留物部分不溶。

12. 聚酰胺类胶黏剂

① 取胶膜 0.1~0.2 g 于小试管中，管口用脱脂棉塞住，小火加热，分解生成的气体为脱脂棉吸收，冷却后取出脱脂棉，涂上 1%二甲基苯胺甲醛的甲醇溶液，加浓盐酸 1 滴使其呈酸性，若有聚酰胺类胶黏剂存在则变红色。此法也可用于聚氨基甲酸酯（显黄色）、环氧树脂（显紫色）、聚碳酸酯（显蓝色）等的鉴定。

② 取胶膜 0.4 g 于试管中，加 6 mol/L 盐酸 4 mL，将管口密封，在 110 ℃下加热 4 h 后冷却，过 2 h 后如有结晶析出，则为聚酰胺胶黏剂，再测试晶体的熔点即可确定聚酰胺类胶黏剂的

种类。

13. 脲醛树脂类胶黏剂

① 取固体胶膜 2 g 于试管中，加 1 滴浓盐酸后加热到 110 ℃，冷却后加苯肼 1 滴，油浴 195 ℃加热 5 min，冷却后加 1∶1 氨水 3 滴和 10%硫酸镍 5 滴，混匀后加氯仿 10~12 滴，若氯仿层中出现蓝到红色，则表明胶中有尿素存在。

② 取胶膜和 5%硫酸 125 mL 于圆底烧瓶中，加热到没有甲醛味为止，用酚酞作指示剂加氢氧化钠溶液中和，再加 1 mol/L 硫酸 1 滴和尿素酶 1 mL，在上部悬挂石蕊试纸，盖上瓶塞，若石蕊试纸变为蓝色，则表明胶中有尿素。

14. 三聚氰胺类胶黏剂

① 取胶膜 0.5 g，放入 18 mL 不锈钢振荡器中，加入约 22%氨水 10 mL，用铝箔密封，边振荡边加热。未固化试样加热 5 h，已固化试样加热 10~20 h。后倒入有 30 mL 水的烧杯中，缓慢加热，除去过量的氨，加入苦味酸 2 g 和去离子水 150 mL，加热溶解，观察有无三聚氰胺苦味酸盐析出。

② 取胶膜 0.5 g、80%硫酸 25 mL 加入烧瓶中回流 30 min，取 10 mL 溶液蒸发浓缩，后移入试管，再加 0.25 g 铝粒，氮气保护下，1.3~2.7 kPa 下加热至 300 ℃，若管壁上出现白色升华物，则有三聚氰胺存在。

15. 聚乙烯醇类胶黏剂

在胶膜或胶液中加入碘-硼酸溶液后，再在二硫化碳中的溶液中加入少量硫，在试管口覆盖一张醋酸铅试纸，在 150~180 ℃油浴上加热，产生硫化氢，试纸变黑，则可判断为聚乙烯醇类胶黏剂。

16. 纤维素类胶黏剂

取 0.1 g 胶膜于瓷坩埚内，加入 1 mL 浓磷酸，上覆 10%醋酸铵溶液浸润的试纸，盖上表面皿，小火加热，若试纸上出现深红色斑点，则为纤维素类胶黏剂。

17. 聚苯乙烯及其共聚物类胶黏剂

用 4 滴发烟硝酸处理胶膜并蒸干，将残留固体放入试管中，小火加热裂解，时间 1 min。管口盖一张浸有 2,6-二溴醌基-4-氯酰亚胺乙醚的干滤纸。取下滤纸并置于氨气中或用 1~2 滴稀氨水处理。若显现蓝色，则为聚苯乙烯及其共聚物类胶黏剂。

6.3　黏接件脱胶拆卸

在黏接生产中，常出现错位件、不合格灌封绝缘件、脱黏失效件等，需要拆卸返修，因此黏接件的无损脱胶也很重要。

热塑性胶黏剂的黏接件脱胶拆卸，选择适当的溶剂溶胀、溶解胶黏剂，可实现无损脱胶拆卸。

热固性胶黏剂采用溶胀法无损拆解。以环氧树脂胶黏剂为例，通常有如下几种方法：

1. 剥离法

一般环氧树脂胶黏剂的剪切、拉伸强度比较高，但剥离强度很低。薄金属板材之间的黏接可用剥离拆解。如金属牌黏接件，将金属箔的一角拨起，用钳子实现 180°剥离，再除去表面残后胶。

2. 加热法

室温下环氧树脂胶黏剂的黏接强度高,但在高温下如 120~140 ℃时,其黏接强度只有原来的 10%,拆卸比较容易。此法适合于刚性黏接材料的拆卸,如金属、热固性塑料、陶瓷等材料黏接件及灌封件。将待拆件升温至胶最高使用温度以上 30~50 ℃,预热 30~60 min,趁热将黏接件拆开,并将残胶刮净。

3. 溶剂法

选择适当溶剂可将热塑性胶黏剂溶胀或溶解实现脱胶。而热固性胶黏剂的脱胶,也可采用溶胀法脱胶。因为良溶剂溶胀胶层后,其内聚强度下降很快,所以可实现无损拆卸。

在选择溶剂时,应根据需要脱胶的胶黏剂极性强弱、胶黏剂的分子量大小、交联密度大小等因素,同时考虑溶剂间的混溶性,反复试验,优选出合适的溶剂。

6.4 塑料的鉴别及无胶黏接

6.4.1 塑料种类简易鉴别法

塑料黏接包括同种塑料或不同种塑料之间,以及塑料与金属、陶瓷等材料间的黏接。塑料黏接应先确认塑料种类,然后选择合适的胶黏剂和采用合理的胶接工艺。

塑料按热性能可分为热塑性塑料和热固性塑料两大类。热塑性塑料受热时能变软或熔化,适当的溶剂可使其溶胀或溶解,即可熔可溶。热固性塑料受热时不熔融,溶剂也不能溶解,但可能被溶胀,即不熔不溶。判断塑料种类的几种简易方法如下:

1. 经验法

一般地,透明性好的塑料制品多为有机玻璃、聚苯乙烯或聚碳酸酯;塑料桶、塑料水管、食品袋、药用包装瓶,多为聚乙烯或聚丙烯材料;牙刷柄、酒杯、衣夹、自行车和汽车大灯灯罩、硬质儿童玩具等多为聚苯乙烯材料;包装用硬质泡沫塑料为聚苯乙烯;充气鼓泡包装为聚丙烯材料;机械设备上的齿轮大多是尼龙类材料;汽车方向盘、电器开关、早期的仪表壳基本是酚醛塑料或 ABS 吸塑制品;输油管、氧气瓶是环氧或不饱和聚酯的玻璃钢复合材料;自来水笔杆为有机玻璃或 ABS 塑料;电视机、洗衣机、仪表等壳体都是耐冲击的 ABS 塑料;空调壳体多为 ABS 改性的聚碳酸酯材料。

2. 溶剂法

利用高分子的溶解特性,预判塑料的类别和品种。在常温下溶剂不能溶解的,则为热固性塑料或结晶性聚烯烃塑料。如滴一滴甲苯到塑料件表面,出现拉丝或溶剂挥发后表面变得粗糙,则为热塑性材料如聚苯乙烯、ABS 或有机玻璃。常用塑料的良溶剂如下:

溶剂:A 丙酮、B 苯、C 甲苯、D 二甲苯、E 四氢化萘、F 十氢化萘、G 甲酸、H 乙酸、I 乙酸乙酯、J 二氯乙烷、K 二氯甲烷、L 三氯甲烷、M 四氢呋喃、N 环已酮、O 苯酚、P 丁酮、Q 二甲基甲酰胺。

聚苯乙烯:良溶剂为 C,D,P;聚氯乙烯:良溶剂为 P,M,N; 有机玻璃:良溶剂为 J,K,L,G; ABS:良溶剂为 J,D,P;聚酯:良溶剂为 Q;尼龙:良溶剂为 G;聚碳酸酯:良溶剂为 J,K,M; 硝化纤维素:良溶剂为 I。

3. 燃烧法

含硅、氟、氯的塑料都不易着火或具有自熄性，如聚四氟乙烯不燃烧。含硫和硝基的塑料极易燃烧，如赛璐珞。含有双键和苯环的塑料燃烧时冒出浓烈的黑烟。聚乙烯和聚丙烯易燃，离火后继续燃烧。

6.4.2 塑料黏接方法及胶黏剂选择

1. 塑料件的连接形式

塑料件的连接形式较多，有螺接、铆接、黏接和无胶熔接、溶接等。前三种用于不同种类塑料件之间的连接，后两种一般仅适用于同种热塑性塑料件之间的连接。另外，螺接、铆接只能用于较大面积的连接，且连接时需在连接件上打孔开槽，连接处会出现应力集中现象，降低连接强度。因此，常采用螺接-黏接、铆接-黏接等复合连接，避免应力集中，增加黏接强度。

2. 塑料溶接

溶接是塑料特有的连接方式。黏接机理：塑料连接件表面在溶剂作用下，线型分子链或分子链段通过运动向对方内部相互扩散，出现扩散层，连接件形成牢固结合。塑料溶接的工艺如下：

① 配制塑料溶液。选择与塑料黏接件相同的材料加入合适的溶剂，制成均相溶液。

② 表面处理。用溶剂擦洗去除表面油污。

③ 涂溶液。涂 1~2 次，晾置后黏合，自然干燥。

注意事项如下：

① 操作间保持清洁无尘，合理控制温度、湿度。

② 工作间严禁明火。

③ 溶剂比较容易挥发，随用随取，用后将容器口密封。

④ 溶剂有一定的刺激性气味或毒性，要开启通风设施，保持空气流通。

⑤ 溶接件表面贴合误差小于 0.5 mm。

⑥ 用滴定管或针管控制溶剂用量，采取贴胶带、涂隔离剂等保护非黏接面。

塑料的良溶剂种类较多，主要有卤代烃、酮类、酯类及苯类等，一般采用混合溶剂。常见塑料的良溶剂如下。

聚氯乙烯(PVC)：良溶剂为环己酮、四氢呋喃、过氯乙烯、硝基乙烷、甲乙酮、氯苯、吡啶、丙酮与苯的混合物。

聚苯乙烯(PS)：良溶剂为乙酸甲酯、乙酸乙酯、三氯乙烯、四氯乙烯、甲乙酮、二氯甲烷、二氯乙烷、二硫化碳、苯、甲苯、二甲苯、乙苯、苯乙烯。

改性聚苯乙烯(ABS)：良溶剂为二氯甲烷、二氯乙烷、乙酸乙酯、甲乙酮、二甲苯。

聚甲基丙烯酸甲酯：良溶剂为甲酸、二氯乙烷、丙酮、二氯甲烷、三氯甲烷、四氯乙烷。

聚酰胺类(尼龙)：良溶剂为间甲苯酚、苯酚、甲酸。

聚对苯二甲酸乙二醇酯(PET)：良溶剂为邻氯代苯酚、苯酚-四氯乙烷、间苯二酚、硝基苯。

聚碳酸酯(PC)：良溶剂为二氯甲烷、二氯乙烷、三氯甲烷、三氯乙烷、三氯乙烯、甲酚等。

聚苯醚(PPO)：良溶剂为甲苯、二氯甲烷、二氯乙烷、三氯甲烷、三氯乙烷。

聚乙烯醇缩丁醛(PVB)：良溶剂为苯、甲酸、丙酮、二氯甲烷、二氯乙烷、三氯甲烷、四氢呋喃。

聚砜(PSF):良溶剂为三氯甲烷、三氯乙烷、二氯甲烷、二氯乙烷、芳烃。

乙酸纤维素(CA):良溶剂为间甲苯酚、丙酮、三氯甲烷、二氯甲烷、环己酮。

硝酸纤维素(CN):良溶剂为丙酮、环己酮、乙酸甲酯、乙酸乙酯、吡啶。

溶接简单方便,但由于是靠溶剂溶解、挥发,黏接后黏接件的内应力较大,一般只用于强度要求不高胶接件的黏接。溶接由于受设备限制,应用面较窄。

6.4.3 塑料溶接应用的实例

1. 有机玻璃溶接

飞机上有较多小型复杂的有机玻璃零件适合使用溶接。具体方法:在 100 份二氯乙烷中加入 3~5 份有机玻璃屑配成有机玻璃稀溶液,涂于有机玻璃件的连接面上,晾置 1~2 min,对合黏接后静置 18~24 h。环境温度 15~25 ℃,湿度小于 70%。

2. 注塑飞机模型溶接

注塑飞机模型工艺品的造型为中空机身,材质为聚苯乙烯树脂,注塑后需要溶接。具体方法:将二氯甲烷或甲苯溶剂直接涂于模型分型面胶合处,晾置 2~3 min,对合黏接后静置干燥 12 h以上。

3. 塑料玩具溶接

塑料玩具如塑料积木、塑料汽车、塑料变形金刚等,材质大多是聚苯乙烯及其改性树脂。玩具在使用中发生碰撞甚至摔跌,出现开裂或断裂。修补方法:将断裂或开裂处擦洗干净,预先整好形,用针筒将二氯甲烷溶剂注入开裂处,几分钟后即可实现黏接,并对接缝进行加固、修整,切除多余的胶缘、胶瘤,用超细金相砂纸和牙膏抛光。

思考题

1. 简介常见胶黏剂的成分。
2. 介绍常见胶黏剂的鉴别方法。
3. 简介几种塑料溶接应用的实例。

参考文献

附录1　部分胶黏剂中文标准目录

GB/T 2943—2008　胶黏剂术语

GB/T 2790—1995　胶黏剂 180°剥离强度试验方法 挠性材料对刚性材料,G38

GB/T 2791—1995　胶黏剂 T 剥离强度试验方法 挠性材料对挠性材料,G38

GB/T 2793—1995　胶黏剂不挥发物含量的测定,G38

GB/T 2794—2013　胶黏剂黏度的测定 单圆筒旋转黏度计法,G39

GB/T 6329—1996　胶黏剂对接接头拉伸强度的测定

GB/T 6328—2021　胶黏剂剪切冲击强度试验方法

GB/T 7123.2—2002　胶黏剂贮存期的测定,G38

GB/T 7123.1—2015　多组分胶黏剂可操作时间的测定,G38

GB/T 7124—2008　胶黏剂 拉伸剪切强度的测定（刚性材料对刚性材料）,G38

GB/T 7125—2014　胶黏带厚度的试验方法,G38

GB/T 7749—1987　胶黏剂劈裂强度试验方法（金属对金属）,G38

GB/T 7750—1987　胶黏剂拉伸剪切蠕变性能试验方法（金属对金属）,G38

GB/T 12954.1—2008　建筑胶黏剂试验方法 第1部分:陶瓷砖胶黏剂试验方法,Q27

GB/T 13354—1992　液态胶黏剂密度的测定方法 重量杯法,G38

GB/T 13553—1996　胶黏剂分类,G38

GB/T 14518—1993　胶黏剂的 pH 测定,G38

GB/T 14732—2006　木材工业胶黏剂用脲醛、酚醛、三聚氰胺甲醛树脂,B70

HG/T 2188—1991　橡胶用黏合剂 RS

HG/T 2815—1996　鞋用胶黏剂耐热性试验方法 蠕变法,G39

HG/T 3698—2002　EVA 热熔胶黏剂

GB/T 29596—2013　压敏胶黏制品分类

GB/T 30776—2014　胶黏带拉伸强度与断裂伸长率的试验方法

GB/T 30777—2014　胶黏剂闪点的测定 闭杯法

GB 30982—2014　建筑胶黏剂有害物质限量

GB/T 31113—2014　胶黏剂抗流动性试验方法

GB/T 31125—2014　胶黏带初黏性试验方法 环形法

GB/T 4850—2002　压敏胶黏带低速解卷强度的测试

GB/T 29594—2013　可再分散性乳胶粉

GB/T 29595—2013　地面用光伏组件密封材料 硅橡胶密封剂

GB/T 30775—2014　聚乙烯(PE)保护膜压敏胶黏带

GB/T 30778—2014　聚醋酸乙烯-丙烯酸酯乳液纸塑冷贴复合胶

GB/T 4851—2014　胶黏带持黏性的试验方法

GB/T 4852—2002　压敏胶黏带初黏性试验方法(滚球法)

附录2　国外部分胶黏剂测试标准与规范

ASTM D907—00　胶黏剂术语
ASTM D906—98　胶合板结构中胶黏剂拉伸抗剪切强度的测试方法
ASTM D905—98　胶黏剂的压缩剪切强度的测验方法
ASTM D2095—96(2002)　用棒和条状样品测定胶黏剂拉伸强度的标准试验方法
ASTM D1002—01　胶黏剂单面搭接黏接表面拉伸剪切强度的标准试验方法(金属对金属)
ISO 8510—2：1990　黏合剂 软质与硬质黏合试样组件的剥离试验 第2部分:180°剥离
ISO 8510—1：1990　黏合剂 软质与硬质黏合试样组件的剥离试验 第1部分:90°剥离
ISO 9653：1998　黏合剂 胶黏件剪切冲击强度测定方法
ISO 6237：1987　黏合剂 木材与木材黏结体用拉伸负荷测定剪切强度
ISO 6238：2001　黏合剂 木材与木材黏结体用压缩负荷测定剪切强度
ISO 4578：1997　黏合剂 高强度黏合体抗剥离性的测定(摆动辊法)
ISO 4587：2003　黏合剂 拉伸剪切强度的测定(刚性材料对刚性材料)
ISO 6922：1987　黏合剂对接头拉伸强度的测定

读者意见反馈

为收集对教材的意见建议，进一步完善教材编写并做好服务工作，读者可将对本教材的意见建议通过如下渠道反馈至我社。

咨询电话　400-810-0598

反馈邮箱　hepsci@ pub.hep.cn

通信地址　北京市朝阳区惠新东街 4 号富盛大厦 1 座

高等教育出版社理科事业部

邮政编码　100029